U0112537

THE FIRST FOSSIL HUNTERS

DINOSAURS, MAMMOTHS, AND MYTH IN GREEK AND ROMAN TIMES

最初的化石猎人
古典神话与史前巨兽

［美］阿德里安娜·梅厄　　　丁国宗
　　　　　　　　　　著　　　　译

成都时代出版社
CHENGDU TIMES PRESS

献给我的父母：
约翰和芭芭拉·梅厄

序 神话有灵

在凌杂的世界中，大家都有自己的偏爱。我喜欢神话，喜欢历史，喜欢远古的遗物——不管是化石，还是文物。总之，只要是挖出来的，我都喜欢。我师兄说过，他学古生物学就是为了可以光明正大地挖泥巴。有意思的是，"化石"一词的英文"fossil"来源于拉丁语单词"fossilis"，意思就是"挖掘"或"被挖掘出来的"，这个词曾经代表一切被挖掘出来的东西。那么，有没有一门学科可以把化石、文物、历史、神话都结合起来呢？还真有，那就是古代科学史，本书的作者阿德里安娜·梅厄就是这个领域中的高手。我们认识十多年，合作发表了多篇论文。我们曾一起去旧纸堆里、泥巴地里，做解密的工作，那真是件无比快乐的事情。

在探索的过程中，阿德里安娜和我都惊讶地发现，大量的神话"冲动"，即古人压抑不住的表达欲，都暗藏着原始的科学记录或线索。古人是非常敏锐的观察者，他们惊讶于非凡的自然力量，并经过长时间的思考，给出了自己的解释，只不过他们无法用现代科学的语言来表达与记录。也就是说，神话中的种种奇异故事，竟然与我所研究的学科、与"fossilis"的原意，有着千丝万缕的联系！

古今中外，有诸多案例可表。被记录下来的神话代表的是最初的惊艳、震撼、惊恐或巨大的伤害，乃至死亡。这些经历都可能化作口头的故事，其中的一部分得以代代相传。

威廉·莎士比亚在《皆大欢喜》（*As You Like It*）第2幕第1景中写道：

"患难的益处是很妙的，像是一只虾蟆，丑而有毒，但是头上偏顶着一颗珍珠。"[①]

这里说的就是传说中的蟾蜍石（toadstone）。在中世纪的欧洲，人们认为蟾蜍有毒，而且毒性非常可怕。既然带毒，那么想必它也自带解毒剂。那就是它头上的那块石头！人们认为，只要戴上镶嵌有神奇的蟾蜍石的戒指，就能解毒并得到庇护。关于蟾蜍石的记载有很多，最早可以追溯至古罗马作家、博物学家老普林尼（Pliny the Elder），当然，还有莎士比亚。

蟾蜍的头上并没有小石子，那么蟾蜍石究竟是什么呢？它们其实仅仅是鳞齿鱼的牙齿呀！鳞齿鱼类在中生代十分常见，体大者身长2米以上，其牙齿为磨状齿，粗大而坚硬，就像一颗颗小豆子，大概是为了吃甲壳动物而进化出来的。鱼齿与蟾蜍有什么关系吗？压根没有。能解毒吗？压根不能。但这并不妨碍人们把"蟾蜍有毒"与颜色、尺寸都恰好符合想象的鳞齿鱼牙齿化石绑定在一起，从而创作出一个个故事，其根源就是对蟾毒的恐惧与对解毒的渴望。

再来看看神秘的格里芬（griffin）——魔法世界的大宠儿。格里芬又名狮鹫，顾名思义，是一种既像狮子又像秃鹫的怪兽，它有狮子的身体、鹰或鹫的翅膀与脑袋，并在地面筑巢、产卵。

[①] 该译文出自梁实秋所译《莎士比亚全集（中英对照）》，中国广播电视出版社、远东图书公司2001年7月出版。梁实秋先生将该剧作的标题译为"如愿"，此处采用更通行的译法，作"皆大欢喜"。——编者注（本书脚注除特别说明外均为译者注）

狮子和鹰分别是陆地和天空的霸主，结合了二者特征的格里芬自然是强大、高贵的象征。它存在于古代欧洲和中亚地区的很多民族的神话中，如巴比伦人、斯基泰人、希腊人和罗马人等。在种种神话之中，格里芬最重要的任务是守护，它们守护着沙漠中的砂岩之下的黄金。

古生物学家此时发现了一个有趣的巧合。在含有原角龙（*Protoceratops*）化石的大区域，包括中亚的天山山脉、阿尔泰山脉一带，也存在着关于格里芬的传说。原来，游牧民族斯基泰人最早创造了格里芬传说。他们在挖掘金矿的过程中发现了保存完好的原角龙化石，从而想象出了格里芬。原角龙如鸟一般的大型喙状嘴、2 米左右高的体形、四条腿，以及身旁的窃蛋龙蛋窝，分别对应着格里芬的鹫嘴、狮子般的躯干与四肢，还有产卵的习性。

发现于希腊的恐象（*Deinotherium*）化石与神话的关系更有戏剧性。在希腊神话中，西西里岛上有一种名为库克罗普斯（Cyclops，在希腊语中意为"圆眼"）的巨人，也就是独眼巨人。独眼巨人身高 5—6 米，顾名思义，其最大的特征是长在额头上的独眼。生活于公元前 8 世纪的古希腊诗人赫西俄德（Hesiod）为这些巨人做了注脚：他们强壮、固执，而且感情冲动，很会制造和使用各种工具和武器。独眼巨人的由来是什么呢？大量的化石证据表明，在希腊乃至地中海东岸，人们很久以前就发现过古大象的遗骸，其中包括乳齿象（*Mammut*）和恐象的头骨化石。从化石上看，象类的鼻腔在头骨中上部形成一个大洞，类似眼睛在人脸上的位置，因此古生物学家认为，古人很可能将没有发现长牙的古象头骨误认为巨大的人类头骨，并由此描绘出有一个虚构的、凶猛的独眼巨人。这么生猛的故事流传开来，就变成了神话，随后出现在荷马史诗《奥德赛》（*Odyssey*）和其他希腊神话中。有趣的是，在与神话相关的绘画作品中，独眼巨人那呈梨形的脑袋，也与乳齿象的头骨有着异曲同工之妙。

让我们说回中国。我对"神话恐龙学"有着十足的兴趣，因为在20多年的"与龙同行"中，我深刻地意识到，民间传说与恐龙化石，尤其是与恐龙足迹化石密切相关。我们甚至可以根据某地传说中的线索寻访化石！

2013年9月，我研究了河北省张家口市赤城县一处名为"落凤坡"的地方。坡上有百余个密密麻麻的形似鸡脚印的足迹，它们其实是兽脚类恐龙（大部分为食肉恐龙）留下来的脚印。当地居民一直把这些恐龙足迹当成传说中的凤凰的足迹，因此起了这样一个寄托着祝福的地名。在他们看来，普通的鸟儿断然不能在石头上留下印记，拥有这种能力的一定是神鸟。《山海经》中就录有许多神鸟，比如"有五采鸟三名：一曰皇鸟，一曰鸾鸟，一曰凤鸟"，说的就是凤凰。在落凤坡，人们想象出了这样一幅美好的画面：凤凰下凡，神力充沛，在坡上嬉戏时留下了许多足迹。

翌年，我又研究了安徽省道教名山齐云山上的恐龙足迹。当地百姓基于道教名山的历史，把恐龙足迹与道教著名人物张三丰联系在一起。由于这些足迹与人的手掌大小相仿，当地的一些民众便认为这是张三丰或其他道士练功时留下的手印。兽脚类恐龙足迹通常为三趾，但是有个别脚印重叠，被人误认成五指掌印，因此才有了这样的传说。

与神话传说相关的恐龙足迹还有很多。2019年，我在浙江省兰溪市发现了恐龙足迹，这一次与恐龙足迹搭上关系的是

"八仙过海"的传说。这些足迹大多接近圆形，符合人们对八仙之首铁拐李的传统认知，圆圆的足迹被想象成仙人的拐杖印和臀印。经过研究，这些足迹实际上应为蜥脚类恐龙所留。蜥脚类恐龙是目前已知的陆地上出现过的体形最大的动物，它们有着小小的脑袋、长脖子、长尾巴和粗壮的四肢。这些生活于亿年前的生灵可万万没想到，它们有朝一日还能与"八仙"联系在一起。

一切都是如此有趣。

在地下数米、数十米、数百米，埋藏着绵延数亿年的万千世界，有的是千奇百怪的草木、鸟兽、虫鱼。从约260万年前的石器时代开始，这种激发惊异之情的邂逅便常常发生。古人挖到化石的时候想了些什么？他们如何解读？如何记载？我们只能从口头传说和旧纸堆中寻找答案。大浪淘沙，其中不时会有闪光的瑰宝，让我们一窥远古世界生命演化的奥秘，这可能就是神话与传说的无心插柳所造就的美好吧！而你与这一切的结缘，不妨就从这本可爱的书开始。

邢立达

古生物学家，中国地质大学（北京）副教授

2011年新版序

恐龙、猛犸象和希腊罗马神话：
探寻人类对化石的好奇史

　　本书内容的研究与写作时间是20世纪末。构成本书基础的是一个较为激进的观点。我认为，史前化石遗迹和古代希腊罗马神话间存在某种关联。2000年，第一版《最初的化石猎人》出版发行时，地质神话学（复原古代民俗传统中关于复杂自然过程或离奇自然事件的叙述的一门学科）还是一门新兴学科。若有人说，古代人类就已经观察、收集、测量、展示过已灭绝物种的巨型化石，甚至还认识到这些非凡生物曾经在远古繁盛一时而后又消亡不见，定会被人认为是天方夜谭。此前，学者们通常将古希腊文和拉丁文文献中有关巨人和怪物之遗骸的描述视作荒诞的迷信。古典学家们当时并不了解，恐龙、乳齿象、猛犸象和其他已灭绝生物的化石曾是古代自然景观的显著特征。而科学家们则压根就没意识到化石曾是古希腊和古罗马文化景观的组成部分。

　　作为第一本综合研究古代人类对化石（大到恐龙，小到贝壳）的观察和解读的书，本书记录了众多长期被人忽略的文献与考古学证据，其时间跨度从荷马时代一直到圣奥古斯丁时代。

本书试图阐明化石是如何引起古代希腊人、罗马人及其邻居的关注的。神话、传说与历史记录展示了普通人为理解这些埋在自家后院里的素未谋面的生物留下的化石化遗骸所做出的努力。前科学时代，人们对于化石的描述通常出现在神话中，其中蕴含着人们对于远古时代的敏锐洞察。这些对古人的理解的记录在中世纪曾一度丢失，直到近代才重回我们的视野。

第一版《最初的化石猎人》出版后的 10 年间，古典学者、古代史学者、考古学者、艺术史学者、哲学学者、地质学者、古生物学者、地质神话学者和科学史学者们逐渐接受了古代人类早已发现化石的证据。现在，本书已作为大学教材，供古典神话学和地球科学专业的学生使用，同时其中的一些成果也为艺术、考古学、神话学、生物学、人类学、古生物学和自然历史等教育项目所采用。本书甚至成为一些小说家的灵感来源：如 H. N. 德特杜巴（H. N. Turteltaub）的《格里芬的头骨：古希腊人的航海传记》（*The Gryphon's Skull: A Seafaring Novel of the Ancient Greeks*）以及杰克·杜布鲁尔（Jack DuBrul）的《大浩劫》（*Havoc*）。

美国和欧洲国家的某些关于龙、怪物、巨人和其他神话生物的电视节目展现了本书中的一些化石故事。举个大家都熟悉的例子吧，历史频道播放的纪录片《古代怪物猎人》（*Ancient Monster Hunters*）就与我的研究相关（该纪录片于 2004 年拍摄于美国自然历史博物馆）。每当这档节目或内容与之类似的节目又出现在电视上的时候，每当博物馆展出化石神话的相关内容的时候，以及每次讲座或访谈结束后，我都会收到各种来信、邮件和艺术作品。这些东西来自年龄比我小很多的孩子、学生、科学家、大学教师以及独立学者，所有人都为化石和神奇生物之间的联系激动不已。我认为，希腊神话中对于格里芬[①]的描述源于游牧民族对中亚保存完好的恐龙化石的观察。目前许多古生物学和恐龙研究的标准参考书都包含了我的理论（参见第 1 章）。《国家地理》杂志即将出版一本童书，这本童书会向大家解释我的"侦探"工作是如何挖掘出深藏于凶猛的黄金守卫者格里芬的古老神话核心之中的恐龙骨架的。[1]

　　跨学科研究和地质神话学调查已经逐渐成为科学的前沿阵地。神话学、古代史和地质学的百科全书首次将"化石"和"地质神话学"纳入词条。重要的国际级神话地质学期刊《神话与地质学》（*Myth and Geology*）也于 2007 年开始出版发行。其他具有开拓性的地质神话学著作包括：伊丽莎白·巴伯（Elizabeth Barber）和保罗·巴伯（Paul Barber）的《天与地：人类思维如何塑造神话》（*When They Severed Earth from Sky: How the Human Mind Shapes Myth*，普林斯顿大学出版社，2004），这本书讲述了神话如何对地质事件和痕迹进行编码；地震学家阿莫斯·努尔（Amos Nur）的《启示录》（*Apocalypse*，普林斯顿大学出版社，2008），该书包含了关于地震的考古学证据与传说故事。此外，辛迪·克伦迪翁（Cindy Clendenon）的著作《水利神话学和古希腊世界》（*Hydromythology and the Ancient Greek World*，细线科学出版社，2009）以喀斯特地质学为切入点对希腊神话进行了分析。化石民俗学研究者克里斯托弗·达芬（Christopher Duffin）则在关于无脊椎动物药用史的文章里把地质学、药学以及民间传说进行了结合。在《不幸的石头》（*The Star-Crossed Stone*，芝加哥大学出版社，2010）一

---

① 格里芬又名狮鹫，是神话中的一种长有狮身、利爪、鹰首和鹰翼的生物。

书中，古生物学家肯尼斯·麦克纳马拉（Kenneth McNamara）则研究了从新石器时代至今的海胆化石的文化历史。[2]

本书的研究大多是在电子邮件和光速般的电子文档与图片搜索出现之前完成的，其涉及的工作量足以令人望而却步。搜集那些散落的早已被历史所遗忘的古代文献与考古证据，然后再与模糊隐晦的古生物学传说进行比对，实在是一项艰巨的任务，非热爱不能及。为了找到与化石相关的记载，我花了将近20年梳理繁杂的希腊文和拉丁文文献，和国际学者、科学家保持着"蜗牛通信"，参观不同的自然历史收藏和考古博物馆。在昏暗的图书馆书库里，我欣喜地沉浸于搜寻19世纪到20世纪的考古学和古生物学的田野调查资料。对于来自众多领域的各位专家的慷慨赐教，我至今仍心怀感恩，毕竟当时我就像是个走在奇怪征途中的执着的门外汉。我对古典学家、地质学家以及其他专业人士的不断请教最终却"无心插柳柳成荫"——来自人文学科与科学学科的学者们因此而相识。如今，在我对古代化石发现所做的展示活动中，参加者的年龄、兴趣、教育背景各不相同。关于化石相关传说的大学研讨会和公共演讲得到古典学、生物学、艺术、地质学、考古学和哲学院系的联合资助，而其成员可能互不相识，这前所未闻。我可以很自豪地说，《最初的化石猎人》已经跨过了许多似乎不可逾越的学科界限。

本书的成书历程可谓时有曲折，但总体令人欣喜。那种沉浸在图书馆、博物馆中，迷失了时间、地点的感觉常常令我想起雅克·库斯托（Jacques Cousteau）的话："内心深处的狂喜。"（l'ivresse des grandes profondeurs）这句话正好能够描述出探索难以接近的领域给我带来的眩晕和狂喜。正是那不时闪现的灵光以及一个个小小的胜利让我坚持了下来。有一天，在普林斯顿的燧石图书馆，我在透明的描图纸上画了两幅爱琴海地区的地图。在一张地图上，带有红色 X 标记的地方表示古代人类在此发现过巨人或者怪物的骨骸。在另一张地图上，我圈出了现代古生物学家所了解的拥有丰富的乳齿象、猛犸象及其他脊椎动物化石资源的地点。我暗自祈祷，然后把两张草稿图重叠在了一起。带有 X 和 O 标记的地点真的出现了重合！地图 3.1、地图 3.2 和地图 3.3 展示了我的成果。

还有一个激动人心的时刻。当时我想要寻找一块属于冰川时期披毛犀的股骨化石，但却一直徒劳无功。这块股骨曾受到古希腊人的敬仰与珍视，直到大概 2000 年后的 20 世纪 70 年代才被考古学家发掘。它曾经存放在希腊南部城市尼科利亚的古代卫城中，也许曾被古人尊为一位神话巨人的大腿骨。但是当我开始写《最初的化石猎人》的时候，这块股骨却疑似失踪了。经过了漫长而复杂的通信之后，出乎所有人的意料，这块珍贵的遗迹——一块大型动物化石，由古代人类所收集，又由现代考古学家重新发掘出土的罕见范例——最终现身于美国明尼苏达州德卢斯的一个地窖里。它已经在这里尘封 20 多年了。我将在本书的第 4 章讲述这块化石的传奇故事。这块化石从它的老家伯罗奔尼撒出发，跨越大西洋到达明尼苏达州北部，然后又向东至新泽西州和纽约市，随后再次向西到达蒙大拿州的波兹曼和加利福尼亚州的帕洛阿尔托。现在，在第一版《最初的化石猎人》出版 10 年后，我很高兴地宣布，这块漂泊的尼科利亚骨骼化石将迎来它永远的归宿——牛津大学的阿什莫尔博物馆。在这里，它将被放置在希腊展厅供人参观。[3]

自 2000 年起，神话中的生物就开始出现在不少自然历史博物馆开办的化石展览中，博物馆在举办展览时也开始借鉴我在本书中首创的观点。例如，2006年荷兰泰勒斯（Teylers）博物馆邀请我为展览"化石和民俗传说、恐龙与龙"（Fossils and Folklore, Dinosaurs and Dragons）做主旨演讲，而这场展览正是直接受到了《最初的化石猎人》这本书的启发。次年，也就是2007年，美国自然历史博物馆展览"神话中的生物"（Mythic Creatures，当时我正是此展的顾问）轰动一时，该展览也借鉴了我的研究成果。其中一组陈列对比了希腊神话中的格里芬与一块来自中亚的原角龙头骨，另一组陈列则解释了古代水手可能错把猛犸象化石当作独眼巨人的缘由。"神话中的生物"将在芝加哥、波士顿、多伦多、悉尼、亚特兰大和世界其他地区的自然历史博物馆进行巡回展出，持续至2017年。[4]

伦敦自然历史博物馆则为与无脊椎动物、脊椎动物的化石有关的民间信仰制作了一套线上版纲要。2010年，该馆组织了一场名为"神话与怪物"（Myths and Monsters）的巡回展览。这次展览利用数码动画和其他吸引人的展示手法，对2007年面世于沃尔特·罗斯柴尔德动物博物馆的展览"神奇的化石传说"（Fascinating Fossil Folklore）进行了拓展升级。2008年，布拉班特自然博物馆邀请我为儿童教育项目提供化石传说的例子，有点类似于此前我为青年学生设计的化石神话与地质神话学在线研修班。2008年，在一场名为"打破尘封的龙"（Dragons Unearthed）的展览中，美国最大的儿童博物馆（位于印第安纳波利斯）展出了名为"霍格沃茨帝王龙"的恐龙的带刺头骨，旁边的展品也都与神话中的生物化石相关。同时，对《哈利·波特》系列小说中的魔法进行解读的书籍也试图解释化石是如何影响古代人类对于格里芬和巨人的看法的。[5]

化石可能在古代人类构思怪兽和巨人的过程中起了作

用——这种观点在不少意想不到的学科前沿具有影响力。现在，人们认识到，在藏有化石的大地上，这些已灭绝生物的怪异骨骼有助于解释人类对于龙的想象。芝加哥歌剧院上演的一部歌剧就采用了这种观点，向世人描绘了瓦格纳歌剧《齐格弗里德》（Siegfried）中的恶龙法夫纳（Fafnir）。2004—2005年，在歌剧历史上，法夫纳第一次以巨大的、吓人的史前爬行动物的骨架形象出现在观众面前——16位身着黑衣的杂技演员操纵着怪兽的长脊柱和大头骨。芝加哥的歌剧爱好者可以把这头具有革命意义的法夫纳龙和2000年芝加哥菲尔德自然史博物馆展出的霸王龙以及芝加哥艺术学院展出的古希腊青铜格里芬进行对比。[6]

许多其他令人兴奋的新发现、新理论、新事件、新展览和新出版物使我们对前达尔文时代的化石发现有了更深的了解。接下来，我将对自2000年起出现的一些引人注目的新的研究成果做简单介绍，这些新的研究成果将对第1—6章中所呈现的材料进行阐释与更新。

第1章始于我对萨摩斯岛邮局楼上的化石存放室的造访。我参观了岛上小小的收藏间里的那些朴实无华的考古学收藏。现在，萨摩斯岛上的化石已经被安置在米蒂利尼新建的爱琴海自然历史博物馆中，而青铜格里芬和其他手工艺品也被放置在萨摩斯港的考古博物馆里。2005年，萨摩斯当地的古生物学家尼科斯·索罗尼阿亚斯（Nikos Solounias）和我共同执笔，对古代人对萨摩斯大型化石的认识进行了科学分析。[7]

在第1章中，我还记述了我在康奈尔大学图书馆里激动的一天。当我翻看罗伊·查普曼·安德鲁斯（Roy Chapman Andrews）写于1926年的戈壁探险回忆录时，我发现了一张熟悉的面孔——这不正是一个用带喙恐龙头骨重塑成的格里芬吗？
（见图1.10和图1.11，图片出现于正文中的相应章节，下同）我
绝对不会弄错的！艺术家所设想的通过一副原角龙骨架重构格
里芬的过程（见图1.13），是读者们最想在本书中看到的图解
之一。创作者埃德·赫克（Ed Heck）是一位曾任职于美国自
然历史博物馆的古生物学艺术家。2010年，丹尼尔·洛克斯顿
（Daniel Loxton）制作了一组详细的彩色示意图，为《少年怀疑
论者》（Junior Skeptic）杂志解释"格里芬的秘密"。[8]

现在，我们可以把恐龙化石的地理学分布扩大到地中海附
近的区域，这就大大缩短了在古代关于格里芬的口头传说传播
至希腊的距离。更加令人兴奋的是，近期美国史密森学会博物
馆的古生物学家汉斯-迪特尔·休斯（Hans-Dieter Sues）及其
团队在乌兹别克斯坦古老的商路沿线发现了头部长有三个角的
恐龙种类。我猜想，中国的戈壁沙漠、准噶尔盆地和吐鲁番盆
地中的原角龙和鹦鹉嘴龙化石对格里芬形象产生了影响，但它
们没有角。在克孜勒库姆沙漠西部新发现的带有三个角的有喙
恐龙化石也许可以帮助我们解释为何古典艺术中许多格里芬头
上有三个突起。[9]

在撰写中国民间神话中与化石、龙相关的部分时，董枝明
和其他中国古生物学家招募了熟悉"龙骨"分布位置的农民为
其提供帮助。在中国传统中，"龙骨"通常被用作药材。但是，
这些农民现在已经了解到了化石的重要科学意义，并帮助古生
物学家发现了新的恐龙种类。[10]

当然，并不是神话中出现的所有怪物和巨人都和化石有关。
如果某地缺乏大型脊椎动物化石，或者对于未接受专业训练的
人来说，当地化石无法被轻易发现，那么该地区的神话中所出

现的怪物和巨人很可能与化石无关。例如，墨西哥虽然有翼龙化石，但其无法被普通的路人轻易发现，所以墨西哥的巨型猛禽传说就无法与这些会飞的爬行动物的化石联系起来。斯堪的纳维亚地区虽然拥有关于龙和海怪的众多传说，但是人们一直认为这片区域没有大型化石。但实际上，更新世猛犸象的巨大象牙和骨骼化石就保存于瑞典南部和挪威。再有，来自奥斯陆大学自然历史博物馆的约伦·胡鲁姆（Joren Hurum）近期在挪威发现了大型海洋爬行动物骨架，包括一具 50 英尺（约 15.2 米）[①] 长的侏罗纪上龙骨架。古代斯堪的纳维亚的神话作者们是否了解这类怪兽的遗迹呢？让我们期待进一步的研究呈现给大家有意思的答案。[11]

已故的加拿大古生物学家威廉·A. S. 萨尔金特（William A. S. Sarjeant）因为《最初的化石猎人》一书中呈现的证据改变了自己的观点。此前，他在几本恐龙百科全书中发表的观点是：大型脊椎动物的骨骼过于庞大，以至于古代人类意识不到他们发现的东西就是化石。后来，萨尔金特先生和我成了朋友。2001 年，我们在遗迹化石期刊《遗迹》（Ichnos）上联合发表了关于足迹化石的民间传说的文章。我们的文章进而启发了安德烈亚·鲍肯（Andrea Baucon），这位来自联合国教科文组织葡萄牙纳图特乔地质公园的古生物学家开始对意大利的足迹化石身份进行重新评估。此前，这些足迹化石被古代人类认为是希腊英雄赫拉克勒斯和革律翁的巨牛的遗迹（详见第 2 章）。鲍肯还发现，列奥纳多·达·芬奇是了解足迹化石的第一人，此举将足迹化石学的历史向前推进了几个世纪。鲍肯和我就世界各地关

---

① 1 英尺约等于 30.48 厘米。

于足迹化石的民间传说共同写了一章内容。[12]

来自希腊塞萨洛尼基市亚里士多德大学的古生物学家伊万洁利亚·楚卡拉（Evangelia Tsoukala）促成了塞萨洛尼基猛犸象博物馆和恐龙公园的建设。她为本书第2章提供了十分珍贵的乳齿象化石信息及照片。目前，她正为两座位于希腊北部的城市——米利亚和锡阿蒂斯塔筹建化石博物馆。2009年，楚卡拉发现了世界上最长的乳齿象象牙化石，其长度超过16英尺（约4.9米），并因此刷新了吉尼斯世界纪录。这对象牙的长度超过了楚卡拉于1998年发现的14英尺（约4.3米）象牙的纪录，即本书第2章讲述的乳齿象象牙（见图2.25）。楚卡拉还曾是英国BBC电视节目《希腊神话：真实的故事》（*Greek Myths: True Stories*）的节目顾问。这部纪录片的拍摄基于罗宾·莱恩·福克斯（Robin Lane Fox）的《荷马史诗时代的漫游英雄》（*Travelling Heroes in the Epic Age of Homer*，克诺夫出版社，2009），而福克斯的作品则借鉴了本书的内容。福克斯指出了古代人类就已发现化石的更多例证。例如，在叙利亚北部的恩奇平原，亚历山大的继业者塞琉古就发现了两具"被众神杀死的巨人"的骨架。

年轻的考古学家兼古生物学家安娜·平托（Ana Pinto）（见图2.7），为本书提供了西班牙更新世大象化石的照片和信息。她曾经在2002年取得了惊人的发现。平托因其对西班牙北部偏远山洞的探索而获得了2005年"世界探索之翼"女性探索奖，并引起了媒体的关注。平托在一个被早期人类占据了6万年的山洞中发现的证据极大地改变了我们对尼安德特人与洞熊、猛犸象、犀牛、狮子和其他已灭绝的巨型动物之间关系的看法。[13]

在第2章中，我简要记述了美洲原住民对于史前遗迹的看法，这也是我的另一本书——《美洲先民的化石传说》(*Fossil Legends of the First Americans*，普林斯顿大学出版社，2005) 的主题。这本书主要研究了前科学时代美洲"新世界"的恐龙和其他物种的化石发现及解读。

在第 3 章中出现的两幅图的由来可谓十分有趣。我的一位朋友和我开了个玩笑，把一头猛犸象的玩具模型送给了我。我并没有把模型的塑料骨架按照正确方式粘在一起，相反，我把这些塑料骨骼分散开来，想象它们可能是在经过地震、洪水或者荷马时代的人犁地后被发现的。然后，我试着想象没有学过古生物学知识的人将会如何看待这些巨大的遗骨，因为很多骨头看起来就是把人类自己的肢体放大很多倍而已。我最终把这些小小的塑料骨骼组合成了一个巨人的形象。我找到了一个带有水钻眼睛的骷髅钥匙扣，用来模拟按照与猛犸象玩具相同的比例缩小的人类身体。几乎抑制不住内心的欣喜，我立刻把它们放到黑色天鹅绒背景上拍了下来。尽管观感毛糙，但人们的反响却出人意料地好。该巨人的形象后来又在美国自然历史博物馆广受好评的展览"神话中的生物"的展览视频中被重塑。片中还介绍了一套能让孩子们通过重新组装猛犸象的骨骼"拼出一个巨人"的交互式拼图玩具。经过国际媒体的广泛宣传，我对两脚猛犸怪及其人类小伙伴的想象（见图 3.4 和图 3.5）也开始出现在学者的研究中，出现在科学杂志、畅销书籍和杂志、教室和博物馆材料、互联网论坛和博客上。这组图片与《乡愁考古学》(*The Archaeology of Nostalgia*，泰晤士和哈德逊出版社，2002) 中的学术讨论相伴而生，该书作者是约翰·博德曼 (John Boardman)——一位顶尖的古典艺术和考古学大师（也是少数几位获得带有标志性骨架图样的"最初的化石猎人"限量版T恤的幸运儿之一）。

在第3章中，我依据菲洛斯特拉托斯（Philostratus）的记录探讨了古代人类对英雄遗骨的看法。杰弗里·拉斯顿（Jeffrey Rusten）当时还未出版的《论英雄》（*On Heroes*）译本为我提供了不少帮助。现在，对此感兴趣的读者可以阅读拉斯顿就菲洛斯特拉托斯的记录与化石骨骼发现所著的学术讨论著作了。我们还能就史前巨型象科动物是否曾经统治克里特地区给出答案。在我写第3章的时候，我们只知道在克里特发现了矮长鼻目动物化石。然而，大量关于巨型骨骼出土的古代记录表明，克里特地区应该存在大型乳齿象的化石。2003年，我的预测被证实了。希腊克里特自然历史博物馆的古生物学家哈拉兰博斯·法索拉斯（Charalampos Fassoulas）宣布他发现了巨恐象（地球上曾经出现过的最大的哺乳动物之一）的象牙和骨骼化石。[14]

第3章中的另一个开放性问题也促使人们进行更加深远的研究。我曾经提出，印度北部地区关于龙的传说可能与古代人类观察到的喜马拉雅山系西瓦利克山区化石层中的巨大骨骼化石有关。2008年，一位民俗学家和两位古生物学家发现印度著名史诗《摩诃婆罗多》（*The Mahabharata*）中的神话确实受到了西瓦利克山区化石的影响。在写下这篇序言之时，我已经从来自埃及、也门、柬埔寨、中国、日本、澳大利亚和南美及非洲一些国家的许多古生物学家那里听到了好消息，他们都已认识到传统传说信仰与恐龙和其他大型脊椎动物之间的关系。我期待着这些有趣的化石神话能够得到更多的研究。[15]

有些读者认为，古希腊陶瓶上描绘的"特洛伊怪物"（Monster of Troy，见图4.1和图4.2）是我研究的起点。实际上，那只是艺术证据中的最后一环。直到本书编写工作过半之时，我屡屡注视着那头怪兽奇怪的脑袋，却仍旧不知道我在看的到底是什么。在关于艺术证据的第 4 章临近完结之时，我决定再仔细看看这个陶瓶。突然，这头怪兽的身份明晰了起来。在数年聚精会神地注视这块已灭绝的地中海巨型动物的头骨后，我终于看出了这头怪物的本来面目。我的新型"搜索形象图"（参见第 1 章）表明，古代艺术家是在看到一个由于风化而出现在悬崖的垂直面的巨大且奇怪的头骨后，塑造出了特洛伊怪物。和那些最吓人的怪物一样，这头想象中的凶兽也是一个合成体，现实生活中存在的鲨鱼等鱼类，鳄鱼、蛇等爬行动物，鸟类，大型哺乳动物的元素被集中到了一个已灭绝的长颈鹿的头骨上。这种长颈鹿头骨化石在爱琴海地区虽然十分常见但却足够引人注目。波士顿艺术博物馆对我解开其著名藏品之谜表示感谢，并邀请我对自己的发现进行相关交流，这让我觉得十分荣幸。在那次旅程中，我们又揭开了这头著名怪兽合成本质的另一层面纱。我们原以为，这个陶瓶恰好在怪物的眉间位置有一道划痕，然而那实际上是特意画上的一道类似于蚱蜢或甲壳虫这类昆虫的触须。我们现在知道，昆虫也为合成特洛伊怪物贡献了自己的特征。就像它那下垂的舌头一样，颤抖的触须让这头化石怪物栩栩如生。

除了本书第 1 章和第 4 章中提及的"怪物"，是否还有其他对"怪物"的艺术刻画与古人观察到的令人困惑的化石相关呢？也许还有。我记录了古代艺术中大量身份未明的生物，这些都是我从世界各地搜集来的。我邀请读者们互相分享自己对于这些图像的解读。同时，考古学家已经知道古代人类会有意识地收集化石，那么研究人员掌握的人类向庙宇与坟冢敬献化石的证据数量将稳定增加。[16]

本书第 4 章描述了上千块光滑的黑色化石骨骼。在 3000 年前，人们用亚麻布包裹着这些化石，敬献给古埃及两座赛特（Set，黑暗之神）神庙。自 1924 年起，人们就不再对这些秘藏化石进行科学研究，直到 1999 年英国兰开夏郡博尔顿博物馆才重新打开了几个包裹（见图 4.10）。受本书启发，该博物馆的埃及学家汤姆·哈德威克（Tom Hardwick）和地质学家大卫·克雷文（David Craven）于 2007 年开始对化石进行研究，想以此确定这些骨骼的身份。"装骨包的秘密"（Bone Bundle Mystery）竞赛向猜对包裹中骨骼所属物种的人提供奖励。在宣布获奖人后，哈德威克和克雷文向世人揭示了这块骨骼的身份（已灭绝的巨型羚羊的舟状骨），同时推测了人们为什么收集数吨重的化石并敬献给位于大加乌（Qau el-Kebir）的赛特神庙。古埃及人与化石的邂逅激励着历史学家和古生物学家继续深入研究。[17]

长久以来，现代的科学史学家和哲学史学家认为，人类对于化石的理性解读始于欧洲的文艺复兴和启蒙运动。现在这一认知已经得到了改变。自 2000 年本书出版以来，科学哲学史学家对于化石遗迹和其在前科学时代的文明中所代表的意义有了新的见解。古代自然哲学领域的著名学者大卫·赛得利（David Sedley）被本书第 5 章提出的问题所触动。为什么古希腊自然哲学家对已灭绝动物的巨大骨骼视而不见呢？为何即便在地中海区域内各地的庙宇都有骨骼遗迹，也未曾见过古希腊自然哲学家的记录？赛得利在他的著作《古代神造论及其批评》（*Creationism and Its Critics in Antiquity*，加利福尼亚大学出版社，2008）中提出了不少深刻的看法。[18]

在本书第 6 章中，我对不可能存在的生物和由古至今的古生物学骗局做了说明。2009 年，我对圣杰罗姆（Saint Jerome）曾经提及的被浸盐防腐并展示于安条克的萨蒂尔（Satyr）的由来进行了新的解释。被展出的"萨蒂尔"可能是古代因盐矿坍塌而被困，最后被木乃伊化的矿工。最近，伊拉克北部发现了好几具"盐人"遗骸，因盐而产生的木乃伊化使他们看起来非常像古希腊艺术中的老年萨蒂尔（见图6.3）。第6章中提及的另一个伪神话生物是具有挑逗性的希腊沃洛斯的半人马，其"考古发掘"的骗局由艺术家威廉·维勒斯（William Willers）创造。2004年，田纳西大学还为它举办了10周年纪念日庆祝活动。2009年，维勒斯完成了一项更加野心勃勃的创造：他制作出了完整的"半人马骨架"（由斑马骨架和人类骨架拼合而成）并放置在博物馆玻璃展柜中。这具"来自蒂姆菲的半人马"被亚利桑那州图森野生动物博物馆永久收藏。显然，人们现在有能力制作出其他现实中不可能存在的神话生物模型了，例如格里芬、特里同、蛇怪、奇美拉和龙。[19]

这本书在2000年付梓的时候，光是为它起个好书名就费了我好大的劲儿（《穿托加的化石猎人》①曾是备选之一）。而对我的跨学科研究进行简洁、凝练的描述就更难了。作为独立学者，我那时没有任何正式的学术头衔。我是古典民俗学家，也是前科学时代科学史学家；我是历史侦探、化石传说的调查记者，也是前科学时代文化的研究者；我还是前达尔文时代的考古历史、地质神话历史的研究者。每个标签都抓住了我的研究范围的一些方面，但无法涵盖它们杂糅在一起的整体。2006年，我来到斯坦福大学，成为古典学和科学史领域的研究学者。这个定位十分符合我的特点，足以概括我这辈子对研究人类好奇心

---

① 托加是古罗马男性穿着的一种长袍。

的历史的迷恋。如果说,《最初的化石猎人》这本书已经开始实现我想要把古希腊、古罗马的化石研究和猜想置于其在科学史上正确位置的初衷,那么我希望本次再版能够促进各界对世界各地早期古生物学观念的研究。

日积月累的证据表明,在中国、印度、俄罗斯、澳大利亚,以及中亚、东南亚、中东、欧洲、非洲、南美洲的一些国家和地区,人类对于恐龙和其他早已灭绝的物种的化石化遗迹始终充满兴趣。未探索的地区等待着下一代化石猎人去探究。新的古生物学视角将会为人们看待传统故事的方式和对奇特生物的艺术表现提供新的启发。

致　谢

　　作为自然历史古典神话领域的独立学者，我的任务就是探寻古代与现代知识的边界，收集希腊语、拉丁语文献中难以分类的段落，寻找有意义的范例，将其结果与现代科学进行联系。假如没有众多学科专家的倾力帮助，我的研究就无从开展。我必须承认，多年来，我就像古希腊的研究者希罗多德（Herodotus）和帕萨尼亚斯（Pausanias）一样，确实叨扰过众多古代史、古典文学、考古学、地质学以及古生物学领域的专家。对他们来说，我所提出的问题似乎匪夷所思。在对古希腊人、古罗马人发现史前化石的历史进行补足，并将古人的经验与近来的古生物学发现糅合在一起的过程中，我得到了来自人文学科和科学领域的专家的慷慨相助、鼎力支持，我对此表示深深的感谢。

　　洛厄尔·埃德蒙兹（Lowell Edmunds）、理查德·格林韦尔（Richard Greenwell）和戴尔·罗素（Dale Russell）从项目之初就一直鼓励我。从一开始，杰克·雷普切克（Jack Repcheck）的热情就是对我的鼓舞。若没有埃里克·比弗托（Eric Buffetaut）、大卫·里斯（David Reese）和尼科斯·索罗尼阿亚斯的专业知识，本项目就不会成功。我对阅读草稿并给我提出宝贵意见的保罗·卡特利奇（Paul Cartledge）、彼得·多德森（Peter

Dodson）、威廉·汉森（William Hansen）、杰弗里·劳埃德（Geoffrey Lloyd）、米歇尔·马斯克尔（Michelle Maskiell）、巴里·斯特劳斯（Barry Strauss）和诺顿·怀斯（Norton Wise）表示由衷的感谢。以下朋友为本书提供了莫大的帮助：卡拉·安东纳乔（Carla Antonaccio）、菲利波·巴拉托洛（Filippo Barattolo）、约翰·巴里（John Barry）、约翰·博德曼、菲尔·柯里（Phil Curry）、克里斯·埃林森（Kris Ellingsen）、休·弗拉里（Sue Frary）、尼尔·格林伯格（Neil Greenberg）、阿瑟·A.哈里斯（Arthur A. Harris）、埃德·赫克、珍妮·赫德曼（Jenny Herdman）、杰克·霍纳（Jack Horner）、乔治·赫胥黎（George Huxley）、布拉德·因伍德（Brad Inwood）、克里斯蒂娜·贾妮斯（Christine Janis）、谢尔登·贾德森（Sheldon Judson）、罗伯特·卡斯特（Robert Kaster）、乔治·库弗斯（George Koufos）、赫尔穆特·基里雷斯（Helmut Kyrieleis）、肯尼思·拉帕廷（Kenneth Lapatin）、阿德里安·利斯特（Adrian Lister）、博韦·莱昂斯（Beauvais Lyons）、约翰·奥克利（John Oakley）、约翰·奥斯特罗姆（John Ostrom）、安娜·平托、里普·拉普（Rip Rapp）、邦尼·罗伯逊（Bonnie Robertson）、威廉·桑德斯（William Sanders）、亚历山德罗·斯基耶萨罗（Alessandro Schiesaro）、热拉尔·赛特尔（Gérard Seiterle）、谢夫凯特·森（Sevket Sen）、珍妮特·斯特恩（Janet Stern）、安杰拉·P.托马斯（Angela P. Thomas）、多萝西·汤普森（Dorothy Thompson）、伊万洁利亚·楚卡拉、大卫·魏斯哈泊尔（David Weishampel）、威廉·维勒斯和伊莱恩·赞皮尼（Elaine Zampini）。同时，我也要对国际"古脊椎动物学与爱琴海网"（Vertebrate Paleontology and Aegeanet Internet）的讨论

小组中回答问题的网友们表示感谢。

感谢我的妹妹米歇尔·梅厄·安杰尔（Michele Mayor Angel）为本书绘制地图。感谢编辑克里斯廷·盖杰（Kristin Gager）在本书出版过程中为我提供指导。感谢黛比·费尔顿（Debbie Felton）进行审校，感谢劳伦·莱波（Lauren Lepow）为我修改书稿。

感谢以下单位邀请我就古生物学神话领域的内容进行展示：国际隐生动物学 / 民俗学会联席会议、普林斯顿大学远古世界项目组、维拉诺瓦大学生物学−古典学小组和美国自然历史博物馆。

感谢乔赛亚·奥伯（Josiah Ober）为我提供指引。

地质时间表

代	纪	世	年
新生代	第四纪	全新世	最近
		更新世	170万—1万年前
	第三纪	上新世	500万—170万年前
		中新世	2300万—500万年前
		渐新世	3400万—2300万年前
		始新世	5500万—3400万年前
		古新世	6500万—5500万年前
中生代	白垩纪		1.45亿—6500万年前
	侏罗纪		2.15亿—1.45亿年前
	三叠纪		2.5亿—2.15亿年前
古生代—前寒武纪			45亿—2.5亿年前

书采用的地质时间表为原书出版时的国际地质时间表，故与我国当前通行版本有出入。——编者注

历史时间线

约 7 万年前　　　　　　　希腊地区首次有人类出现

公元前 2300—前 1100 年　　古希腊青铜时代

公元前 1300—前 1200 年　　埃及大加乌地区供奉大量化石

公元前 1250 年　　　　　　特洛伊战争
　　　　　　　　　　　　　珀罗普斯的巨型骨骼遗失在大海中

公元前 800 年　　　　　　荷马，约公元前 750 年
　　　　　　　　　　　　　赫西俄德，约公元前 700 年
　　　　　　　　　　　　　古希腊英雄崇拜，公元前 700—前
　　　　　　　　500 年
　　　　　　　　　　　　　最早关于特洛伊怪兽神话的文献

公元前 700 年　　　　　　阿里斯特亚斯约于公元前 675 年旅
　　　　　　　　行至斯基泰
　　　　　　　　　　　　　格里芬在古希腊成为流行母题
　　　　　　　　　　　　　萨摩斯岛供奉大型股骨化石

公元前 600 年　　　　　　阿那克西曼德，卒于公元前 547 年
　　　　　　　　　　　　　克塞诺芬尼，生于约公元前 560 年
　　　　　　　　　　　　　斯巴达人发现俄瑞忒斯忒斯的巨型骨
　　　　　　　　骼，公元前 560 年

科林斯的陶瓶上绘有特洛伊怪兽图

公元前500年　　　　恩培多克勒，约公元前492—前432年

品达

客蒙发现忒修斯的巨型骨骼

伊贡记录萨摩斯的内阿德斯怪兽传说

斯基泰人把格里芬作为文身

希罗多德，约公元前430年

伯罗奔尼撒战争，公元前431—前404年

柏拉图，公元前429—前347年

公元前400年　　　　亚里士多德，公元前384—前322年

泰奥弗拉斯托斯，公元前372—前287年

佩勒菲图斯

亚历山大大帝，公元前356—前323年

古希腊人第一次知道有大象的存在

公元前300年

公元前200年　　　　欧福里翁表示萨摩斯有巨型骨骼

公元前100年　　　　摩洛哥出现安泰俄斯的巨型骨骼

克里特岛上发现巨型骨骼

维吉尔，生于公元前70年

斯特拉波，生于公元前64年

卢克莱修

司考路斯在罗马展示约帕的怪兽

西西里的狄奥多罗斯，约公元前30年

曼尼利乌斯，约公元前10年

从泰耶阿掠夺来的卡吕冬野猪牙

罗马帝国建立至西罗马帝国灭亡，公元前31—约公元450年

公元1年

奥维德，公元前43—公元17年

奥古斯都执政，公元前31—公元14年

奥古斯都在卡普里岛建造巨型骨骼博物馆

提比略执政时期，公元14—37年

根据牙齿制作的巨人模型

高卢发现海怪遗骸

叙利亚奥龙特斯河边发现巨型骨骼

约瑟夫斯，生于公元37年

巴勒斯坦展示巨型骨骼

老普林尼，公元23—79年

克劳狄乌斯执政时期，公元41—54年

罗马展示半人马遗骸

印度展示龙的头骨

泰耶阿的阿波罗尼奥斯旅行至印度

公元100年

普鲁塔克，约公元100年

萨摩斯的乳齿象化石被视作大象的遗迹

哈德良统治时期，公元117—138年

苏维托尼乌斯

在累提安发现埃阿斯的巨型骨骼

特拉勒斯的弗勒干，约公元130年

埃及尼特里亚展示巨型骨骼

安纳托利亚的许罗斯和阿斯泰里奥的巨型骨骼

帕萨尼亚斯，约公元150年

在西革昂发现阿喀琉斯的巨型骨骼

利姆诺斯岛测量巨型头骨

琉善，约公元180年

公元200年 　　　索里努斯记述帕勒涅半岛和克里特岛的巨型骨骼

菲洛斯特拉托斯，约公元230年

埃里亚努斯，卒于约公元230年

公元300年 　　　昆图斯·斯米尔纳厄斯

公元400年 　　　奥古斯丁，公元354—430年，在突尼斯乌提卡发现巨型牙齿

克劳狄安，约公元370—425年

公元500年 　　　君士坦丁堡展示巨型骨骼

普罗柯比，约公元540年，将猛犸象牙认定为卡吕冬野猪牙

目　录

导　言

　　古典时期希腊的自然景观会唤起人们心中的许多意象——英雄和亚马孙人、各路神祇、绘有图案的陶瓶、青铜塑像、大理石柱和神庙遗迹。但在谈到古典时代①时，不太会有人想到巨大的乳齿象和猛犸象骨骼化石。然而，这些过去时代的巨大骨架确实就埋藏于古希腊人和古罗马人所熟知的土地下。对古希腊人和古罗马人来说，远古时期"巨人"和"怪物"的遗迹是他们自然和人文景观的重要组成部分。本书旨在探讨两个虽然简单但却出人意料的历史事实之间的关系，即巨型生物曾栖息于地中海地区，而古代人长期面对这些令人瞩目的化石化遗迹。

　　面对已灭绝的野兽的遗骨，古人对它们进行了收集、测量、展示和思考，并将他们对这些化石遗迹的发现和富有想象力的解读记录在了众多流传至今的文献之中。然而，古生物学却并未出现在我们通常认为的古希腊、古罗马对人类文化的"贡献列表"上。古典时代，人们明明有古生物学发现，有相关思考和活动，为何现代科学和历史学并未注意到这一点？受到这个悖论的启发，我想要复原这些长久以来被忽视的，从荷马时代直到西罗马帝国灭亡后（约公元前750—公元500年）的人类与

---

① 古典时代（公元前5—前4世纪中叶）是古希腊历史上的一个重要时期。

化石接触的证据。

出于以下几个原因，古代人类与化石接触的历史一直藏于阴影之中。鲜有人知道，在数百万年前，中新世、上新世和更新世的巨型哺乳动物曾游荡在后世古希腊人、古罗马人的地盘之上。而研究地中海区域脊椎动物古生物学的人，又对关于巨人和怪物的古代记录中涉及巨型骨骼和牙齿的详尽描述并不熟悉。大多数古典学家也不知道史前乳齿象、猛犸象、披毛犀、巨型长颈鹿、洞熊和剑齿虎的巨型遗骸仍在不断因侵蚀风化而显露在地中海区域的土地上。而认识到这些化石的出土地点恰恰就是那些古代神话里巨人和怪物的埋骨地，同时也是古代人声称发现巨型骨骼的地点的人就更少了。因此，古典学家倾向于把古代提及巨人或怪物的骨骼的描述仅仅解读成诗意的幻想或大众迷信的证据，也就不足为奇了。而我认为，这些描述是地中海地区史前时期本土自然历史的证据。由于许多知名古代思想家，比如修昔底德（Thucydides）和亚里士多德，都未曾提及这些非凡的遗迹，追寻那段自然历史将把我们引领到少有人涉足的古典学研究道路。

只有根据古希腊人和古罗马人曾经居住过的土地上鲜为人知的现代化石发现，对被忽视的关于巨大骨架的古典文本进行新的解读，才能补足我们缺失的古代化石知识。这就意味着我们要在现代人文科学和自然科学之间架起一座沟通的桥梁，从而复原古生物学早期历史中缺失的重要一章。[1]

古希腊的哲学家们明白，在远离海洋的地方发现的贝壳化石说明此地曾经是海洋。人们通常认为，对这种认知的赞同就是古生物学史的开端。随后，古生物学史学家发现他们缺乏古代人类发现大型脊椎动物化石的证据。就此，一些现代的历史学家曾经提到一个被谣传成源自古希腊哲学家恩培多克勒（Empedocles）的关于动物化石的重要观点。为了解释（我们曾以为的）古典时期的人们对大型史前动物骨骼为何兴致索然，科学家们的设想是，亚里士多德的"物种不变"理论作为某种教条，抑制了古代古生物学观念的发展，就像该理论在中世纪时期发挥的效用一样。后来，中世纪的人们对蟾蜍石和独角兽产生了一些有趣的误解，而这些误解在文艺复兴时期也没有得到纠正。随后，乔治·居维叶（Georges Cuvier）、理查德·欧文（Richard Owen）和查尔斯·达尔文（Charles Darwin）在18、19世纪的那些科学发现引领我们来到了古生物学史的正式起点。

在古生物学史中，有四点关于古代人类在化石方面的经验的错误认识反复出现。首先，由于以上列出的几点原因，人们普遍认为，古希腊人即便已经意识到微小的海洋化石的意义所在，却从未注意到巨大的恐龙、猛犸象和其他已灭绝的脊椎动物的化石遗迹。为了解释这一令人费解的疏漏，一些古生物学史学家认为，古代人可能没有把这些巨大的矿化骨骼视作骨骼，有些人甚至提出，古代人可能"因为这些骨骼太大了而根本没有注意到它们"。[2] 本书将首次向大家呈现大量古代证据，以证明上述观点错得多么离谱。

大型脊椎动物化石，即便只有骨骼和牙齿，也能引起古希腊、古罗马时期人们强烈的思索和好奇。现代古生物学之父乔治·居维叶（公元1769—1832年）对此有着清楚的认识。这位法国自然学家是第一位提出猛犸象骨骼属于一种已经灭绝的象科动物的科学家。虽然居维叶是一位科学家，但是18世纪的古典学教育使他对古希腊文学和拉丁文学也十分熟悉。他于1806年在巴黎发表了一份关于现存和已灭绝的大象的专题研究，其中总结了当时世界各地的猛犸象化石发掘史。他把人类最早发现猛犸象化石的时间追溯到了古典时代，引用了关于公元前5—公元5世纪在希腊、意大利、克里特、小亚细亚和北非的一些地方发现的巨型骨架和象牙的古代文献。在某种意义上，我正在沿着居维叶开凿出的历史道路继续前行。这条道路曾经被淹没、被遗忘在他那个时代的那些令人振奋的科学发现中。要沿着伟大的居维叶先生开拓的道路继续前行，这简直令人生畏，但有了古典学和古生物学的发展，以及这两个领域内的专家为我提供的新知识，把古代化石研究恢复到其在科学史中的正确位置已成为可能。[3]

对那些长期被人忽略的证据的复原，和另一个现代古生物学由来已久的神话互相矛盾：人们认为，因为关于进化和灭绝的科学理论在那时尚未诞生，古典时代的人们对于脊椎动物化石无法进行严肃的思考。想要对化石做出有意义的解读，即把化石视作过去的有机遗存，人们就要对自然历史有一定的理解，而古代人并没有这种理念。例如，马丁·J. S. 路德维克（Martin J. S. Rudwick）在他颇具影响的《化石的意义：古生物学历史》（*The Meaning of Fossils: Episodes in the History of Paleontology*）一书中，就采用了这样的假设。

现在，是时候对这些假设进行反思了。也许，自然哲学家——连同亚里士多德在内——确实未曾明确阐述一种正式的理论来对脊椎动物化石进行解释，柏拉图和修昔底德这样的著名作家也从未提及这些巨型骨骼。但是，这并不应该误导我们，让我们因此认定古希腊人、古罗马人没有用来解释他们观察到的巨大的（和当时生存的动物都匹配不上的）化石化骨骼的概念或范式。事实上，人类对于古生物学最早的有据可查的思考就保存在关于自然之过去的希腊-罗马神话里，零散地分布于鲜为人知的地理学家、旅行家、民族志学家、自然历史学家以及自然奇观编纂者的记录中。而这些内容，在居维叶之后竟无人查看。对这些记录化石发现的朴实文献的阅读，赋予了普通古希腊人和古罗马人前所未有的生动形象，也让我们对古代生活有了全新而直观的了解。同时，它们还揭示了在我们甚少研究的古代通俗文学中隐藏的丰富自然知识。[4]

第三个错误涉及一个有关古代大型脊椎动物化石的"事实"。20世纪早期以来，很多蜚声国际的古生物学史学家都相信一个传说：古希腊哲学家恩培多克勒曾在西西里的一些洞穴中研究过大象的头骨化石。这个现代神话认为，生活在公元前5世纪的恩培多克勒是第一个在写作中将史前大象头骨和荷马史诗《奥德赛》中被奥德修斯杀死在山洞里的古代传说中的独眼巨人联系起来的人。有人还宣称，乔万尼·薄伽丘（Giovanni Boccaccio）是第一个公开恩培多克勒的发现的人。关于这个现代神话，下面这种说法比较典型："公元前5世纪，大象骨骼化石出土于西西里。恩培多克勒将这些化石解释为独眼巨人的骨骼……公元14世纪，薄伽丘引用了恩培多克勒的话，再次将其认定为独眼巨人的骨骼。"[5]

1371年前后，当农民们在西西里的一个洞穴中发现巨型骨架的时候，薄伽丘确实在场。他站在聚集的人群中，人们鼓动彼此去做第一个碰触"巨人"的勇者。最后，当有人碰触这块化石的时候，化石立刻散成了尘土，仅存三颗巨型牙齿、部分头骨和一块巨大的股骨。薄伽丘根据《奥德赛》将这个"巨人"判定为独眼巨人。但是薄伽丘从未在自己的记录中提到过恩培多克勒。同时，在恩培多克勒残存的作品中，他从未提过头骨、洞穴、巨人或者独眼巨人，更别提大象了。古希腊人在这位哲学家去世100年后才知道大象的存在。[6]

那么，这个谣传是怎么出现的呢？在一些也被这个故事愚弄了的历史学家的帮助下，我追溯到了杰出的奥地利古生物学家奥赛尼尔·埃布尔（Othenio Abel）在1914年和1939年所做的陈述。埃布尔为何没有根据地声称恩培多克勒曾下此论断呢？原来，1914年，埃布尔正在写关于化石民俗传说的内容时，他灵光一闪，觉得古代水手可能把他们并不熟悉的大象头骨化石的鼻腔开口错认成为只有一个眼睛的巨人的眼窝。为了支撑自己的巧妙推断，埃布尔将这个观点推到了恩培多克勒的身上，这位古代哲学家恰好对生命起源进行过思考。虽然没有留存的证据，埃布尔声称"恩培多克勒曾在西西里的洞穴中有类似的发现，并且认为这些东西是已灭绝的巨人物种曾经存在的无懈可击的证据"。威利·莱（Willy Ley）是最早对埃布尔的恩培多克勒神话进行转述的历史学家之一。20世纪40年代，他又给埃布尔的谎言添了一笔：薄伽丘宣称自己发现独眼巨人时，引用过恩培多克勒的话，以增加权威性。就这样，埃布尔和莱的那乍听起来有理有据的论断以民间传说的形式被后人引用、阐释，而这些后来者却并没有查证过恩培多克勒和薄伽丘到底说过什么。[7]

正如薄伽丘曾提及的"巨人"骨骼被人一碰就消散成尘埃一样，这个在古生物学领域广为接受的"事实"也经不住考验。人们很容易将埃布尔对于恩培多克勒的误传视作一场故弄玄虚的骗局。不过我认为，埃布尔之所以不惜搬出恩培多克勒对于原始生命形式的洞见，是因为他想要填补上文提到的古代记录的空白，即用于解释大型骨骼化石的现存哲学理论的缺失。从古至今，不少古生物学虚构故事的出现都不同程度受到这种想法的影响。对此，我们将在本书的最后一章进行说明。

古生物学家常常会不自觉地犯第四个错误。人们通常认为，亚里士多德的"物种不变"理论对古典时代和中世纪关于进化和灭绝的理性思考来说，是个毁灭性打击。这种误导性观点失之偏颇地将不同的文化和时代等量齐观了。物种不变理论并不是古典时代唯一的理论——亚里士多德的观点只在中世纪欧洲与圣经教条融合后才转变成当时的主导观念。相反，中世纪前的1000年，古希腊人和古罗马人把这些大型史前遗迹视作巨型陌生生物的遗骸。他们认为，这些生物曾经在地球上出现、繁衍、流变，然后又在人类出现前因天灾而毁灭或自然灭绝了。[8]

酷爱冒险的古希腊人、古罗马人在地中海区域甚至印度都发现了史前动物化石的存在。鉴于古今化石发现和古籍的特点，我们需要稍微跳脱出地理学和年代学的范畴。"古代"一词在不同语境下有不同意义：我们想要了解的是生活在"千年前"的人们是如何解读"百万年前"的生物遗骸的。想要把古代发现与现代古生物学知识进行融合，我们就需要按照时间表和地图的指引，来一次时空之旅。本书所用文献和考古证据的时间范围从公元前8世纪起，到公元5世纪止（参见"历史时间线"）；地质年代时间参见"地质时间表"。

在古代口头民俗故事中，有一种奇异的生物——格里芬。本书的第1章将探寻格里芬的古生物学起源。通过阅读古希腊、古罗马文献中偶然遗留的线索，我认为格里芬的形象是基于没有文字的游牧民族在中亚沙漠中观察到的恐龙骨架而产生的。但是，古希腊人、古罗马人又是如何解读他们在自己的土地上观察到的别样的史前化石的呢？哪种动物曾经主宰史前地中海盆地？谁才是这些重要化石遗迹的主人？谁又负责解读这些化石？我将在本书第2章阐述以上几个问题，同时对地中海地区变化激烈的地质史和对该地区化石沉积层的现代发现进行探究。

在对散布在古典世界区域周边的不同种类的乳齿象、猛犸象和其他大型已灭绝哺乳动物的化石有了初步的认知之后，本书第3章将讲述特洛伊战争时期（约公元前1250年）至西罗马帝国覆灭后（约公元500年）人类发现大型化石骨架的故事。古生物学史上众多轰动性的"第一次"都出现在这一时期：史前骨架化石的最早测量记录，化石露出地表的自然和人为条件的最早记述，最早的古生物学博物馆，最早意识到中新世乳齿象就是象类，最早利用遗骸对史前动物进行复原，关于化石发现的最早图示，对希腊、意大利、法国、埃及、土耳其、印度等地化石沉积层的最早记录等（附录收集了大量文字证据以支撑第3章引用的内容）。人们将这些巨型生物的骨骼视作神话中的旧时遗迹，还将其奉为自然的奇迹，在神庙和其他公共场所进行展示。细读古代文献并与熟悉地中海和亚欧的化石的古生物学专家一起讨论，能够让我们最终判定这些在古代就被人类发掘的巨大骨架属于何种动物。

古代艺术家是如何对埋在土里的巨人骨骼和怪物骨骼进行形象化创作的呢？古代人收集的骨骼化石是不是发掘自古代遗址？本书第4章将利用鲜为人知的艺术证据与考古学证据，证明古人对化石的兴趣。

本书第5章将深入剖析希腊-罗马神话，找出神话中那些能够帮助普通人理解这些从土里刨出来的神秘而体量庞大的遗骸的概念。民间传说的情节包括了过去生命形式的变化与毁灭。在探寻包括亚里士多德在内的古代自然哲学家们为何面对周遭的巨型骨骼而沉默不语时，本书的一个重要主题将浮出水面：官方的科学判定和大众信念之间的冲突。本章结尾还将对古典时代古生物学的洞见进行总结。

在本书第6章，我们会了解到，古生物学骗局（起源于古罗马时期）实际上就是对大众信念和科学之间的矛盾的一种回应。今天，横亘于大众迷信和科学知识之间的鸿沟似乎无法跨越，科学家常常哀叹他们无法向大众传达他们将真理与似是而非的虚构相分离时的兴奋。一些科学怀疑论者认为，想要弥合两种世界观之间的矛盾，是对神话和科学的双重侮辱。[9]但是，如果我们把古代古生物学"故事"和一些现代例子进行对比，我们就能清楚地认识到，科学的好奇心和神话想象之间的关系远比人们想象的更加紧密。

法国古生物学专家帕斯卡尔·塔西（Pascal Tassy）发问："化石究竟是什么呢？如果不是既被时间毁灭，又被时间保存下来的遗迹，还能是什么呢？"他对化石的定义同样适用于零散的古代文献和考古学证据。正如化石就是"化石化的时间"一样，古代人工制品或文本也是如此。古生物学家、古典历史学家和考古学家的任务十分相似——发掘、破译，并让这些我们无缘亲历的诱人的时间余烬重焕生机。[10]本书就是首次试图完成这项任务的尝试，但愿本书能鼓励更多的人从事对古生物学萌芽的研究。

1

守卫黄金的格里芬

一个古生物学传说

夏末的一天，我登上了从雅典开往萨摩斯岛的夜班轮渡。萨摩斯岛属于希腊，濒临土耳其海岸。我此行的目的地是一座位于米蒂利尼的小型博物馆。米蒂利尼是一座位于萨摩斯岛腹地群山之中的村庄。我受到一本老旧的旅游指南的吸引，想要去参观从村庄北部发掘出的巨型骨骼。这些骨骼发掘自一片干枯的河床，当地人把那里称为"大象墓园"。旅游指南中提到，这些骨骼自19世纪80年代起就被存放于村内邮局楼上的一间屋子里。其中一具骨架被命名为"萨摩麟"（*Samotherium*），意为"萨摩斯的怪物"。

据古希腊作家所言，萨摩斯岛巨大的骨骼化石早就为好奇的旅行者们所知了。因为对奇幻生物的传说起源于古人看到的未知的已灭绝动物骨骸这一可能性很感兴趣，我很关注现代的古生物学发现和关于巨型骨骼的古代故事之间的一些巧合。我想知道那些萨摩斯化石中有没有和古典神话中的格里芬有相似之处的化石。在雅典的那年，追寻这种守卫着金子的狮身鹰嘴的神秘生物的真实身份，成了我的执念。我知道，17世纪以来，古典学家、古代史学家、艺术家、科学史学家、考古学家和动物学家都坚持认为，格里芬只是一种把狮子和鹰拼凑在一起的想象中的生物，一种用来代表机警、贪婪或者开采金子的难度的人造符号。我怀疑事实可能与此大相径庭。[1]

　　我认为，格里芬算得上是古生物学传说的典型案例。这种生物并非简单的拼凑，它和希腊传统中的珀加索斯（Pegasus，生有双翼的飞马）、斯芬克斯（Sphinx，狮身人面兽）、弥诺陶洛斯（Minotaur，牛头人）和上半身是人而下半身是马的半人马（Centaur）都不一样。我们可以看出，后面这些是想象力拼合的产物。事实上，格里芬在希腊神话中并没有一席之地。格里芬是民间传说的产物，我们可以在自然之中找到它的蛛丝马迹。[2]

　　与其他生活在过去的神话时代的怪物不同，格里芬并不是神的后代，也与希腊众神和英雄的事迹无关。事实上，人们认为格里芬是一种会在现实生活中出现的动物。在遥远的亚洲地区，勘探金矿的普通人还曾遇到过格里芬。现代历史学家曾将论及格里芬的古希腊、古罗马作家批判为容易上当受骗的傻子或者以幻想乱真的罪犯。不过我发现，这些人在描述格里芬时，并未使用耸人听闻的措辞。格里芬被简单描述为一种成双或成群出现，在地上做窝，守卫金子，并以马、鹿甚至人类为食的生物，它们不具备超自然的能力。格里芬最显著的特征历经多个世纪依然保持一致：这种动物四肢着地行走，还有十分强壮有力的喙。这种集鸟类与哺乳类动物特征于一体的怪异组合，正是我期盼能在萨摩麟骨架化石中找到的（见图1.1）。

　　第二天一早，渡轮到达萨摩斯岛，我发现不起眼的小岛考古博物馆就藏在公共花园的后面。于是我决定在去米蒂利尼之前先看看。在博物馆里，我兴奋地发现了上百件青铜格里芬

图 1.1 带有红色图案的杯子，杯身绘有格里芬与游牧人，制作于公元前 6 世纪末—前 5 世纪初。图片由本书作者绘制，参照 R. A. 瓦洛泰尔（R. A. Valotaire）的《特平·代·克里斯收藏室的彩绘陶瓶》（Vases peints du Cabinet Turpin de Crissé），刊登于《考古评论》（*Revue Archéologique*）1923 年第 17 期第 51 页

藏品。这些藏品是德国和希腊的考古学家在赫拉神殿废墟中发现的。这些格里芬是伊奥尼亚（位于安纳托利亚西部）手工匠人的作品，大部分都是半身像，用于装饰大型青铜碗的边缘。这些青铜器于公元前 8—前 6 世纪被献祭给赫拉神庙——那正好是第一批关于格里芬的书面记录出现在希腊的时间段。我花了一早上的时间，给一排排的格里芬青铜像画素描，想要用我的笔记录下它那有力的钩状的喙，那巨大的圆睁着的眼睛和它那凶恶的掠食者气场。我注意到，有些格里芬的颈部有羽毛，有的则像蜥蜴的脖子那样布满鳞片。很多格里芬有长长的耳朵或犄角，或者前额有突起。大多数格里芬的翅膀都十分呆板，程式化十足。

　　我在给这些格里芬画像时，一直暗自琢磨着能从存放在米蒂利尼邮政局楼上那间房里的化石中发现些什么。我注意到这些格里芬主要分为两种：对于那些线条优美流畅，修长的脖子上还装饰着涡状花纹的格里芬，我总是一眼略过；面对那些多半是出自更早时期的工匠之手的看起来块头粗大、皮糙肉厚的格里芬，我则会驻足观看。这两种格里芬的对比看起来就像是经过美化的肖像画和自家摆放的动物标本一样。这些笨重的粗脖子陆生野兽并不能像艺术史学家所推崇的那些古典时代的格里芬那样给人带来美的感受。但是，我却被它们散发出的那种勃勃生机和粗犷质朴的外表中体现的真实触感打动了。这些早期格里芬塑像竟是如此写实，如此栩栩如生！我盯着它们那强有力的喙、空荡荡的眼窝、皮实的颈部和棱角遍布的头骨，一种似曾相识的感觉涌上心头——它们看起来太像史前动物了！

我冲出博物馆。我必须立刻去码头租一辆摩托车，赶到米蒂利尼去，找到保管存放化石房间钥匙的人！那天下午，天气炎热，令人昏昏欲睡。出镇的小路陡峭而泥泞，好在路上车辆并不多。我只碰上几只慵懒的山羊，还有一辆低底盘的、带尾翼的红褐色道奇车。一尺长的毒蜥在大石头上晒着太阳，后面就是千年以来出土了无数化石化骨骼的群山沟壑。

公路蜿蜒而上。最终，我到达了米蒂利尼，总算享受到了悬铃木投下的最后一丝阴凉。我来到小邮局，说明了自己的请求。邮局管理员匆忙去找村长，村长拿着老旧的钥匙打开了邮局楼上的房间——萨摩斯古生物博物馆。阳光穿透脏兮兮的玻璃，一大堆巨大的头骨、椎骨和股骨化石出现在我的视野中。老管理员把那些发黄的剪报指给我看：穿着背心的工人们汗流浃背地和穿着西服的人们一起，站在从河床中冒出来的巨型骨骼边照相。老管理员把萨摩麟的头骨和股骨放在了玻璃展柜里，这些骨骼都已经化石化，令人十分惊艳。萨摩麟的股骨大小是人类股骨的两倍，头骨则约有 2 英尺（约 0.6 米）长，有两个骨质的角，一对巨大的眼窝，还有巨大的牙齿，但很遗憾，没有喙（见图 1.2 和图 1.3）。

　　想象一下，700 万年前，长颈鹿那巨大的祖先就在这片今天用来放牧山羊的土地上吃草，这是多么奇妙！这些外表吓人的化石肯定曾让古代萨摩斯的农民大吃一惊，但这又是另一个故事了。我意识到，古代人类关于格里芬传说的灵感一定来自更遥远的地方。[3] 于是，我回到雅典，着手进行更多研究。我坐在美国雅典古典研究学院图书馆缓缓转着的吊扇下，伴随着知了与鸽子在窗外无花果树上发出的单调的声音，开始对古老的格里芬传说进行深入研究。

　　一位德国地质学家于 1827 年在西伯利亚搜集到的古生物学神话，似乎为揭开古代格里芬的身份之谜提供了线索。因在西

图 1.2　萨摩麟头骨，约 2 英尺（约 0.6 米）长，1923—1924 年发掘自希腊萨摩斯岛。照片由尼科斯·索罗尼阿亚斯提供

图1.3 本书作者与肢骨化石展柜合影，1988年于希腊萨摩斯岛古生物学博物馆旧馆。照片由乔赛亚·奥伯拍摄

伯利亚进行的调查而荣获英国皇家地理学会奖章的格奥尔格·阿道夫·埃尔曼（Georg Adolph Erman，公元1806—1877年），还曾对当地民族志资料进行了搜集。埃尔曼认为，西伯利亚地区的风俗、语言和口传历史与公元前5世纪古希腊人对古代斯基泰人的描述十分一致，而格里芬的故事最初正是由古斯基泰人传给古希腊人的。和那些古代的游牧民族一样，这些北乌拉尔地区的现代土著也会挖掘金沙。他们告诉埃尔曼，他们常常能见到巨型鸟怪的遗骸，这些鸟怪早已被他们勇猛的祖先通通杀死了。

埃尔曼辨认出这些怪物是冰川时期犀牛和猛犸象的遗骸。这些骨骼嵌在泥炭层中，覆盖于沿河分布的含有金沙的岩层之上（这些河流最终流入北冰洋）。尽管这些西伯利亚人爽快地承认，他们其实明白这些巨兽并不是鸟，但他们还是把这些犀牛角称为"鸟爪"。他们告诉埃尔曼："我们已经习惯这么说了，我们知道犀牛长什么样。"[4]

对于给化石起惯用名，中国人和西伯利亚人的做法有异曲同工之处。即便中国人早就意识到有些遗骨化石属于鹿和马，他们还是把所有已灭绝动物的化石都叫作"龙骨"。想想看，"恐龙"（dinosaur，拉丁文为dinosauria，意为"可怕的蜥蜴"）一词也是如此：即便我们知道这个名字会让人联想起关于恐龙的很多过时的观念——冷血、行动迟缓、没有智慧，我们还是管这种动物叫"恐龙"。关于"dinosaur"一词的历史来源，蒙大拿州的古生物学家杰克·霍纳指出，对词根"saurian"（蜥蜴类的）的不当使用固化了对恐龙的形象与行为的"未经验证的假设"。正是这个名字塑造了古生物学家的"搜索形象图"（search image），导致他们"忽视，误读或驳斥"了那些与"冷血蜥蜴形象"不符的证据。霍纳的"搜索形象图"概念，即在搜寻证据的过程中，有意或无意地通过对材料进行审视来聚焦特定的图像样式或特征组合。这在本书中非常有用。范围狭窄的"搜索形象图"可以助力科学研究的完善，但它们同样可能让研究人员忽略潜在的重要信息。[5]正如我们将在下文中看到的那样，"搜索形象图"也影响了古希腊人和古罗马人。他们的习惯就是将这些超大号骨骼化石视作英雄或巨人的骨骼。

　　1848年，埃尔曼宣布，他在西伯利亚金矿工人间流传的鸟怪传说中发现了"希腊格里芬故事的原型"。埃尔曼的理论并没有在学界激起波澜。直到1962年，才有一位叫 J. D. P. 博尔顿（J. D. P. Bolton）的古典学家对此进行了反驳。博尔顿写道，埃尔曼的调查对象居住在北极圈以内，位于格里芬传说发源地——中亚阿尔泰山脉——西北2000英里①（约3218.7千米）处。[6]除此以外，格里芬最重要的标志就是喙，而犀牛和猛犸象的头骨都没有喙。就像我早先对萨摩斯怪兽萨摩麟充满期待，最后却落空一样，埃尔曼对格里芬身份的认定既选错了化石，又选错了地点。

　　但是，埃尔曼认识到格里芬的出现源于人类对史前动物遗骸的观察，这个方向是正确的。博尔顿对格里芬地理起源的强调也没有错，因为公元前700—公元400年，对格里芬的所有描述都将格里芬的故土指向同一个地方——中亚地区的不毛之地。那里的游牧民族被称为斯基泰人（现在被称为萨卡-斯基泰人），他们在古代曾经寻找过金矿。这一沙漠地带很不起眼，以致地图设计者通常让书页装订处直接覆盖那个经纬度位置，使其地

---

① 1英里约等于1.6千米。

形就像被沙暴掩盖了一样，在书面上根本体现不出来。

　　在本书接下来的部分，我将为大家拼凑出斯基泰人的格里芬拼图。我认为，格里芬是人类根据化石想象史前动物的尝试的最早记录。但是，我们要记住，我们现在能知道格里芬的存在，是因为掌握文字的古希腊人和古罗马人将其记录了下来。他们保存的民间传说残篇将为我们解开一个在人们心中萦绕了2700年的古生物学谜团。在接下来的章节中，我们将会看到，古希腊人和古罗马人是怎样解读自己土地上出现的这些巨大骨架化石的。

格里芬的传说

　　约3000年前，萨卡-斯基泰人在天山山脉和阿尔泰山脉之间的戈壁沙漠西端淘金。萨卡-斯基泰文化从黑海一直延伸到阿尔泰山脉，他们的游牧生活方式在公元前800—公元300年蔚然成风。斯基泰人不懂书写，他们有艺术而无文字，但是当另一个有文字的文化对他们产生兴趣的时候，他们的故事就被偶然地保留了下来。

　　公元前7世纪的某个时间，古希腊人第一次接触到了斯基泰游牧民族。伴随着黄金和其他异域商品，关于这片遥远的土地及其居民的民间传说也涌入了希腊。看守黄金的格里芬就这样首次出现在旅行者阿里斯特亚斯（Aristeas）所著的关于斯基泰人的史诗中。阿里斯特亚斯是一位来自玛摩若海（Sea of Marmora，位于黑海西南部）的希腊人。约公元前675年，他拜访了斯基泰最东端的部落——居住在阿尔泰山脚下的伊赛多涅斯人（Issedonians）。这些人对阿里斯特亚斯讲述了伊赛多涅斯以外广阔的原野，那里的金子被凶猛的格里芬守卫着（格里芬一词源自希腊语grps，意为"带钩的"，像喙一样；grps一词又和古波斯语动词griften相关，意为"抓住、捉住"）。阿里斯特亚斯记录了淘金的游牧人在马背上与格里芬战斗的场景。伊赛多涅斯人把格里芬描述成和狮子差不多大小的捕食者，喙部弯曲有力，像鹰嘴一般。[7]

在古代，斯基泰是重要的黄金产地。考古学家在俄罗斯南部的萨卡-斯基泰人墓中发现了众多精美的金质财宝。斯基泰人的装饰特点十分鲜明，即艺术史学家熟知的"动物风格"——在物品上装饰生动的动物图案。墓葬中出土的金质或青铜手工艺品饰满细节逼真的羊、鹿、牡鹿、马、驴和鹰等。在这些以真实的动物为原型而制成的陪葬品中，也有一些未知生物，尤其是形似格里芬的动物。

我对苏联考古学家谢尔盖·鲁坚科（Sergei Rudenko）的发现特别感兴趣。20世纪40年代，鲁坚科在阿尔泰山脉北坡的巴泽雷克（Pazyryk）附近发掘了几座公元前5世纪的墓葬，而这里正是阿里斯特亚斯曾经造访过的伊赛多涅斯人的领地。除了众多形似格里芬的金质手工艺品外，鲁坚科发现了一些在永久冻土中保存了2500年的木乃伊。其中一名男性战士的皮肤上布满了深蓝色的动物文身。在其身上能辨认出的文身图案中，有些图案是未知生物，例如格里芬（见图1.4）。数十年后，在1993年和1995年，俄罗斯考古学家又在巴泽雷克附近区域发现了两具同时期的文身木乃伊，其中年轻男性的肩膀部位有大型麋鹿图案文身，年轻女性的肩膀和手腕处有华丽的雄鹿图案和形似格里芬的图案文身。[8] 这些文身图案与最早的文字记录中所

图1.4 一名木乃伊化的萨卡-斯基泰人身上的不知名动物文身（上）和格里芬文身（下），由谢尔盖·鲁坚科于阿尔泰山脉北坡的巴泽雷克的公元前5世纪的墓葬中发现。图片由本书作者绘制

描述的格里芬形象以及萨摩斯青铜格里芬塑像十分相似。结论显而易见：这些游牧民知道阿里斯特亚斯所收集的那些格里芬的故事！

　　早在公元前3000年，中东地区的艺术作品中就出现了带有鸟类和哺乳类动物混合特征的奇怪生物。我们还可以在希腊青铜时代的迈锡尼文明中看到头部形似孔雀头的格里芬的身影（约公元前1200年）。作为古代民俗传说领域的研究者，找不到

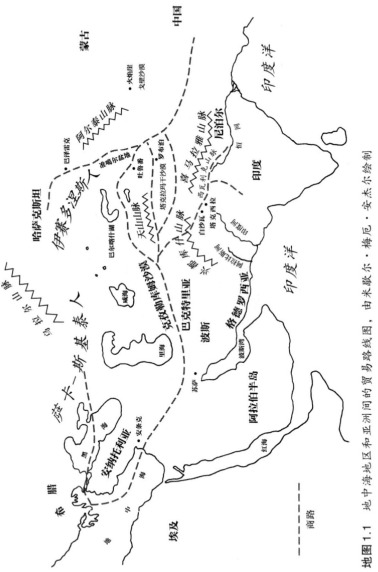

地图 1.1 地中海地区和亚洲间的贸易路线图，由米歇尔·梅厄·安杰尔绘制

* 书中地图皆系原文插附地图。

------- 商路

中国

蒙古

哈萨克斯坦

伊塞多涅斯人

斯卡斯基泰人

安纳托利亚

希腊

埃及

阿拉伯半岛

印度

尼泊尔

波斯

格德罗西亚

印度洋

印度洋

地中海

红海

黑海

里海

咸海

巴尔喀什湖

火焰湖

戈壁沙漠

阿尔泰山脉

准噶尔盆地

罗布泊

吐鲁番

塔克拉玛干沙漠

天山山脉

兴都库什山脉

帕米尔

喜马拉雅山脉

西瓦利克山脉

塔克西拉

白沙瓦

阿富汗兴都库什山

恒河

巴泽雷克

乌拉尔山脉

克孜勒库姆沙漠

巴克特里亚

波斯湾

阿曼

波斯波利斯

能和这些形象对应上的故事对我来说实乃憾事。但是，根据阿里斯特亚斯以及继他之后的古希腊、古罗马作家的记述，我能够把伊赛多涅斯人中流传的格里芬故事片段与同时代艺术形象关联起来。格里芬文学传统始自公元前7世纪的阿里斯特亚斯，一直兴盛至公元3世纪。仔细阅读这一时期的文字片段，并认真检视同时期的艺术表现手法，也许能为我们揭开神秘的格里芬身份之谜。

在阿里斯特亚斯以前，希腊和美索不达米亚地区有可能已经有了关于格里芬的传说。但是，阿里斯特亚斯远行并写下关于格里芬的史诗的年代，恰好与人们对格里芬艺术的兴趣高涨的时间点相吻合（这一对格里芬的兴趣持续了千年之久）。当斯基泰人的故事在地中海区域流传时，格里芬也开始成为古代希腊和罗马的艺术家最喜欢的艺术母题。[1]艺术家们在陶瓶上绘制游牧人大战格里芬的异域风情画（见图1.1），用马赛克和雕塑展现凶猛的格里芬袭击驴和马的场景。公元前7—前6世纪，双目圆睁、喙部张开、形象生猛的格里芬青铜半身像十分流行，常被用来装饰古希腊人用于调酒的青铜大碗。

格里芬不仅仅是静态的纹饰，人们对格里芬进行想象，并将其描绘成带有鲜明行为特征的真实动物。朱迪丝·宾德（Judith Binder）是美国雅典古典研究学院的终身学者。她在听说我所做的工作后，极力向我推荐奥林匹亚（奥林匹克运动会的古代发源地，位于伯罗奔尼撒）博物馆的"小格里芬"。我发现，这是一个独特的青铜排挡间饰[2]，制作于公元前630年，是宙斯神庙

---

[1] 母题指一再出现于某一类艺术作品中的意象或原型。

[2] 排挡间饰（metope）是陶立克风格檐壁的三角槽排挡之间的方形部分，通常装饰有雕塑。

的装饰區。艺术家刻画的是一个小格里芬依偎在凶猛的格里芬母兽肋下的情景（见图1.5）。现为加利福尼亚大学洛杉矶分校古典考古学教授的萨拉·莫里斯（Sarah Morris），当时还向我展示了另一组绘制在迈锡尼陶瓶上的格里芬家庭场景。该陶瓶的制作时间约为公元前1150年，远早于已知最早的格里芬书面记录。在装饰图中，一对格里芬正在照看两只幼崽。人们对于格里芬的这种写实想象到底源自何处呢？格里芬的形象并没有依照标准的神话故事，相反，艺术家们似乎是在想象一种他们听说过但并未见过的奇异动物的行为。

公元前675年前后，阿里斯特亚斯从居住在伊赛多涅斯地区

图 1.5 格里芬和幼崽，锻造青铜浮雕，制作年代约为公元前 630年，发现于希腊奥林匹亚，目前为奥林匹亚考古博物馆 B.104号藏品。图片由本书作者绘制

的斯基泰人那里听到了格里芬的故事。当时，那些斯基泰人居住在天山山脉和阿尔泰山脉之间的区域，涵盖今天的蒙古国西北部、中国西北部、俄罗斯西伯利亚南部和哈萨克斯坦东南部区域。公元2世纪，地理学家托勒密和古代中国的记录都已证实，这群伊赛多涅斯人居住在中国至西方的商路沿线，即戈壁沙漠西部至阿拉山口（位于今哈萨克斯坦与中国西北部之间）。近期的语言学和考古学研究证实，自阿里斯特亚斯生活的时代起，古希腊人、古罗马人与萨卡-斯基泰人的贸易往来一直繁荣至公元300年，正好与格里芬大量出现在希腊-罗马艺术和文学中的时间段相吻合。

斯基泰人没有留下任何文字记录，阿里斯特亚斯的诗也没

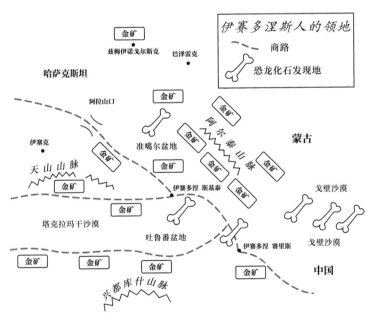

地图1.2 伊赛多涅斯人的领地：商路、金矿所在地，以及恐龙化石发现地。该地图由米歇尔·梅厄·安杰尔绘制

有被保存下来。但是，由于他的史诗在古代非常有名，对它的引用至今留存在其他几位古代作家的作品中。这些作家还引用了其他古希腊、古罗马作家的现已遗失的作品，这些作品收集了关于斯基泰人、金矿开采和格里芬的信息。因此，想要拼凑出斯基泰人的格里芬神话的自然历史，我们不得不依赖这些来源庞杂、简短而破碎的文字，这些文字源自一种更为丰富的文化传统。此外，许多曾经提到格里芬的旅行家、历史学家、地理学家和作家不仅被其古代同行斥为"神话作者"，更因为被现代学者指为记录"道听途说""非客观事实"而遭到了忽视。不过，正是这些古人对自己所生活的时代的奇怪自然现象所怀有的兴趣，使他们的著作对古生物神话的复原工作而言如此重要。

格里芬的自然历史

雅典剧作家埃斯库罗斯（出生于约公元前525年）沉迷于异域地理与民俗风情。他是最早借鉴阿里斯特亚斯收集的斯基泰人地理和民俗素材的作家。在埃斯库罗斯所著的悲剧《被缚的普罗米修斯》（*Prometheus Bound*，公元前460年）中，众神为惩罚泰坦神普罗米修斯，用锁链将其困在遥远的斯基泰地区的一座悬崖之上。正是阿里斯特亚斯为埃斯库罗斯提供了写作素材。他描述了去往荒凉国度的孤独之路。在那个国度，游牧民族在沙漠中淘金，沙漠里还栖息着蛇发女妖戈耳工（这种怪物拥有将生物变成石头的魔法）和可怕的格里芬。埃斯库罗斯将格里芬比作"喙部锋利而不吠噪的猎犬"。尽管作为悲剧和神话作家，埃斯库罗斯拥有进行诗意创作的权利，但他仍然带有一份动物学家式的审慎——将无翼鹰嘴格里芬与现实中有翅膀的鹰区别开来。[9]

埃斯库罗斯创作《被缚的普罗米修斯》的时候，希罗多德正在拜访生活在黑海附近的斯基泰部落（这个部落位于斯基泰人生活区域的最西端）。希罗多德是一位真正做到"读万卷书，行万里路"的历史学家，同时也是世界上第一位人类学家。他在阅读阿里斯特亚斯的诗后，向居住在黑海附近的斯基泰人了解了住在更东边的斯基泰人的生活方式。虽然他所获得的信息经过了7位译者（其所在地东至阿尔泰山脉）的转述，但希罗多德还是明确转述了这些来自伊赛多涅斯人的古代词汇。他的描述是我们拥有的最早的对这些草原游牧民族的生活方式、语言和传说的综合刻画。而他在《历史》（约公元前430年）一书中记载的众多文化特征，已通过鲁坚科和其他人在俄罗斯南部和哈萨克斯坦发掘出的墓葬随葬品得到了证实。根据对游牧民族所使用的印度-伊朗语系词汇（古希腊人原本对此一无所知）的语言学分析，我们能够确认，希罗多德的确曾经接触到了来自中亚的信息。

约公元前484年，希罗多德出生于卡里亚的哈利卡纳苏斯（今博德鲁姆，土耳其沿海城市，与希腊科斯岛隔海相望）。在古生物学传说的历史中，希罗多德的记载具有重要意义，但他也饱受争议。在古代，精英历史学家们认为他传播道听途说的故事，或是无中生有以娱众人。他曾经被戏称作"谎言之父"，这个名号一直持续到今天。有人甚至怀疑他是否真的如他所言的那样远游过。但是，随着学者和考古学家对希罗多德曾描述过的萨卡-斯基泰人和其他非希腊文化遗迹的了解加深，人们意识到，希罗多德其实是史实和民间信仰的忠实记录者。尼尔·阿舍森（Neal Ascherson）在《黑海》（*Black Sea*）中这样写道：作为记录员的"希罗多德的可贵之处"在于"随着考古学的证实，他所记录的信息越来越重要"。作为探险家和富有同情心的倾听者，希罗多德相信神话中保留着真实历史的痕迹，他致力于挖掘事实、口头传说和民间信仰。他邀请自己的读者思考这些事件的其他版本，不时加以自己的评论。[10]

　　在伊赛多涅斯以外的地方挖金矿是极有风险的。希罗多德听说，开采者要经过长途跋涉才能到达极热与极寒共存的沙漠。他评论道："我不能确定人们是如何获得金子的，据说名为阿里玛斯波伊（Arimaspeans）的独眼族能从格里芬那里把金子偷出来。"希罗多德不相信存在独眼人种，但却对格里芬的存在深信不疑。卡里亚出土的一个制作于希罗多德之后一个世纪左右的陶瓶上描绘了这样一个典型场景：骑在马背上的游牧人面对着一头格里芬，格里芬上方有一块黄金，格里芬的轮廓看上去几乎与地面连在一起，像从岩石中延伸出来的一样，周围的枯树和岩石表明该地十分荒凉（见图1.6）。[11]

　　公元前400年，希罗多德生活的年代的几十年后，另一位来自卡里亚的希腊医生克特西亚斯（Ctesias），来到波斯城市古苏萨（今伊朗境内）定居。他基于自己的经验和波斯文献，对波斯帝国东部地区进行了描述，但是他的记叙目前只存残篇。现代学者一直认为，他的记述是异想天开的、不值得相信的，但是他对格里芬的评价却可谓相当"接地气"。克特西亚斯解释了为什么亚洲金子的开采难度如此之大。他这样写道："亚洲的金子出产于栖息着格里芬的高山地区，这是一种四足鸟类，几乎和狼一样大，有狮子般的腿爪。"[12]

　　拉丁语作家老普林尼编写《自然史》（*Natural History*）之

时（公元77年），参考的文献资料有2000多种。当时，罗马人正通过香料之路和亚洲进行密切的贸易往来，关于格里芬的故事也在不断流传。公元43年，地理学家彭波尼斯·梅拉（Pomponius Mela）记载，凶猛的格里芬在日晒强烈的斯基泰荒野守卫着黄金。在总结了阿里斯特亚斯、希罗多德、彭波尼斯·梅拉和现已遗失的"其他作者"的作品的基础上，老普林尼认为在斯基泰金矿周边可能会遇到格里芬。除了指出格里芬拥有带"弯钩的喙"以外，他首次提及早已在格里芬绘画和雕塑中出现过的奇怪的"耳朵"和"翅膀"。尽管格里芬拥有一些鸟类的

图1.6 格里芬和马背上的游牧民，美拉撒（Mylasa，位于土耳其的卡里亚）带有红色图案的陶瓶，制作于公元前4世纪。请注意格里芬上方的金块和周围由岩石和枯树构成的荒芜景象（人们在戈壁沙漠发现化石化的树）。图片由本书作者绘制，参照 F. 温特（F. Winter）的《美拉撒的陶瓶》（Vase aus Mylasa），《德国考古研究所交流》（*Mitteilungren des deutschen archäologischen Instituts*，1887），彩插11

特征，老普林尼对格里芬是鸟类的观点仍持怀疑态度。他又补充了一个有意思的新细节："格里芬在挖它们用来居住的洞穴时会刨出黄金。"这是第一次有人提及格里芬的巢穴！

在老普林尼生活的年代，四处游历的贤哲——泰耶阿（Tyana，位于今土耳其卡帕多西亚地区）的阿波罗尼奥斯（Apollonius），走遍了亚洲。他的传记作家是被现代历史学家斥为流言者的菲洛斯特拉托斯（约公元230年）。然而，在菲洛斯特拉托斯的记录里，阿波罗尼奥斯对格里芬的记载却很写实。根据他的记录，阿波罗尼奥斯曾经记载过格里芬居住地的石头上都有火花一样的金质斑点。阿波罗尼奥斯推测，格里芬强壮的喙可以用来采集这些金子。他估计，格里芬的体形和力量可以和狮子媲美，并认为格里芬有能力打败狮子、大象和龙，但是打不过老虎。和老普林尼一样，阿波罗尼奥斯认为格里芬虽然有喙，但绝不是鸟类。因为没有真正的鸟类翅膀，格里芬无法飞行。他认为格里芬有蹼状附肢，可以帮助其在战斗中跳跃。[13]

到了公元2世纪，一些人认为格里芬拥有像豹子一样带斑点的皮毛。来自小亚细亚的旅行家帕萨尼亚斯（Pausanias）约于公元150年描写过古代希腊。他不认同这种观点，并说："喜欢听奇闻异事的人忍不住要添油加醋，用谎言破坏了真实。"他简要引用了阿里斯特亚斯关于游牧人对战格里芬的话，并且认同了格里芬形似"狮子但是长着鹰的喙和翅膀"的观念。帕萨尼亚斯认为，在格里芬的领地上，金子"就埋藏在近地表或者露出地表"。

在帕萨尼亚斯生活的时代，关于格里芬的细节变得越来越完善。埃里亚努斯（Aelian）是公元3世纪早期的关于自然历史的事和常识资料的编纂者，他也常被误认为是一位惯于捕风捉影的作家。他援引当时旅行者的故事和文献（今已佚），为我们写下了关于格里芬的最完整的描述：

> 　　我听说，格里芬是一种四足动物，形似狮子，爪部如狮爪一般强劲有力。据说，它拥有黑色的背羽、红色的胸脯和白色的翅膀。克特西亚斯说，格里芬的脖子被深蓝色的羽毛所覆盖，它有如同鹰一般的头部和嘴部，和艺术家们所描绘的样子一样。格里芬在山区附近筑巢。要捉到成年格里芬，简直难于上青天，但是人们有时候能捕获格里芬的幼雏。巴克特里亚人（Bactrians）①说，格里芬守卫着那片地区的金子，它们把金子挖出来，编织到自己的巢中。然而，也有人认为格里芬并不是有意识地守护金子。真实情况是，当采矿人接近金矿时，格里芬因担心自己幼雏的安危而对入侵者展开了攻击。

　　埃里亚努斯还讲述了人数多达一两千的采矿队去荒野中的金矿挖金子的旅程。埃里亚努斯这样写道："我听说，这些人外出一次要三四年之久……因为害怕格里芬，这些人不会在白天寻找黄金。他们要等到晚上才行动，因为这样被发现的概率更小。格里芬的居住地，也就是金矿所在地，是片阴森可怕的沙漠。等到没有月亮的晚上，这些寻宝人就带着铲子和袋子开始挖金子。如果能成功避开格里芬，他们就获得了双倍的回报，不仅性命得以保全，还能带回大量黄金——这是他们所冒风险

---

① "巴克特里亚"是古希腊人对兴都库什山脉以北的今阿富汗东北部地区的称呼。

的丰厚酬劳。"

埃里亚努斯是对黄金守护者格里芬添补新信息的最后一位古代作家。在埃里亚努斯所处时代的一个世纪之后，罗马帝国与亚洲之间的往来开始减少，有人在西西里岛的一座宅邸中绘制了一幅巨型马赛克地板画。皮亚扎-阿尔梅里纳（Piazza Armerina）广场上著名的"大狩猎"全景图展现了从帝国边疆捕捉异域野生猛兽（狮子、老虎、大象、鸵鸟等）的方法。也许，宅邸的主人最后回想起了埃里亚努斯曾经提及的关于捕捉格里芬的事，要求艺术家在地板画的最后一块嵌板上描绘这样一幅画面：面露惧意的人正蜷缩在一个木制笼子里充当诱饵，引诱格里芬上钩（见图1.7）。我将这幅马赛克画和埃里亚努斯

图1.7 被一个以人在里面充当诱饵的笼子引来的格里芬，罗马马赛克画，制作于约公元310年。皮亚扎-阿尔梅里纳广场，西西里。照片由芭芭拉·梅厄拍摄

的记载（二者均创作于罗马帝国开始解体之时）视为人类对格里芬进行艺术创作的千年历史终结的标志。那时候，人们一直认为格里芬是一种真实存在于亚洲的动物。[14]

格里芬领地的地质概况

即便没有评注者声称自己曾经见到过活的格里芬，格里芬的显著特征仍然延续千年不变。人们后来对格里芬添补的细节也都与其原始的"四足鸟类"框架相容。要能持续证明格里芬的显著特征，必定需要某种切实证据：它们有四足和喙，并且出没在金矿附近的沙漠地区。这么多个世纪以来，是何种实物证据在如此多的受众面前证明了它的存在呢？

我研究了另外两种神话生物，这两种神话生物都是人类在观察到已灭绝的哺乳动物的化石后受到启发而创造的。一尊创作于1590年奥地利克拉根福（Klagenfurt）的龙雕塑常被视为人类对已灭绝动物进行重塑的最早尝试。这尊龙形雕塑依据一件冰川时期披毛犀头骨化石仿造而成。1335年，人们在当地的采石场发现了这块化石（见图1.8）。1914年，奥地利考古学家奥赛尼尔·埃布尔提出，荷马史诗中提到的独眼巨人库克罗普斯①是基于古代人发现的大象化石而创造的。埃布尔发掘过地中海区域的很多化石床，他将穴居独眼巨人的形象和更新世矮象联系了起来。这种矮象常见于意大利和希腊的海边洞穴。遭遇

---

① 在荷马的《奥德赛》里，独眼巨人是海神波塞冬的孩子，生活在遥远的国度，居住在山洞里，性情野蛮，喜食人。

图1.8　奥地利克拉根福的龙形雕塑，雕塑家乌尔里希·福格尔桑（Ulrich Vogelsang）创作于1590年。龙的头部根据1335年当地采石工人发现的冰川时期披毛犀的头骨铸造而成。照片由乔赛亚·奥伯拍摄

海难的水手由于不熟悉大象，很可能把这种动物头骨上巨大的鼻腔空洞当成了独眼巨人的眼窝（见图1.9）。

　　这种矮象肩高3—6英尺（1—1.8米），其头骨和牙齿比人类的头骨和牙齿尺寸大很多。从侧面看，象头骨的确和长相怪异的人脸骨骼相似，其脊椎和肢骨也可以拼合成巨人的样子。几乎任何看到这种拼合的人都会对这种生物生前的外形和行为展开想象。因为独眼巨人居住在山洞里，所以古希腊人把他们想象为以石块和棍棒为武器的原始穴居人。洞穴地面上大量的骨架可能是沉船船员的遗骸——野蛮的独眼巨人可能是食人族！早在荷马时代以前，人类就活动于西西里岛和其他地中海岛屿，

而这些岛上有大量的矮象骨骼。自迈锡尼时代开始，关于这些矮象骨骼的描述就流传于水手之间。由此，独眼巨人的故事融入了史诗传统，后来又被荷马的《奥德赛》发扬光大。[15]

克拉根福的龙形塑像和埃布尔对古代独眼巨人传说的解读启发了我。我想要知道是哪种独特的化石遗迹激起了人们对格里芬的想象。但首先，我需要把这些中亚游牧民的秘密金矿点确定下来。

盗墓者和考古学家在阿尔泰山脉和天山山脉的山坡上的萨卡-斯基泰墓葬中发掘出了大量金质手工艺品（格里芬是最受欢迎的主题之一）。这些山脉（"阿尔泰"在当地方言中意为金

图1.9　一位女士对着独眼巨人的头和大象头骨陷入沉思。根据奥赛尼尔·埃布尔的理论，荷马史诗中的独眼巨人形象是基于人类对大象头骨化石的观察创造出来的。图片由本书作者绘制。独眼巨人的形象来自公元前4世纪和公元前2世纪的古希腊雕塑

子）就是斯基泰人传统的黄金来源地。但是不少古代作家却说，山脉南边的沙漠才是挖金探险的目的地。在定位该区域金矿具体地点的过程中，我意识到在俄罗斯和中国，金矿的地理位置一直都是秘密。通过参考三种来源的文献依据——19世纪和20世纪早期的旅行家的记录、早期考古学家的笔记，甚至还有解密后的西方情报文件，我终于解开了金矿位置的谜团。我发现，这些自古代起人类在山丘边缘开采的金沙矿恰好沿古老的商路分布。正如老普林尼和帕萨尼亚斯所说，这里的黄金确实呈颗粒状，闪烁在沙漠表面，被人称作砂金。克特西亚斯曾说这些黄金产自山区，他所言极是：这些黄金正是从山上被不断地冲刷到砾石盆地中的。

正如19世纪的俄罗斯人依照老地名开采古代斯基泰人金矿的含金碎屑一样，我也试图利用老地图和游记定位商路沿线（从戈壁沙漠到罗布泊，再到阿拉山口）名字意为"金子"的地点。1860—1950年，俄罗斯考古学家利用这个方法重新发现了100多个阿尔泰金矿，其中最早的可追溯到约公元前1500年。最令人震惊的发现出现于兹梅伊诺戈尔斯克，那是一具青铜时代的矿工骨架，身上还有装着金块的皮袋。这名矿工显然是突然死亡，但金块还在皮袋中，说明他并不是被盗匪"放倒"的。某位古代旅行者偶遇这名矿工的遗骸时，很可能会觉得他是被守卫巢穴的格里芬攻击而死的。

埃里亚努斯和希罗多德曾记载，寻金人时常成群外出数年，以期获得丰厚的回报。他们的记录十分写实。这些人所面对的风险是真实存在的：极寒、酷热、干渴、流动沙丘、狂风、沙暴。这些矿工必须离开商路的主路，置身于可怖的红色砂岩荒野中，才能找到含有金沙的沟壑进行淘金。他们必须知道水源的确切位置，并因酷热而不得不在夜晚行路和工作。晚上的月光和星光会投射出吓人的阴影和怪异的图案。我们可以相信，与俄勒冈小径（Oregon Trail）和纳米比亚的骷髅海岸（Skeleton Coast of Namibia）等危险的荒漠之路一样，这片沙漠也随处散落着动物和旅行者的遗骸，他们很可能是死于饥渴、沙暴或其他灾难。这些遗骸可能偶然间因山崩、暴雨、洪水、旋风和沙暴而被埋在地下或露出地表。在过去，沙暴本身也具有神话色彩。在罗马帝国时期，传说在这片沙漠行军的某个军团永远地消失在了沙尘之中。[16]

根据旅行者先驱在美国以及现代旅行者在亚洲、非洲的不毛之地旅行后留下的日记，这种易引起幻觉的危险环境会给旅行者们留下非常深刻的印象。古代探矿者偏离主路时，沙漠中散落的先前寻金人及其驮兽被秃鹫啄食的干尸提醒着他们人类是多么脆弱，并使他们在危机四伏的沙漠中保持高度警惕——尤其是如果他们曾听说过凶猛的格里芬守护黄金的故事。我们现在知道，这种体形像狼、不能飞翔的四足"鸟类"从未和人类共存于世。那么，为何这种动物却总是出现在各种文献之中呢？

石　骨

在我梳理关于中亚金矿附近的化石沉积层的文献时，我发现13世纪的中国旅行者特别害怕吐鲁番和罗布泊附近沙漠中不祥的白骨之地和像白骨一样的坚硬、明亮的白色石堆。而根据伊赛多涅斯人的传说，龙和魔鬼经常出没于此地。人们普遍认为，最早记录龙骨的文献是一本编写于公元前2世纪的中国编年体史书。在开凿中国北方的一条运河时，"穿渠得龙骨，故名曰龙首渠"。[17]

然而，《易经》中早就记载了龙的传说。《易经》的编纂时间略晚于荷马时代。像荷马一样，作者记载了可以追溯到公元前1000年的古老传统。《易经》中的预兆和建议主要针对农业生产事宜。其中一条关于农业的预兆是"见龙在野"，我认为这指的是农民在犁地时发现了土地中的史前动物的骨骼。这一现象常见于化石产地，根据《易经》所言，这是一个吉祥之兆。事实上，龙骨就像是种经济作物，因为人们可以从地里收获龙骨和龙牙。数千年来，中国民间将龙骨视作药材，农民期望从龙骨上获取额外的收入，许多人在冬天农闲时去参加自古有之的挖龙骨活动。中国药剂师的供应商们对龙骨的来源了如指掌，但一旦提及此事都讳莫如深。正如法国古生物学家埃里克·比弗托所说，19世纪的欧洲人"在中国大城市的药店里有很多重大的考古学发现"。根据1885年中国海关相关文献的记载，中国当年向外出口龙骨20吨，而中国人在国内消费的龙骨吨数则难以计数。[18]

1919年，瑞典地理学家约翰·安德森（Johann Andersson）成为在中国北方发现重要龙骨的第一位西方人士。奥地利古生物学家奥托·师丹斯基（Otto Zdansky）则对1923—1925年的龙骨发掘进行了研究。几个世纪以来，化石挖掘者把红土层挖得千疮百孔。他们就像现代考古学家一样，把沉重的钙化骨骼用滑轮从土里取出来，将沉积物过筛、清洗、贴标，然后保存起来。师丹斯基辨认出了很多已灭绝的上新世物种，包括三趾马类和上新鹿类。他发现，虽然大家依照习惯将这些东西称作龙骨，但工人们已经辨认出这些骨骼、牙齿和兽角属于熟悉物种（比如马类和鹿类）的变种。英国古生物学家肯尼思·奥克利（Kenneth Oakley）指出，传统中国龙的某些特征，比如明显属于鹿的角，与上新世和更新世时期一些史前哺乳动物形象相似。[19]

1920年，美国探险家罗伊·查普曼·安德鲁斯看到了关于戈壁沙漠的龙牙和龙骨的报道，对此十分感兴趣。他知道，俄罗斯地质学家曾于1892年沿古老的商路找到一颗犀牛牙齿化石。他还研究了古生物学家瓦尔特·格兰杰（Walter Granger）于1921年购买的龙骨样本（这些龙骨由农民在师丹斯基龙骨坑中挖掘而出）。在以上发现的基础上，1922年，安德鲁斯在美国自然历史博物馆的资助下带队对戈壁沙漠南部进行远征探索，搜寻史前遗迹和原始人类生存证据。

沿着始于中国的商路，探险队进入荒凉之地。他们发现了大量化石，这些化石或是直接散落在地表，或是部分露出地表。化石数量之多，令人难以置信。用安德鲁斯的话说，化石"像石头一样撒满了地面"，地表似乎"被遗骨所覆盖"。对学界而言，许多物种都是首次发现的恐龙物种。安德鲁斯的团队首次辨认出了恐龙巢穴和恐龙蛋。这些惊人的发现最终被大张旗鼓地运送至纽约。[20]

安德鲁斯中亚远征团队在到达火焰崖（Flaming Cliffs，距阿尔泰山脉30英里，约48.3千米，位于今蒙古）的第一天下午就发现了一块恐龙头骨。两周之内，他们已从红土层搜集到了超过1吨的化石；两年之内，他们已经发现了超过100具原角龙和鹦鹉嘴龙的骨架——这两种恐龙生活于白垩纪（约1亿—6500万年前）。根据安德鲁斯拍摄的照片，这些恐龙骨架露出地表，惊人的是它们同时具有鸟类和哺乳动物的特征。原角龙的面部形似短柄斧，身长6—8英尺（约2米），和狮子体形相似，长有四肢。它的头部长有一个吓人的喙和两个巨大的眼窝，在其头骨后方有一个细褶（见图1.10和图1.11）。鹦鹉嘴龙体形更小，4—6英尺长（约1.5米），颧骨（或者说面部隆起的部分）突出。在这片沙漠中，恐龙骨架大多保存完好，带喙的头骨仍然连接在身体上。"血管和神经的沟壑、凹陷等细小的表面特征"仍然清晰可见。[21]

原角龙及其亲缘恐龙的喙和髋的结构确实和鸟类的结构相似。关于这一点，古代亚洲的游牧民族——熟悉大型猛禽的放鹰（猎）人一定早就注意到了。事实上，克特西亚斯在公元前400年的描述一点都不离谱——这真的就是"一种长着四条腿的鸟类"！此外，在沙漠中浅浅的凹槽处，四处可见化石化的恐龙蛋，甚至是刚刚孵出来的小恐龙。这些恐龙蛋——现在我们已经知道它们属于多种恐龙——的排列方式和鸟类的蛋的排列方式一模一样（见图1.12）。

安德鲁斯高调地把戈壁沙漠的化石运往美国，并对恐龙蛋进行拍卖（5000美元一枚）。他的这种做法激怒了当地居民，于是西方探险团队被禁止在戈壁沙漠继续进行探险科考。20世纪60年代，波兰-蒙古科考团队在戈壁沙漠开展了一次重要的发掘活动，发现了大量原角龙和其他恐龙。1986年，在中国西北部的新疆维吾尔自治区，由古生物学家戴尔·罗素、菲利普·柯里（Philip Currie）和董枝明带队的中国-加拿大恐龙计划团队开始对戈壁沙漠西部进行探索，而这一地区正是古代伊赛多涅斯人的核心活动区域。准噶尔盆地荒芜的红色岩层结构和天山山麓地带埋藏着大量侏罗纪到白垩纪的恐龙遗骸。恐龙巢穴和

图1.10　原角龙骨架，由罗伊·查普曼·安德鲁斯发掘于戈壁沙漠。Neg. 312326，照片由安德鲁斯拍摄，由美国自然历史博物馆图书馆服务部提供

图1.11　埋在地里的原角龙头骨，由罗伊·查普曼·安德鲁斯发掘于戈壁沙漠。Neg. 410737，照片由安德鲁斯拍摄，由美国自然历史博物馆图书馆服务部提供

图1.12　一窝化石化恐龙蛋，由罗伊·查普曼·安德鲁斯发掘于戈壁沙漠。Neg. 258267，照片由安德鲁斯拍摄，由美国自然历史博物馆图书馆服务部提供

恐龙蛋也很常见。这里曾生活着很多鹦鹉嘴龙——事实上，这种长着鹦鹉嘴的恐龙是目前人类已知的数量最多的恐龙。沿着古老的商路遗址，人们甚至在更靠西的地区——乌兹别克斯坦的克孜勒库姆沙漠发现了带喙的恐龙。[22]

在古代商路沿线的风蚀沙丘、沉积盆地和红色沉积岩中，金沙受侵蚀冲刷作用被带到地面，而史前动物遗迹也在这种力的作用下露出地表。沙漠极度干旱、植被稀疏，因此发现地表的化石并非难事。即便对外行而言，这些头骨和骨架也十分显眼。周围松软易碎的石块使人们能够轻而易举地发掘出本就半藏半露的化石。白色的骨骼裸露在红色的土地上，颜色对比鲜明。1992年，我听说一对美国的业余化石追寻者在戈壁沙漠看到了一只探出砂岩峭壁的喙。当天晚上他们就发掘出了一具完整的站姿原角龙骨架。1993年，人们发现了更多后脚站立的原角龙骨架，它们的姿势表明这些原角龙死于沙尘暴。彼得·多德森在他的《有角的恐龙》（The Horned Dinosaurs）一书中曾提到，戈壁沙漠里随处可见原角龙化石，它们常常保存完好，是有喙恐龙的"上好标本"。他还称发掘这些恐龙化石"简直不费吹灰之力"，并透露说有一些古生物学家把这些恐龙叫作"讨厌鬼"！[23]

我还联系了罗素和柯里，想了解他们对我的格里芬传说起源论的看法。他们也认为，古代游牧民族肯定能观察到不断露出地表的保存完好的有喙恐龙骨架。原角龙的体形恰好和狼或狮子相近，而且很像某种不能飞翔的大型四足猛禽。因为化石床临近金矿，所以游牧民族会认为它们在守卫通往阿尔泰山山麓地带金矿的路。这个谜团自我在希腊萨摩斯岛时就萦绕在我心头，现在终于解开了：在格里芬故事的起源地——中亚，久未现身的格里芬终于"重现江湖"了。

像现代古生物学家一样，观察到"格里芬骨架"的古人必须依赖于他们所熟悉的动物，才能对活着的格里芬的形象进行想象。作为猎人、养鹰人和牧民，他们对于猛禽和哺乳动物的生理构造和行为了解颇深。而且，根据斯基泰艺术的写实细节，我们还能推断出，他们特别善于观察（见图1.13）。

在关于格里芬的古代自然历史中，格里芬的鸟类特征除了有喙和产卵，还包括往巢穴里收集黄金等发光物体。古代的鸟类观察家熟知鸟类的这种习性，例如，老普林尼就曾谈论在鸟巢中发现的宝石。但是，黄金到底是如何出现在恐龙巢穴中的呢？阿尔泰地区的黄金来自火成岩，其生成年代比含有恐龙化石的白垩纪沉积岩早几百万年。但雨水和溪流不断地将金沙从山上冲刷至山下，重力和风力又使这些金沙散落在地质年代更晚的沉积岩上。戈壁沙漠中的沙暴能够卷起鹅卵石大小的银币。在古代，公元4世纪的作家泰奥弗拉斯托斯（Theophrastus）就已知道，当狂风吹过沙漠后，沙丘变形，矿物露出地表，游牧民族就趁此机会去沙漠中寻宝。老普林尼曾提到，住在沙漠中的人会在沙暴过后迅速出发，寻找散落在沙丘上或被卡在石块间的珍贵宝石。现代旅行家也证实，戈壁沙漠在经历沙暴后会有许多矿物露出地表。也许，有人偶然间发现了化石化的恐龙蛋之间有黄金的存在，这可能会让他们产生格里芬在收集黄金的想法。[24]

古代的格里芬故事的惊人之处在于，它预见了我们关于恐龙的最先进——也最受争议——的理论。现在，大多数专家认为恐龙是一种行动灵敏、形似鸟类的恒温四足动物，而不是行动缓慢的爬行动物。古生物学家根据化石记录及我们对现存物种的了解来推测恐龙的行为与生理，最终得出了这样的结论。而生活在2500年前的古人在看到与我们如今所见相同的"物证"时，则将格里芬想象为一种行动灵敏但不能飞翔的四足卵生恒温"鸟类"。今人对恐龙形象的想象历经了从笨重、迟钝的蜥蜴到灵敏、轻巧的动物的转变。与之相似，古人对格里芬的刻画也显现出了由粗笨的爬行形态到身体线条更流畅、行动更迅捷的形态的变化。

杰克·霍纳对于人类与恐龙遗骸之间"最早的有文字记录的接触"给出了自己的说法。他认为："现在看来，戈壁沙漠里的长翅膀的格里芬——这一奇异的具有鸟类和哺乳类动物特征

图 1.13 艺术家设想的斯基泰游牧民族把原角龙骨架化石（上）想象成格里芬（下）的过程。图片由艾德·赫克绘制

的混合体，可能比我们想象的更贴近事实。"霍纳指出，虽然这些游牧民族"只能对自己不熟悉的动物的起源，对它们与其他物种的关系和现在的行踪做出猜测"，但是他们基于想象和细致的观察所构建的模型，要比许多19世纪和20世纪的古生物学家试图重构的恐龙形象更加接近戈壁荒漠中真实的原角龙骨架。霍纳提出了这样的疑问："在人们的印象中，蒙古地区的史前游牧民族落后而迷信，那么为什么他们对古生物学证据的解读反而比后启蒙时代的科学家更贴近原型呢？"

对此，霍纳的解释是，游牧民族的"概念工具箱"（conceptual toolbox）不受死板的林奈分类系统①的影响。"如果这些游牧民族也用林奈分类系统观察世界，他们就会认为原角龙应当被归到某一类（鸟类或哺乳类）。他们就不会无偏见地接受自己的双眼看到的东西——在戈壁沙漠发现的生物的确拥有两类动物的特征，所以这种动物或同时属于两种类别或不属于其中任何一种。"25

事实上，实践观察和权威文献之间的矛盾早在18世纪中叶林奈分类系统出现前就已经显现。依据他们听闻的格里芬故事和所见的格里芬图片，古希腊人、古罗马人也和游牧民族一样，认为格里芬是一种不能飞的、在地面上筑巢的四足鸟类。只有老普林尼对此表示怀疑，因为他的动物学模型依据亚里士多德的动物分类法②。本书第5章将会论述，相比萨卡-斯基泰人和希罗多德等思想开放的作家，古代自然哲学家对于模糊的范

---

① 卡尔·林奈在其巨著《自然系统》（*Systema Naturae*）中，把自然界划分为矿物界、植物界和动物界，并用了四个分类等级——纲、目、属、种。
② 已知最早的生物分类系统是由希腊哲学家亚里士多德建立的。他根据运动方式（空中、陆上或水中）对动物进行分类。

畴更为敏感。哲学家们对理论层面的担忧显然妨碍了他们对那些令旁人啧啧称奇的遗骸的关注。有趣的是，著名哲学家、生物学家亚里士多德曾对一种现存于世的异域生物的模糊特性进行过描述，这种动物就是鸵鸟。在《动物之构造》（*Parts of Animals*）一书中，亚里士多德详细描述了鸵鸟是如何集鸟类和大型哺乳动物的双重特征于一身的，并注意到鸵鸟虽有翅膀但却不能飞翔。这段材料和亚里士多德另一篇讨论海怪的文献一起，使他对在当时被认为和鸵鸟一样真实的格里芬的缄默显得更加令人费解。[26]

1860年，古已有之的关于格里芬是否属于鸟类的争论也体现在了动物学家安德烈亚斯·瓦格纳（Andreas Wagner）给1.5亿年前的始祖鸟（一种"看起来像鸟类"的带羽爬行动物）化石起的外号中。瓦格纳给它起名为 *Griphosaurus problematicus*，意为"存疑的格里芬-蜥蜴"。而今天，人们对鸟类和恐龙之间的关系、其羽毛的形成和飞行的起源等问题争论不休。1994年，一名中国农民发现了一批长羽毛的恐龙新物种（中华龙鸟、孔子鸟、辽宁鸟和原始祖鸟），使人们对于上述问题的争论更加激烈。支持鸟类起源于温血恐龙的假说的耶鲁大学古生物学家约翰·奥斯特罗姆表示这些发现令人震惊。菲利普·柯里在得知此新发现后十分激动，他的反应让我们在某种程度上理解了古代观察者在看到格里芬遗骸时的反应："突然之间，你不再是和一种早已灭绝的生物打交道，恐龙依然活着"，它们以鸟类的形态存活于世！[27]

这些出土于中国的样本究竟是原始的鸟类，还是鸟类和恐龙的过渡物种？古人围绕格里芬的外形、飞行能力和行为等问题产生的争论早已预示了这一问题的存在。埃斯库罗斯曾在他的剧作中强调，格里芬有鹰嘴一样的喙，但是没有翅膀。古希腊艺术家是否为了与格里芬的喙相配，才把程式化的翅膀加到陆生动物格里芬的身上呢？这些添上去的翅膀也让我们对其他神话生物产生了同样的疑问，比如斯芬克斯（这也是一种不能飞的生物）。然而，尽管格里芬有翅膀，古代作家和艺术家却都认为格里芬是一种陆生动物，它们不会飞，在陆地上捕食、筑巢。

正如现代古生物学家无法确定恐龙的外观一样，古代人也不能确定格里芬是被毛、无毛还是被羽。克特西亚斯曾经听说这种四足鸟类长有黑色和红色的羽毛。泰耶阿的阿波罗尼奥斯猜测格里芬有蹼状附肢，可以在打斗时辅助跳跃。这种猜想预见了奥斯特罗姆关于恐龙长有羽毛的翅膀可以延长恐龙的腾空时长的观点。而帕萨尼亚斯并不认同他所处时代的流行观点，他认为格里芬长有羽毛，而不是带有斑点的皮毛。埃里亚努斯曾转述人们对于羽毛颜色的不同看法。这种不确定性也反映在雕塑家和画家的作品里，他们利用自己的想象来表现格里芬颈部的状态：有的被羽，有的有鳞，也有的具有颈盾或粗糙似皮革的皮肤。此外，正如我在萨摩斯考古博物馆观察到的那样，格里芬的体形也涵盖了从纤细到强壮的各种样式。它们的姿态也不尽相同：有些格里芬四足站立；有些则用两条后腿站立，前肢抓着猎物。有趣的是，许多原角龙化石被发现时就是这些站姿。

除了翅膀以外，古代艺术作品中还出现了奇怪的"耳朵"和头冠。在萨摩斯的青铜格里芬展馆中，格里芬前额的形态多种多样：有的格里芬前额没有附加物，有的头顶会有一些凸起，还有的长有或大或小的角或瘤。有些格里芬长着类似兔子那样的长耳朵，有的则长着精灵一样的小而尖细的耳朵。少数艺术家给格里芬的颈部加上了类似海蛇或刺龙的颈部的装饰。艺术家是如何呈现目击者那些混乱的描述的呢？有一些格里芬的头部和鹦鹉嘴龙头骨十分相似，有人还在格里芬的喙里表现出了牙齿的存在，就像原角龙类恐龙的头骨一样（见图1.14）。

也许，复杂的头部结构是为了表现出鹦鹉嘴龙头骨颧骨突出的特点。我认为，古代人是借由看到的带喙恐龙的遗骸形象创造出了格里芬。彼得·多德森也支持我的观点，他还指出格里芬身上出现的翅膀和耳朵可能是古人"解释原角龙头骨后上部颈盾的尝试"。借用埋藏学，即研究生物体死后遗体变化过程的学科，杰克·霍纳提出格里芬的耳朵、凸起和翅膀可能是为了表现风化的原角龙的外观。霍纳认为，原角龙颈部半透明的骨质颈盾薄如蛋壳，这些颈盾往往在人类发现头骨前就已经破

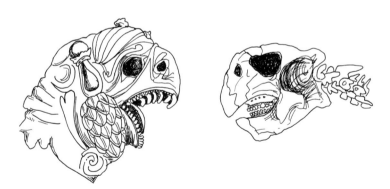

图1.14 金质格里芬首（左），由萨卡-斯基泰人制作于公元前7世纪，出土于伊朗西北部。鹦鹉嘴龙头骨化石（右），常见于准噶尔盆地、乌兹别克斯坦和戈壁沙漠西部。图片（未按比例）由本书作者绘制，格里芬首现存于德黑兰考古博物馆，参照 K. 耶夫玛（K. Jeffmar）《草原上的艺术》（*Art of the Steppes*，纽约：皇冠出版社，1964），彩插47

裂或者消失，留下的结构就像是古希腊人和古罗马人描绘的格里芬的角那样。霍纳同时指出，恐龙伸长的肩胛骨恰好位于格里芬长有翅膀的位置。熟悉猛禽的古代观察者可能把那长长的肩胛骨当成了翅膀连接身体的关节。随着故事流传下来，艺术家又给格里芬加上了程式化的翅膀。[28]

　　不同种类的恐龙可能也曾为格里芬形象的塑造添砖加瓦，比如在哈萨克斯坦地区和戈壁沙漠西部发现的长28英寸（约71厘米）①的镰刀龙（*Therizinosaurus*）爪部，以及波兰-蒙古科考队在蒙古南部发现的巨型恐手龙（*Deinocheirus*）的爪部。亚洲其他的恐龙种类——其头骨和脊椎或瘦骨嶙峋，或长有颈盾，或满是结节，或光滑，或有刺——都可能与有喙恐龙混合在一起。例如准噶尔翼龙，一种长有尖喙和头冠的恐龙，其化石出土于阿尔泰山脉伊赛多涅斯人的生活区域西部，翼展长达10英尺（约3米）。[29]阿波罗尼奥斯关于格里芬有蹼状膜的论断是不是基于对这种翼龙遗骸的观察呢？

　　由于原角龙属骨床通常既有成年恐龙，也有幼崽，一些古生物学家据此认为恐龙会哺育后代。关于这一论断，争论颇多。古代艺术家描绘了格里芬保护幼崽的场景，这一场景曾出现在埃里亚努斯的描述中。也许，古代游牧民族曾见过正在孵蛋的恐龙的化石。1923年，罗伊·查普曼·安德鲁斯就在戈壁沙漠发现了类似的场景。但这类场景却被解读为恐龙的偷蛋而非孵卵行为。直到1993年，美国自然历史博物馆的马克·诺瑞尔（Mark Norell）和迈克尔·诺瓦切克（Michael Novacek）发现了恐龙保护自己的蛋的化石，这种观点才被纠正过来。在《恐

---

① 1英寸约等于2.54厘米。

龙的生活》（*Dinosaur lives*）中，杰克·霍纳让人们注意到现代人对恐龙的攻击和防御行为存在误解。[30] 有趣的是，埃里亚努斯曾提及格里芬育雏时的攻击行为。一些淘金者声称，格里芬是因为想要守卫巢穴中的黄金才攻击入侵者的；而另一些人则认为格里芬是在捕猎人类。但是埃里亚努斯认为，假如格里芬攻击了人类，它可能是为了保护自己的幼崽。

也有人认为，伊赛多涅斯人散播守卫黄金的格里芬的故事，就是为了让同样想要寻找黄金的对手知难而退。一旦这个故事传播开来，即使是对此心存怀疑的人，也会被沙漠中那骇人的骨架和强有力的喙（这些证据正好符合传说中格里芬的外观）说服。总之，古希腊、古罗马叙事和艺术中出现的格里芬形象确实在某种程度上反映出当时人们已在中亚发现了有喙恐龙的化石遗迹。这些恐龙化石数量众多、保存完好，它们对现代古生物学研究做出了重要贡献。

神话中的怪物可以追溯到恐龙的遗迹，黄金守卫者格里芬就是已知的最早范例。3000年前，对地质作用的力量和时间的跨度毫无概念的游牧民族，在缺乏正式的演化和灭绝概念的基础上想象出了恐龙在地球上生存的最后图景并对其进行了描绘。霍纳站在游牧民族的角度想象："如果你看到一具原角龙骨架，或者别的什么不同寻常的骨架，你有充分的理由相信类似的动物曾经存在过，即便不是生活在附近，也是在别的地方。再者，找到我们所不熟悉的动物骨架并不意味着这种动物所属的种群已经灭绝。"[31] 把恐龙灭绝的事情先放一边，萨卡-斯基泰人和有文字的古代希腊人、罗马人对格里芬形象的重塑与我们现在对原角龙的理解十分相近。从他们细致的观察和动物学知识出发，萨卡-斯基泰人和古代希腊人、罗马人想象出了一种光怪陆离——但却有理有据且能自圆其说——的关于曾经出没于后世游牧民族淘金的荒漠地带的有喙恐龙的自然历史。

　　这一章让我们看到人们是如何对一些奇异生物留下的不可思议的化石遗骸产生好奇心并寻求答案的。前达尔文时代对于化石的解读很值得我们深思，因为这些记录能帮助我们了解人类的想象力，也能帮助我们了解自己。正如约翰·奥斯特罗姆近期对我说的："古代人对他们生活的土地的理解远比我们这些生活在现代、受过教育且聪明的后辈所愿意承认的要广博。"对于萨卡-斯基泰人而言，"格里芬就是真实世界的一员，就像中华龙鸟就真实存在于我们的世界一样"。重塑开放的观念、细致的观察和无拘无束的想象力，是活跃的科学思想家非常看重的。正如霍纳所说："永不停歇的想象力在我的工作中起到了重要作用——帮我填补理论的空白，识别范式与规律，并提出有助于搜寻新线索的假设与猜想。"他认为"事实和想象之间的相互作用"对于理解我们无从得见的神奇生物来说很关键，甚至也能帮助我们理解人类自身"轻如鸿毛"的命运。[32]

　　在拼凑格里芬的故事的过程中，我意识到，对错乱而细碎的证据进行细致观察，能让人受益良多。如果古希腊、古罗马作家保留下了足够多的证据以证明没有文字的亚洲游牧民族创造了有喙恐龙化石的自然历史，那么我们也可以试着去复原更多古希腊人和古罗马人自己的古生物学发现的证据。我又回到了萨摩斯岛，想要找出此地解读萨摩麟骨骼的希腊神话，而这个故事让我又搜集到了地中海地区关于化石的另一些不为人知的古代文献。

　　长途跋涉的旅行家通过口口相传的形式将格里芬的传说传播开来。历经时间和地域的变迁，古希腊、古罗马作家对自己听说的故事进行描绘，对格里芬的细节展开争论——他们甚至没有意识到萨卡-斯基泰人其实仅通过骨骼就编造出了栩栩如生的故事。本书后续的章节将体现出古希腊、古罗马文献的独特之处：不像由非主流文明进行传播的斯基泰传说，古希腊和古罗马的文献详细记录了古代有文字的文明接触化石的直接经验。即便这些文献仅有一些残篇留存至今，也不如我们所期望的那样完整，古希腊、古罗马文献包含了全世界最早的有关化石发现的文字记载，而且许多都是一手资料。希罗多德、帕萨尼亚斯和埃里亚努斯这样的作家记录了他们和他们同时代人在面对大得骇人的骨骼时都想过、说过、做过什么。在本书中，我首次收集并整理出了这些之前从未经受过现代古生物学检视的文献，以期重现古生物学史的最早记录。

古代人发现化石的故事充满了曲折、机缘巧合，充满了令人遗憾的误判、无心插柳的发现以及许多古生物学的"第一次"。为了重新拼凑出这个故事，我们首先要了解脚下的这片土地。本书第 2 章将论述塑造了地中海地区地形的激烈的地质剧变。地中海地区的大部分土地地质年代较晚，因此没能像斯基泰地区一样保存有白垩纪的恐龙化石。希罗多德、帕萨尼亚斯和其他古代学者所观察到的那些令人费解的骨骼属于生存在中新世、上新世和更新世的巨型动物。希腊现代古生物学始于现在几乎被人遗忘的 1839 年全球范围的"骨骼大发现"和对地中海地区的乳齿象、猛犸象、犀牛、爪兽、巨型长颈鹿（如萨摩麟）、洞熊、剑齿虎遗迹以及其他大型古兽遗迹的革命性发现。这些现代发现虽较少受到关注，但意义重大。它们使我们得以勾勒出那些震惊古代希腊人、罗马人的巨型骨骼的尺寸和样貌。

2

地震和大象

地中海地区的史前遗迹

萨摩斯岛上的巨骨

求知欲旺盛的人们一直想要了解这样一个问题：萨摩斯岛上的那些凌乱的巨型骨骼到底属于谁呢？历史学家普鲁塔克在其作品《希腊掌故》（*Greek Questions*，对希腊有趣的事实进行的汇编，成书于公元100年）中就记录了这个问题。普鲁塔克也是一位哲学家，曾在罗马和埃及做过教师，还担任过德尔斐神庙的祭司。他博学多才，好奇心强，著作众多。他最著名的作品就是记录古代名人生活的《希腊罗马名人传》（*Parallel Lives*）。普鲁塔克对一些话题十分感兴趣，如半人马和波斯魔法等，并为后人留下了与这些话题有关的宝贵信息。在他的《希腊掌故》第56问中，他提到了古代世界的人们围绕被发现的巨型骨骼遗骸而展开的一场激烈的讨论。

当时萨摩斯岛向游人展示巨型骨骼的地点有两处：帕拉伊玛（Panaima，原意为"被血染红的土地"）和弗洛伊昂（Phloion，原意为"地球的外壳"）。为了解释"被血染红的土地"一名的由来，普鲁塔克借用了在民间传说中广为流传的说法：一场大战中人们洒下的鲜血染红了这里的土地。在神话中，萨摩斯岛上曾经发生过的最大规模的冲突就是酒神狄俄尼索斯和亚马孙女战士之间的战斗。希腊神话里讲到，狄俄尼索斯带着一群战象自印度来到了希腊。这个神话故事的出现时间一定晚于公元前4世纪，因为希腊人在公元前4世纪才通过亚历山大大帝远征印度的战争知道了大象的存在。在神话中，狄俄尼索斯在以弗所（亚马孙女战士控制的重镇）附近的土耳其海岛萨摩斯与亚马孙女战士相遇。自荷马时代起，人们就宣称在安纳托利亚西部发现过亚马孙人的墓地。根据普鲁塔克的记载，狄俄尼索斯和战象将这群女战士追至萨摩斯，并在萨摩斯打败了她们。

人们认为，萨摩斯岛的大型史前遗骨就是那场大战的遗迹。有些古典时代的"游客手册"还将某些骨骼视作阵亡亚马孙女战士的遗骨，因为古代人认为神话中的男女身材比时人的身材要高大（见本书第5章）。但是普鲁塔克明确记载，有些巨型骨骼属于狄俄尼索斯的战象。这是古生物学史上一个惊人的时刻，因为萨摩斯岛化石床中的确有乳齿象（史前大象）的化石。普鲁塔克的说法意味着早在居维叶出生前1700年，人们就正确地认识到了乳齿象化石属于大象的一种！亚马孙女战士和狄俄尼索斯的印度战象之间的大战就是人们运用理性思维对爱琴海岛屿上为何埋着大象进行的解释（见图2.1和图2.2）。[1]

然而，在希腊人知道有大象之前，萨摩斯岛上流行着对这些巨型骨骼的另一种解读。普鲁塔克写道："有传闻称，在弗洛伊昂，大地开裂，巨兽被落石砸中，发出了刺耳的哀嚎。"普鲁塔克所提到的是一个更为古老的传说。在这个传说中，萨摩斯

图2.1 希腊，化石露出地表的典型状态，四周散落着乳齿象骨骸。1998年，发掘于希腊北部的包氏轭齿象（*Zygolophodon M. borsoni*）下颌骨、胫骨和尺骨。照片由伊万洁利亚·楚卡拉提供，亚里士多德大学，塞萨洛尼基

图2.2　化石发掘者与乳齿象下颌骨、肢骨合影，希腊北部。照片由伊万洁利亚·楚卡拉提供，亚里士多德大学，塞萨洛尼基

岛曾生活着一群名为内阿德斯（Neades）的怪兽。据说，这种怪兽生活在原始时代，其出现时间远早于人类。关于这个传说的最早记载来自伊贡（Euagon）。他是一位生活于公元前5世纪的萨摩斯岛的历史学家，所处时代约比普鲁塔克早500年。根据伊贡作品中流传下来的残篇所述，这些怪兽的尖叫声非常大，以至于大地被震裂，吞噬了它们。在这个传说中，萨摩斯人认为，他们当时看到的被困于岩石中的那些巨骨属于被时常光顾萨摩斯的强烈地震（伴有巨大噪音）吞噬的巨兽。[2]

　　在希腊，内阿德斯变得世人皆知，是因为一句幽默的谚语："简直比内阿德斯还吵！"约公元前330年，这句谚语引起了著名自然哲学家、历史学家亚里士多德的注意。他试图通过研究古老谚语寻找历史的踪迹。亚里士多德看过伊贡的完整作品，他在《雅典政制》（*The Athenian Constitution*）中引用了伊贡关于内阿德斯的描述。遗憾的是，亚里士多德的这篇作品也仅存残篇。即便如此，亚里士多德对内阿德斯的间接承认也有其意义，因为这是他遗留的大量文献中仅有的提及异兽的内容。

古典学家乔治·赫胥黎写道："根据亚里士多德的记载，在这种巨兽占领萨摩斯之前，那里曾经是一片荒芜。"我们知道，亚里士多德是在阿索斯（Assos，位于土耳其海岸北部）和莱斯沃斯岛（Lesbos，位于萨摩斯岛北部）居住时开始研究动物学的。这两个地方的化石床与萨摩斯岛的化石床极为相似。赫胥黎很确定，和伊贡一样，亚里士多德也"知道萨摩斯岛的巨大化石"。但是亚里士多德对于内阿德斯的兴趣处在政治层面，而不是动物学层面。对于萨摩斯岛这些出名的巨大骨骼，亚里士多德没有留下只言片语。（本书第5章将解开亚里士多德对这些巨大化石化骨骼保持沉默的谜团。）[3]

自然历史学家埃里亚努斯曾在作品中记录过一些关于格里芬的新信息（详见本书第1章），他也谈论了内阿德斯。和格里芬一样，内阿德斯是人类看到有趣的史前遗迹之后想象出的生活在特定土地上的"真实动物"。但是，与斯基泰人对格里芬的恐惧不同，希腊人从没期盼过看到活的内阿德斯。这些怪物早在远古时代就已经灭绝了。埃里亚努斯曾引用欧福里翁的论述，后者是一位曾生活在安条克（位于古叙利亚，今土耳其）的希腊图书馆管理员，他在公元前200年收集了一些耸人听闻的地理学传说。除了一些莎草纸残片和埃里亚努斯等作家的作品中吸引人的引文，欧福里翁的作品几乎都已经散佚。

埃里亚努斯写道："欧福里翁说，在史前时代，萨摩斯地区除了凶猛危险的巨型野生动物内阿德斯之外，没有别的动物。这些巨兽凭嚎叫就能够撕裂大地。"埃里亚努斯继续写道："欧福里翁还说，它们的巨型骨骼被人们在萨摩斯岛展出。"1988年，德国考古学家在萨摩斯岛的赫拉神庙遗迹中发现了一种已灭绝动物的巨大的大腿骨，由此证实了埃里亚努斯的记载。公元前7世纪，虔诚的萨摩斯岛民将这块大型化石带到神庙，献祭给赫拉女神。伊贡和欧福里翁极有可能亲眼看到了埋在土地里或供奉在神庙里的萨摩斯怪兽骨骼化石。[4]

即便关于内阿德斯传说的记载已经残缺不全，它仍代表了古生物学领域一件了不起的大事，因为它意味着早在公元前5世纪，人们就已经正确认识到了萨摩斯岛的大型化石遗迹属于某种早已灭绝的异兽。而且，传说还为它们的黯然离场提供了一个写实的解释——地震。如果内阿德斯传说能够完整地保存下来，我们或许会拥有一段超越格里芬的古生物传说！

在内阿德斯传说和狄俄尼索斯的印度战象传说中，暗含着重要的地质学和古生物学真相。在萨摩斯岛留下骸骨的生物的确早在人类到来之前就灭绝了，在其灭绝和遗骸被掩埋的过程中，地震扮演了重要角色。尤其值得注意的是，希腊人一了解到大象这一物种，就利用新的动物学知识对化石进行了全新的解读，即这些动物遗骸属于来自印度的大象。萨摩斯岛上一共埋藏有5种史前象科动物化石，其中就包括印度象的早期亲缘物种。本章将在讲述萨摩斯现代古生物学时详细论述相关内容。就连狄俄尼索斯和亚洲象曾把亚马孙女战士从以弗所追赶到了萨摩斯这一传说，在古生物学层面也是合理的，因为萨摩斯岛在1.5万年前与小亚细亚地区是相连的（如今隔开萨摩斯岛和土耳其的是一条水深较浅、宽度不到3.2千米的海峡）。

地图 2.1 希腊、爱琴海地区和安纳托利亚。该地图由米歇尔·梅厄·安杰尔绘制。

　　下文将为大家简单介绍地中海地区的地质历史，以及古人的一些有趣的地质物理学观念。在这之后，我们将探索那些促使史前遗迹化石化的地质条件，以及使其暴露在古人视野中的自然因素。生活于公元2世纪的希腊旅行者帕萨尼亚斯不仅记录过格里芬的传说，还记录了他本人在小亚细亚地区见到的露出地表的巨型骨架。我们会探讨致使古人将已灭绝的动物留下的骨骼认定为希腊神话中的巨人或者怪人遗骸的逻辑。昔日的希腊人和罗马人在环地中海地区发现过巨型骨架，而当我们回顾同一地区的现代古生物学发现时，"巨人"的身份之谜就解开了。这段历史还告诉我们，化石由谁解读，以及化石属于谁，都是永恒的问题。速览地中海地区的典型化石床，将使我们了解那些古人关注过的已灭绝物种。

地中海地区复杂的地质条件

　　时至今日，地质学家们也没能完全理解塑造地中海地区地形的各种混乱的地质作用。这片古代希腊人、罗马人曾经生活过的土地是板块碰撞、大地震、地壳上升运动和火山活动的"动态交叉地带"。土耳其地质学家奥古兹·埃罗尔（Oguz Erol）表示，塑造了地中海地区东部的地质物理学历史和该地区正持续经历的变化都"极度复杂"。地质学家德里克·阿格（Derek Ager）将亚欧大陆和非洲大陆比作"两个即将撞上的橄榄球"，他认为这导致了地中海地区的许多"未解难题"。古人也曾对这些地质剧变发表过精妙的见解。[5]

古代地质学知识

由于小亚细亚板块不断向西推进，加之河流淤塞严重，土耳其海岸线自公元前4世纪起已向西推进了约20英里（约32.2千米）。因此，不少古典时代的希腊海港已经退至内陆，另有一些城镇被毁或被淹。古人心知肚明，希腊及其附近陆地的海岸线和大陆块都在不断变化。例如，希罗多德曾记录尼罗河河道数千年来的淤塞，并表示如果尼罗河几千年来流入的是波斯湾，整个海湾都将被泥沙填满。古希腊历史学家波利比乌斯（Polybius，出生于公元前204年）预言，很久以后，黑海将成为陆地。

特洛伊的天然港，也就是特洛伊战争（大约发生在公元前1250年）的战场，至地理学家斯特拉波（Strabo）生活的年代（公元前1世纪）已经变成了内陆平原。即便罗马时代的人们辛苦地进行清淤工作，以弗所深港在几个世纪之后也已难觅踪影。老普林尼写道：曾经，大海环绕着狄安娜神庙，现在早已沧海桑田。伊兹密尔周围的城镇见证了岬角变作岛屿、岛屿变作岬角，海岸线推进，海水侵入陆地，港口逐渐消亡。建于公元前1000年的普南城[①]不得不在公元前350年放弃淤塞严重的港口。萨迪斯（Sardis）古城[②]如今被埋在深达33英尺（约10米）的沉积物中。米利都和赫拉克利亚（Herakleia）曾是繁荣的古代港口城市，如今已被田野和湖泊环绕。[6]

除了上述缓慢的变化，古籍中还记载了一些突发的灾难。

---

① 古希腊城市，位于小亚细亚半岛西岸，因海滩淤积而废弃，城址现已离爱琴海约16千米。

② 位于今土耳其的伊兹密尔附近。

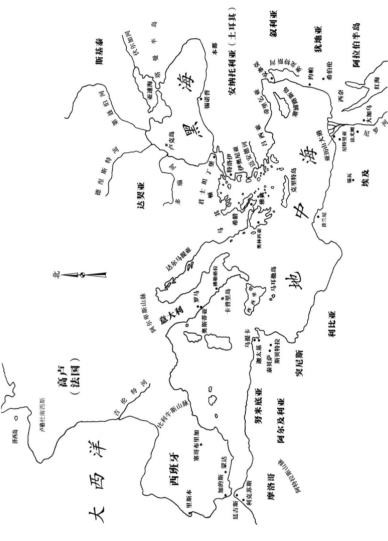

地图 2.2 古代希腊-罗马世界。地图由米歇尔·梅厄·安杰尔绘制

公元1世纪，克里特发生了一场地震。菲洛斯特拉托斯写道："莱贝那（Lebena）地区南部岬角7斯塔德（stade，1斯塔德约为183米）的海岸线突然坍塌到了海里；同一天，克里特北部出现了一座岛屿。"帕萨尼亚斯详细记述了公元前373年那场彻底摧毁了位于科林斯海湾的赫里克城（Helike）的地震和海啸。作为小亚细亚的马格尼西亚当地人，他还记录了西皮洛斯山（Mount Sipylos）附近的一座城市毁于突发的海水倒灌。考古学家已经找到了帕萨尼亚斯和其他人曾经提及的一些被淹没的城市。我们还可以沿土耳其海岸、黑海沿岸和爱琴海沿岸看到其他被淹没的城市的遗迹。[7]

许多古代作家对火山、地震、造陆运动和冲积层的洞见都是惊人的。比如，生活于公元前5世纪的诗人品达（Pindar）就已经知道罗得岛出现的时间远远晚于其他岛屿出现的时间。根据亚里士多德的记录，提洛岛和罗得岛一样，晚于其他岛屿出现。亚里士多德还提出，难以被人察觉的海侵和造陆运动是一种持续的周期性运动。老普林尼列出了在人类的见证下诞生的10座岛屿。而且他还知道，一些地区曾是连接在一起的，例如：西西里岛与意大利、埃维亚岛（Euboea）与希腊、塞浦路斯岛与小亚细亚等。

公元前4世纪，柏拉图对曾经覆盖希腊地区的海洋及阿提卡（Attica）的地形变迁进行过探讨。斯特拉波关于火山岛的产生和地壳运动的文章十分精妙，他还通过观察小型地壳运动，对地层的大规模隆起和凹陷现象进行了推测。罗马诗人奥维德认为，高崖上搁浅的海贝说明此地曾是海洋。此外，他还解释了几座岛屿与大陆之间分合的过程。公元前1世纪，犹太哲学家斐洛（Philo）提出，如果能够测量出侵蚀率，那么就能测算出土地的年龄。[8]总而言之，古希腊人、古罗马人生活在一片地质运动频繁而剧烈的地区，而他们对此早已知晓。

特提斯海和爱琴海陆桥

亚欧大陆和非洲大陆独特的古生物学现象决定了地中海地区能够保留下来的史前动物遗迹的类型。中亚地区的游牧民族所观察到的是中生代晚期白垩纪恐龙的化石骨架。与之不同的是，地中海地区的化石骨架属于生活在第三纪晚期和第四纪（见地质时间表）的生物。让古希腊人、古罗马人震惊不已的史前骨骼大多属于生活在中新世、上新世（二者合称新近纪，约2300万—200万年前）和更新世（约200万—1万年前）的巨大、奇特的哺乳动物。在戈壁沙漠发现的生活于6500万年前的恐龙化石是保存得最完好的史前物种化石之一，而地中海地区的动物骨骼化石常年经受激烈的地质运动和严重的侵蚀，因此尽管这些骨骼化石所属动物生存的年代要比恐龙晚上几百万年，其保存状态却与中亚的恐龙化石截然不同。[9]

约1.9亿年前，特提斯海（Sea of Tethys）面积广阔，覆盖着现今属于亚欧大陆的土地。特提斯海在地球上大约存在了1.5亿年。在此期间，海床上栖息着大量海贝和其他海洋生物，为日后构成大陆的石灰岩奠定了基础。当中亚的原角龙经历繁荣与消亡时，地壳上升运动使特提斯海床抬升为山脉。形成于白垩纪和始新世的石灰岩（有些厚度达1万英尺，约3000米）向上抬升，令许多海洋生物搁浅，最后成为化石被留在山峰之上。位于山区和沙漠的海贝及鱼类的化石很早就引起了古希腊人的注意，他们正确地将这些化石认定为此地曾经是海洋的证据

（详见本书第5章）。在古代，海贝石灰岩是一种随处可见的建筑材料。帕萨尼亚斯这样描述海贝石灰岩："柔软、极白，内里全是海贝。"特提斯海域的大型海洋生物骨架，比如长约70英尺（约21.3米）的始新世鲸鱼（龙王鲸，又名械齿鲸），在从北非到巴基斯坦的特提斯海海岸旧址均有出现（本书下一章将论述，古人记载的某些极长的骨架很可能就是鲸鱼骨架）。

大约1500万年前，特提斯海开始消退，互相靠拢的大陆板块将今天的欧洲、亚洲和非洲连接在一起。在新近纪，许多大型哺乳动物都曾沿着这一陆地走廊迁徙。这些动物包括了从萨摩斯岛和地中海其他一些地区出土的巨型骨骼的主人——巨型长颈鹿萨摩麟以及种类繁多的史前象和犀牛。同时，地震运动持续造陆、造岛，并使海平面频繁波动。非洲大陆和西班牙紧密相连，导致早期地中海在600万年前几近干涸。剧烈的地质变迁使大西洋的海水在约500万年前涌入了今天的地中海和黑海。[10]

更新世时期，地质作用的力量依旧强烈，大陆破碎，海平面升高，由此产生了更多的岛屿。2万年前，萨摩斯岛和利姆诺斯岛等爱琴海诸岛还属于小亚细亚半岛。大冰期（Great Ice Ages），海岸线和气温变化剧烈。更新世时期，巨型原始大象和猛犸象开始出现，一些哺乳动物游过水域到达海岛，有的被隔离在岛上，并在当地进化成了新的物种。意大利、希腊和一些爱琴海岛屿、小亚细亚地区的化石床中常常出现更新世哺乳动物的遗骸。

火山遍布爱琴海沿岸，其喷发制造出更多岛屿。1800万年前，火山灰覆盖了莱斯沃斯岛上整片中新世红杉和棕榈树森林。2.5万年前，锡拉岛（又名圣托里尼岛）的诸火山开始活动。公元前1638年，剧烈的火山喷发在烟幕中将整座岛的地层（1000米高）击碎，摧毁了克里特岛的米诺斯文明。[11]

　　如今，希腊和意大利还有6座活火山。非洲大陆仍然不断向北推进，小亚细亚则向西南方向推移。山体崩塌、抬升、日常的震动和大地震使地中海地区的陆地变得破碎不堪。在希腊，仅仅由于山体崩塌，自20世纪60年代起就已有约500个村庄不得不迁离原址。克里特岛的某些地方自罗马时代起已经抬升了近30英尺（约9.1米）。1970年，意大利那不勒斯湾的坎皮佛莱格瑞火山区（Phlegraean Fields）在半年间就抬升了超过2.5英尺（约76厘米）。

　　数百万年来，此类剧烈的地质运动使成岩于较早地质时期的化石岩层露出地表。随着地层因断层作用而不断地弯曲、变形，地层中的骨架也变得松散而混乱。暴雨、洪水和海岸悬崖的坍塌使骨架化石暴露并散落在地表。较脆弱的骨骼，例如长鼻目动物（如大象和猛犸象）头骨，经常在此过程中碎裂，遗留下来的都是最坚硬的部分，例如股骨（大腿骨）、髌骨（膝盖骨）、肩胛骨和牙齿。图2.3、图2.4和图2.5展示了史前大象的巨型骨骼在希腊露出地表的常见形式。在地中海地区，完整的骨架十分罕见，即便是完整骨架，骨骼也极易破碎——20世纪80年代在意大利中部被同时发现的15具完整猛犸象骨骼化石就是如此。如果说古生物学本身已经是"处理一条复杂到无从想象的事件链的历史类学科"，那么地中海地区剧烈的地质运动则使破译古人关于化石的记录难上加难。[12]

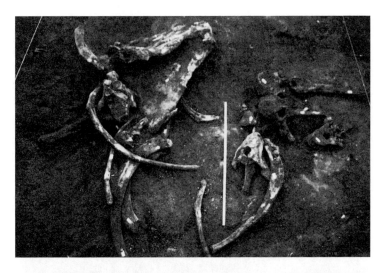

图2.3、图2.4　更新世古菱齿象的大型骨骼化石，古菱齿象骨骼可见于南欧和亚欧大陆。1992—1994年，希腊马其顿地区出土的古菱齿象骨骼分布杂乱，其中肩胛骨、肋骨和椎骨尚可辨认。图中出现的米尺用来展示骨架规模。本组照片由伊万洁利亚·楚卡拉提供，亚里士多德大学，塞萨洛尼基

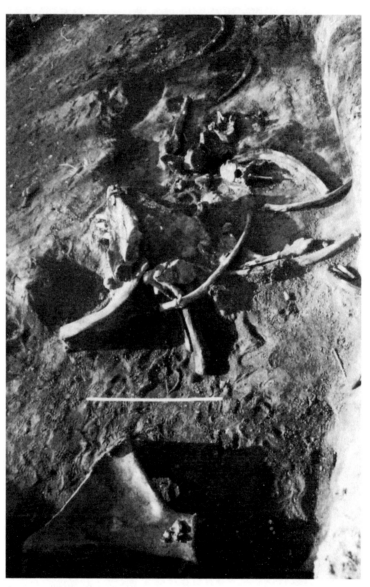

图2.5 （同图2.3、图2.4）

化石化和埋藏学

化　石

在地中海沿岸，神秘的巨型骨骼激发了古代人的想象。但在我们阅读古代文献，找出引发古人兴趣的化石遗迹之前，让我们先来了解一下"化石"（英文为 fossil，拉丁文为 fossilis）一词的定义。在古代，化石指的是任何露出地表的或是能被挖掘出来的有趣或珍贵的物件，比如水晶和宝石。"被挖出来的物件"（希腊语为 ta orukta）的具体内涵十分模糊。虽然这一概念在过去并不包括大型化石化动物骨骼，但却包括了小型化石，比如石块中的鱼类化石和埋在土里的史前象牙。

在希腊人听说大象以前，外来象牙、当地化石以及"被埋在地里"的象牙都是珍贵商品。古人把埋在地里的大型史前象牙称作沼泽象牙（图2.6是一对发现于希腊的乳齿象象牙化石）。生活于公元4世纪的作家泰奥弗拉斯托斯准确地将化石或沼泽象牙描述为"棕白相间"的。泰耶阿的阿波罗尼奥斯（生活于公元1世纪）对史前象牙化石的描述详尽得无可挑剔。阿波罗尼奥斯发现，这些象牙比普通的象牙大很多，但是"色深，多孔，有斑，非常难以雕刻"。老普林尼认为是大象故意把自己的象牙埋在了土里。这是目前已知仅有的对于"象牙化石"为何能够从地里被发掘出来的古代解释。[13]

如今，"化石"一词指的是过去的地质时代中的生命形式的遗骸、印记或足迹。化石化过程需由含有矿物质的地下水逐渐分解骨骼、牙齿和贝壳上附着的有机结构。结晶方解石、石膏或二氧化硅逐渐代替这些有机结构，慢慢将其转化成石头。矿

图2.6 希腊马其顿地区出土的乳齿象象牙化石。照片由伊万洁利亚·楚卡拉提供，亚里士多德大学，塞萨洛尼基

物构成决定了化石的重量、密度和颜色。例如，埋在褐煤（软煤或泥炭）中的骨骼就会染上棕色或黑色，而其他化石骨骼则呈现粉笔那样的白色（例如在萨摩斯岛和戈壁沙漠中发现的骨骼）或灰色（例如在科斯岛发现的化石）。

　　生物的化石化过程同时引发了古代人在神话和科学两个领域的探索，本书第5章将对此展开讨论。根据生活在公元1世纪的老普林尼的记录，在塞哥布里加（Segobriga，今西班牙托莱多附近），透明石膏矿中的透明石膏晶体（selenite，曾被洒在大竞技场舞台上，用来为地面营造一种闪亮发光的效果）逐渐代替化石化动物骨骼中的骨髓。老普林尼认为，这种矿化骨骼属于不久前摔进矿井的野兽。不过，由于矿区临近西班牙化石床，矿工们在矿井中看到的也可能是一些看起来与那些动物相似的更新世啮齿动物和食肉动物的遗骸化石。[14]

这些遗骸的巨大体形恰好符合古代希腊人和罗马人对于深埋于地下的史前巨人和怪物的想象。当然，现在我们已经知道，这些骨骼属于巨型长颈鹿、乳齿象、猛犸象和其他已灭绝的动物。可以想见，已灭绝的一些鹿、鼬类、啮齿动物等普通大小的动物的骨骼和牙齿，因与人们熟悉的现存动物的骨骼相似而可能被忽略。但是一些其他类别的小型化石却引起了人们的兴趣，比如陆生植物、鱼类和其他海洋生物、陆生动物足迹的化石等。它们因形状奇特、与周遭环境不相称或化石化成因难以解释等而得到了关注。

例如，有几位古代作家曾经提及意大利西西里地区和摩尔达维亚地区的德涅斯特河（Dniester River）沿岸基岩上的脚印和蹄印。人们曾经认为，这些印记是希腊英雄赫拉克勒斯和神话巨人革律翁（Geryon）的巨型牛群留下的。我认为，这些基岩中的神秘蹄印可被解释为巨型甲壳类动物（双壳纲）的化石印记。这些蹄状化石位于南欧和黑海地区的三叠纪晚期石灰岩岩层中，至今仍在关于神牛和神马的民俗传说中占有一席之地。[15]

古人对化石化的菊石（cephalopod mollusks）、琥珀、箭石（乌贼化石）、贝壳、棘皮动物（海胆）、海百合茎（化石化海百合）、鲨鱼牙和其他植物也充满了兴趣。不少古代文献都曾提及它们（见附录），人们在考古发掘点也发现过这些化石（详见第4章）。早在公元前4世纪，人们就意识到琥珀是化石化的树脂。

然而，人们对一些化石也产生过误解，而且这些误解一直持续到了中世纪。例如，斯特拉波记录了这样一种流行观念：埃及金字塔周围鹅卵石形的货币虫化石是古埃及金字塔建筑工人遗留的扁豆。[16]

埋藏学

埋藏学（Taphonomy，源自希腊语，原意为"坟冢的原理"）是一门研究动物遗迹（自动物死亡时起，至遗迹出土时止）如何受到地质变化和生物分解过程影响的学科。埋藏学可以解释原角龙头部颈盾在土地中分解后，遗留下类似格里芬翅膀和耳朵的结构的过程。埋藏学还能解释为何大象头骨容易破碎：这是因为大象头骨中有容纳气囊的空腔结构。埋藏学包括以下内容：骨骼的矿化，地震和侵蚀造成的骨骼分解与破损，以及至今为止受到的来自动物和人类的影响。埋藏学界内把人类活动称为"刨地"（grubbing）。（当然，没有古生物学家会把自己的工作称为刨地，这个词是用来形容业余爱好者和过去的科学家的，今人认为这些过去的科学家的研究方法已经不够科学。）化石化过程和地中海地区复杂的埋藏学条件决定了史前动物遗迹被古代观察者看到时的状态。

公元前5世纪，希腊剧作家埃斯库罗斯以神话为背景写下了著名剧作《被缚的普罗米修斯》。埃斯库罗斯为我们描绘了一幅埋藏学过程的生动图景。为惩罚泰坦普罗米修斯将火种带给人类的举动，众神将普罗米修斯锁在亚洲一片沙漠边缘的山崖之上，沙漠中栖息着很多不会叫的格里芬。埃斯库罗斯想象，猛烈的滑坡和暴雨会把普罗米修斯埋在峡谷底部，他将被"长期困在石块下面，历经漫长岁月后才能重见天日，被鹰啃食"。尽管对地质事件的真实时间维度并不了解，埃斯库罗斯仍诗意地描绘了一幅掩埋和暴露史前巨型生物的生动画面。[17]

出于对地质学和地理学的兴趣，几乎每一位描述了巨型骨骼的作家都同时记录了这些骨骼是因何而暴露在地表的，比如地震、滑坡、海洋或河流侵蚀、暴雨、动物活动或人为挖掘等。有些人甚至提到在巨型骨骼周围发现过古老的手工艺品，这表明，在更早以前人类就曾对这些化石进行过干预和重新掩埋。这些写实的细节大大提升了古代文献的真实性。

作为古生物学记录者的帕萨尼亚斯

公元2世纪，帕萨尼亚斯在希腊和小亚细亚游历，遍览各地文物，同学者和平民探讨它们的历史和内涵。他的著作《希腊志》（*A Guide to Greece*）记录了当时和更早以前的众多古生物学发现和解读。帕萨尼亚斯博学多才（很可能是一位医生），对希腊神话了解颇深，但是其观点却是务实的。他认为，所谓的巨人和英雄都是生活在更早时期的真实的凡间生物，而不是超自然的神怪。

帕萨尼亚斯出生于小亚细亚地区，他对当地出土的几具巨型骨骼进行了记录，还记载了当地人解读这些骨骼的尝试。他所记录的第一起事件，发生于罗马皇帝（可能是提比略）下令对叙利亚安条克的奥龙特斯河（Orontes River）进行改道的时候，当时工人们在干涸的河床上发现了一具11腕尺（cubit）①长

---

① 古代埃及、希腊、罗马使用的长度计量单位，指从肘到中指端的距离。

（约15.5英尺，将近5米）的骨架。帕萨尼亚斯写道，这些巨大的骨头看起来像人骨一样。工人们是如何判定这个被掩埋的巨人的体形大小的呢？几种大型已灭绝动物的骨架很可能混合在了一起，11腕尺长也许指的是化石组合后的总长度。人们当时可能是把能够辨认出来的骨骼首尾相连，拼凑出了神话中的两足巨人的形态。抑或，人们可能通过一根巨大的大腿骨估测出了身体总长度。

　　河床中的巨型骨骼到底是谁的？基于奥龙特斯河沿岸的现代古生物学发现，我们推测这些骨骼属于乳齿象或草原猛犸象（*Mammuthus trogontherii*）。如果这些骨骼真的是草原猛犸象的，那么帕萨尼亚斯提到的11腕尺长的数据就与之相差不远，因为这种动物的肩高能达到14英尺（约4.3米），股骨长度约为4.5英尺（约1.4米）。据帕萨尼亚斯记载，叙利亚人派信使到克拉罗斯的阿波罗神庙（Apollo at Claros，位于伊奥尼亚）询问神谕，想要确定这位巨人的真身。神谕为个人和城邦提供意见，解决纠纷，并由祭司和先知进行解读。来自克拉罗斯的神谕显示，这些巨型骨骼属于印度巨人英雄奥龙特斯（奥龙特斯河因他而得名）。但是帕萨尼亚斯同时记录了，有些人对这条神谕持有异议，认为这些骨骼属于另一位来自非洲的巨人阿里亚德斯（Aryades）。还有人表示，在更加久远的过去，奥龙特斯河曾经名为提丰河。提丰是一个可怕的怪物，在神祇和巨人之间的战争中被闪电所杀。根据这个传说，提丰曾经试图遁地逃跑，因此挖出了河床。[18]

　　帕萨尼亚斯还记录了一具出土于米利都（位于萨摩斯东南方的土耳其海岸线上）的巨型骨架。这具骨架长度约为15英尺（约4.6米），出土于一座"从拉德（Lade）岛脱离的小岛"的海港里。当地人认为，这具骨架属于阿那克斯（Anax）之子阿斯泰里奥（Asterios）。阿那克斯是大地女神的孩子，传说中米利都的建造者。这具骨骼的出土地距离萨摩斯只有几英里，结合其尺寸可以推测，"巨人阿斯泰里奥"可能是一只生活在中新世的大型哺乳动物，其骨骼因岛屿不稳定的水土条件而露出峭壁。假使类似的骨架出现在萨摩斯岛对面的以弗所，或许会让人想起另一个类似的神话：据说，以弗所的建立者是大地女神的另一个儿子——巨人克里索斯（Koresos）。

帕萨尼亚斯写道："我很惊讶，人们又在吕底亚发现了一具骨架。"在许罗斯河（river Hyllos）附近（今土耳其乌沙克附近）的特美诺提剌（Temenothyrae），"暴风雨撕裂了大地，一些大型骨骼露出了地表。从形状上看，你可能认为这些骨骼像是人骨，但是它们的尺寸非常惊人！""把这些骨骼视为革律翁的尸体的观点很快就传开了。"帕萨尼亚斯还写道。革律翁是神话中的巨人-怪物，他驯养了一群巨牛。赫拉克勒斯在第十个任务中将革律翁杀死。"许罗斯当地人都知道有人挖出了巨牛的角"，人们就把这些骨骼当成了革律翁的牛群。但是见多识广的帕萨尼亚斯不同意这种观点。革律翁难道不是在西班牙加的斯（Cadiz）被赫拉克勒斯杀死的吗？革律翁的牛群不是从西班牙被赶到希腊的吗？帕萨尼亚斯已经听说过西班牙加的斯的巨型骨骼，可能还知道发现于意大利的巨牛脚印。如此一来，吕底亚的祭司和管理者必须打破这个僵局。他们最终决定宣称这些巨型骨骼属于另一个巨人——许罗斯。[19]

尽管帕萨尼亚斯对这些骨骼的尺寸和风化情况做了细致、写实的记载，但是古典学家们并没有把这些轶事与土耳其的化石联系在一起。我联系了古生物学家谢夫凯特·森（来自巴黎自然历史博物馆古生物学实验室），向他咨询安纳托利亚地区大型化石骨架的相关事宜。森曾在爱琴海地区和土耳其参与过很多发掘工作，他认为从加利波利半岛（Gallipoli Peninsula，古代色雷斯人的切索尼斯）、特罗德（Troad，古特洛伊城）和伊姆罗兹岛（Imroz，古伊姆布罗斯）到土耳其南部海岸（这些地点就是古人发现巨型骨骼的地点，详见本书第3章）均含有大量中新世沉积物。森表示，大型哺乳动物化石"十分常见，且数量众多"。他已经掌握了位于土耳其西部的50多处乳齿象、犀牛和长颈鹿的遗迹点。在土耳其进行发掘工作的长鼻目动物专家威廉·桑德斯也颇有同感地写道："土耳其很好地展现了中新世的样貌。"中新世—上新世是史前象科动物的鼎盛时期，而那时的土耳其生活着大量嵌齿象科和恐象科动物（大型中新世乳齿象）族群。在土耳其欧兹鲁斯（Ozluce）地区（萨摩斯岛以东内陆）出土了很多完整的新近纪象科动物骨架和犀牛骨架，而恐象科动物骨架则常见于伊兹密尔（希俄斯岛以东陆地）附近的褐煤层。[20]

古代分类学

那些被吕底亚人当成食人魔革律翁和其巨牛的骸骨的遗迹，其实是曾生活在土耳其西部的一些已经灭绝的乳齿象和牛科动物的骨骼化石。吕底亚人的家国自豪感让他们把这具巨型骨架归到了被赫拉克勒斯杀死的臭名昭著的神话怪物名下。但帕萨尼亚斯根据地理位置进行的判断迫使当局重新为这具骨架寻找主人——他们最终认定，这具骨架属于另一位巨人许罗斯

（许罗斯河因他而得名）。虽然帕萨尼亚斯的描述运用的是神话（学）式的语言，但是他的三段记述都表明了人们为解释已灭绝生物的地理分布做出了理性的努力，并针对这些被他们视为巨人和怪物的已灭绝物种创造了一种与神话历史学以及当时的和更早的巨骨发现相容的"分类学"。

分类学是一门使用特定词汇有序地对生命形式进行物种鉴定和归类的学科。剑桥大学古代科学史学家杰弗里·劳埃德观察到，古希腊文献中出现的"复杂分类系统"的基础是人们对自然现象的精确观察，而这种分类系统与那些没有发明文字的文明的分类系统十分相似。至于"这种分类学"是不是受到"拓展知识领域的欲望"的启发而产生的"有意研究的成果"，罗伊德则表示怀疑。不过，尽管在古代人们并没有对巨型骨骼进行系统性的古生物学研究，但本书中收集的各类相关记载显示，人们确实曾对大型骨骼的历史发现进行过比对，并且收集、测量、展示过这些骨骼，甚至还曾尝试对骨骼进行重组，而所有这些活动都似乎表达了人们拓展关于远古巨型生物的知识的愿望。[21]

在古代，人们根据地理位置和神话历史，对已灭绝的巨型生物进行命名。这与现代科学对已灭绝动物的命名法有异曲同工之妙，现代古生物学家常常选用希腊语、拉丁语和其他能够反映当地怪物传说的名字，对已灭绝动物进行命名。例如，19世纪的化石猎人奥斯尼尔·C. 马什（Othniel C. Marsh）就曾根据苏族人的雷霆怪兽传说，对北美巨型王雷兽（*Brontotherium*，意为雷霆怪兽）进行命名。苏族是北美原住民中的一支，他们把达科他荒野上因雷暴而露出地表的大型化石与神话中的雷霆怪兽联系在了一起。走起路来地动山摇的英卓克兽（Indrik Beast）来自古老的俄罗斯神话，人们根据这种神话动物对人类迄今为止发现的最大陆生哺乳动物（1911年发现于中亚）——巨犀（*Indricotherium*）进行了命名。1972年，人们在得克萨斯州发现了一种翼展长达35英尺（约10.7米）的翼龙，并根据阿兹特克传说中的羽蛇神将其命名为风神翼龙（*Quetzalcoatlus*）。近期，人们发现了一种角龙类恐龙——霍氏河神龙（*Achelousaurus horneri*）。由于这具骨架角部破损，人们根据希腊河神阿刻罗俄斯[①]（Achelous）的故事对其进行命名（阿刻罗俄斯曾被赫拉克勒斯折断一只角）。古生物学家杰克·霍纳的姓氏[②]巧妙地"复原"了这头猛兽丢失的角。[22]

其实，这种将神秘动物遗迹和神话事件、历史事件、远古怪物与英雄联系起来的诉求十分普遍。生活在中世纪欧洲的人们认为，大型史前动物骨骼是巨人、圣人和古代名人的遗骨。不少中世纪教堂都会把这些巨型骨骼视作圣人遗骨，人们会将其入殓并重新安葬。人们把猛犸象和犀牛的骨架重新组合成直立的形态，并将其作为大洪水前的巨人、史前洞穴人、西哥特人和其他蛮族战士的遗骸进行展出。1984年，法国古生物学家莱昂纳尔·金斯伯格（Léonard Ginsburg）对臭名昭著的条顿王（King Teutobochus）事件进行了深入的研究。1613年，人们在法国南部发现了巨型骨骼和牙齿。人们把它们视作条顿王（公元前105年被罗马人打败的日耳曼部落的巨人国王）的遗骨，并进行展示。在对"条顿王的牙齿"进行检查后，金斯伯格认为，这些巨人骨骼实际上属于一种已灭绝的象科动物——恐象，史

[①] 在希腊神话中，阿刻罗俄斯是希腊境内最大河流阿刻罗俄斯河的河神。他化身为一头公牛，同赫拉克勒斯争夺美女得伊阿尼拉（Deianira），结果战败，并被折断了一只角。

[②] "霍纳"（Horner）与英文中"horn"（角）一词相近。——编者注

上最大的哺乳动物之一。[23]

类人热潮

在古典时代，人们常常将已灭绝的哺乳动物的巨型骨骼视作巨人的遗骨。把大象或者其他大型哺乳动物的骨骼视作人类骨骼并不像听起来那么奇怪。正如我们所见，受地中海地区的地质变动影响，史前象科动物脆弱的头骨通常会变得破碎不堪，仅剩股骨、肩胛骨和牙齿保存较好。这些剩余的骨骼就像是人类的骨骼一样，只不过尺寸大了许多（见图2.7—2.10）。谁能拒绝得了将自己的大腿和这些巨型股骨比比看的诱惑呢？而且，古代人认为，人类祖先和神话英雄是超人类的巨人。因此，他们在潜移默化中倾向于把大得出人意料的哺乳动物骨骼视作巨人骨骼（详见本书第5章）。在希腊的乡村地区，至今还有人认为古人体形比现代人体形大。阿卡迪亚（Arcadia）地区的卢卡村（Luka，位于伯罗奔尼撒）一带是更新世哺乳动物遗骸的埋藏地。20世纪90年代，当地的一位居民发现了一块巨型股骨化石。对这块化石进行检查的医生认为，它属于"一位身体健壮的古人，他的体形肯定比任何现代人都要高大"。

法医人类学专家道格拉斯·于贝拉克（Douglas Ubelaker）指出，非人类的骨骼，特别是股骨，甚至能够迷惑最有经验的医学专家。于贝拉克在对现代FBI文件进行研究之后，发现约有15%的被当作谋杀受害者遗骨的"人类骨骼"其实是动物骨骼。于贝拉克指出，哺乳动物在生理构造方面的相似性、骨骼发现者的预设期待和发现骨骼的环境致使人们将这些骨骼错认成人类骨骼。在古代，这些因素同样存在。[24]

人类的搜索形象图带有的拟人化倾向是根深蒂固的吗？人

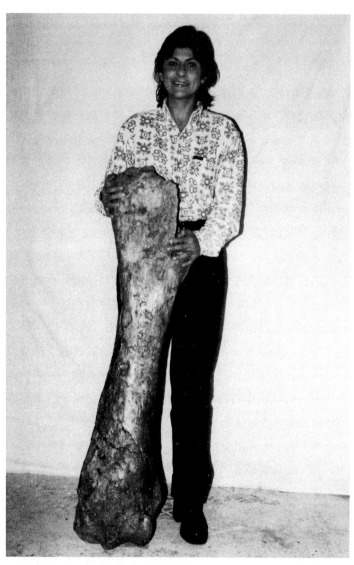

图 2.7 古生物学家安娜·C.平托和更新世象科动物古菱齿象的股骨化石合影。该化石发掘于西班牙阿斯图里亚斯。照片由安娜·C.平托提供，由帕胡埃洛先生拍摄

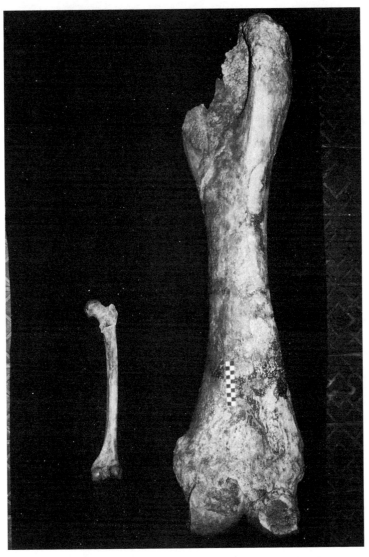

图2.8 人类股骨（左）和古菱齿象股骨化石（右）。照片由安娜·C. 平托提供，由帕胡埃洛先生拍摄

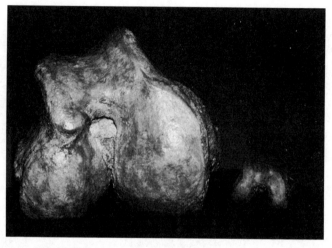

图2.9　古菱齿象股骨末端（左）和人类股骨（右）。照片由安娜·C.
平托提供，由帕胡埃洛先生拍摄

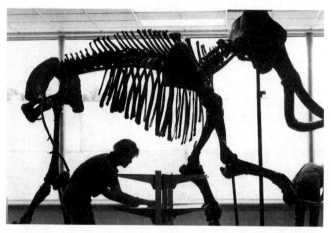

图2.10　猛犸象骨架。猛犸象化石是希腊、意大利和土耳其安纳托利
亚地区的常见化石。在图中女士的映衬下，人们就很容易理解为什么
古代人会把猛犸象骨骼视作巨大的人类骨骼，尤其在头骨丢失的情况
下。照片由托马斯·李拍摄，曾刊载于蒙大拿利文斯顿企业报

类学家斯图尔特·格思里（Stewart Guthrie）在1993年提出了
这个问题。公元前6世纪，希腊哲学家克塞诺芬尼最早注意到了
这一倾向。出于心理学和演化方面的原因，我们总是在世界上
寻找"最重要的"东西，即"类人模型"（humanlike models）。
根据格思里的理论，古人可能更倾向于把大型的哺乳动物骨骼
归于像他们自己一样高度发达的生物。这种期待使他们将解剖学
上的线索，比如哺乳动物的股骨和巨牙，解释成了人类骨骼（见
图2.11）。正如格思里所说，我们的拟人化冲动在保证我们生存的
同时也创造了虚构的想象。

　　要是这些非比寻常的遗迹被想象成我们的同类的话，那它
们可就更有意义、更激动人心了。自然历史学家伦纳德·科里
斯托卡（Leonard Krishtalka）把这种"追寻自己演化源头的热
情"称作"类人热潮"（hominid fever）。这股热潮能够带来丰
厚的成果，它可以引领古生物学家探寻人类的起源；但是对于
"史前谱系"的自豪感也可能造成谬误、欺骗和对民族主义的鼓
吹。科里斯托卡还评论道："拥有类人化石的民族感觉（自己）
是被神选中的。"[25]

　　正如我们在帕萨尼亚斯关于他在小亚细亚参观巨骨的记录
中所看到的那样，在古代，类人热潮影响了人们对巨型骨骼的
辨认，使人认为这些巨型骨骼属于希腊历史上享有盛名的巨人
和英雄。在下一章中，我们将会看到古希腊和古罗马的诸多城
市是如何积极地争取"英雄遗骨"以提升其宗教权威和政治力
量的。尽管人们往往倾向于对巨型骨骼进行拟人化想象，但也
有一些骨骼被正确地视作远古动物的遗迹，比如前文提到的萨
摩斯的内阿德斯和战象。

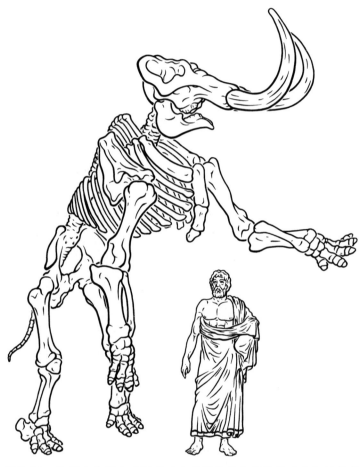

图2.11 依照古希腊人对埋骨土中的神话巨人的想象而重组的猛犸象骨架。图片由艾德·赫克绘制

地中海地区的古生物学概况

为了阐明古代人类到底观察到了什么样的史前遗迹，下文将呈现现代的古生物学研究者们在普鲁塔克、帕萨尼亚斯等人曾发现巨型骨骼的地点的新发现。

在希腊，有三处地点拥有大量化石——派克米（Pikermi）、萨摩斯和麦加罗波利斯（Megalopolis）。这些地方有地中海地区典型的化石床。即便这些地方不久前曾出现过化石搜寻热潮，人们依旧不了解这三处地点丰富的历史和它们对古生物学的贡献。1839年，人们于雅典附近偶然发现化石，地中海地区现代古生物学发现的序幕就此拉开。

派克米的寻骨热潮

1837年，希腊处于奥托国王的统治之下。奥托国王拥有德国血统。一天，他手下的一名巴伐利亚士兵正在守卫当地的一座桥梁——这是一处位于派克米（雅典东北部数英里远的小村庄）的干涸了的小河床，该河名为麦加罗列弗玛（Megalo Rhevma）——这名士兵注意到，似乎有东西在沟里闪烁。他挖开泥土，发现了一个看起来像是由钻石包裹着的类似人类头骨的物体。于是，他把这个宝贝藏到了派克米的营房里。

回到慕尼黑后，这名士兵开始吹嘘他所发现的镶嵌珠宝的古希腊头骨。他想要售卖这件宝贝时，却因盗墓罪被捕入狱。警方请来著名动物学家安德烈亚斯·瓦格纳作为此案的专家证人。实际上，这些所谓的钻石只是大型方解石晶体。但出乎瓦格纳意料的是，这具头骨不属于古希腊人，它属于一只生活于1300万年前的类人猿。这名士兵的惊人发现在希腊掀起了寻骨热潮。

1839—1912年，来自德国、奥地利、法国、瑞士、英国和希腊的科学家齐聚派克米，在此进行大型考古发掘活动（见图2.12—2.14）。在麦加罗列弗玛河出土的生物遗迹十分奇怪，但看起来又有些眼熟。几乎所有的派克米物种都是过渡性物种，是纪元之间"丢失的一环"，因此这些物种的发现为达尔文的进化论（达尔文在1859年出版的《物种起源》一书中阐述了进化论）提供了重要证据。如今，世界各地的博物馆共计收藏了超过8000种出土自派克米寻骨热潮的动物样本。[26]

古生物学家发掘出了多达53种新近纪物种（见图2.15—2.18）。除了猿、鸵鸟、猪、三趾马，还有体形同大众甲壳虫汽车一般大小的巨龟等动物。食肉动物——鬣狗、狮子、熊和剑齿虎比现代的掠食者要大得多。最大的骨骼属于巨型乳齿象、希腊兽属巨型长颈鹿、犀牛和爪兽科的爪脚兽（一种笨拙的食草动物，爪部带钩，没有蹄）。在派克米发现的化石中，最令人惊叹的当属象科中的恐象。恐象曾经是地球上体形第二大的哺乳动物（仅次于巨犀），高度约为15英尺（约4.6米），它们的象牙向下、向后弯起，而非向前弯起（见图2.19）。恐象曾遍布亚欧大陆、欧洲其他地区和非洲，直到在更新世走向灭绝。

为何众多不同种类的动物会被埋葬在同一条河沟里呢？有些古生物学家提出，是一场灾难，比如一次巨大的山体滑坡导致了严重的海水倒灌，迫使动物们在惊慌失措中聚集在一起，而后被泥土掩埋。法国古生物学家阿尔贝·戈德里（Albert Gaudry）的猜想是：爱琴海水平面的快速上升迫使所有动物登上佩特里山，并最终饿死在了山上。奥赛尼尔·埃布尔注意到许多肢骨都是破碎的。根据他的推测，一场毁灭性的森林火灾可能是这些动物陷入绝境的原因。[27]

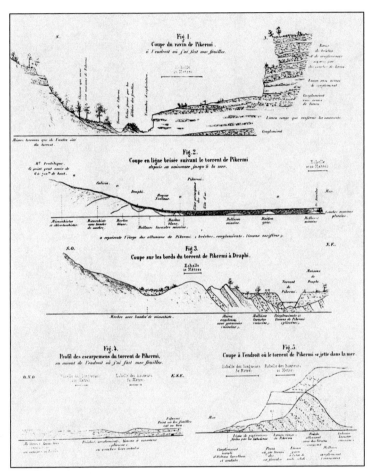

图2.12 麦加罗列弗玛河化石床地层横截面图，派克米，希腊。戈德里，1862—1867年，《动物化石与阿提卡地质（图册）》（*Animaux fossiles et géologie de l'Attique，Atlas*）

图2.13 希腊派克米的发掘现场，约1900年。照片由T.斯科福斯拍摄，载于奥赛尼尔·埃布尔的《史前动物的生命图像》（*Leibensbilder aus der Tierwelt der Vorzeit*，耶拿，1922），图132

图2.14　希腊派克米化石床的一块化石组。不同种类动物的化石混合在一起，这种组合方式常见于地中海地区东部。化石中的大型肢骨和肩胛骨十分突出。照片由A.史密斯·伍德沃德拍摄，载于奥赛尼尔·埃布尔的《史前动物的生命图像》，图130

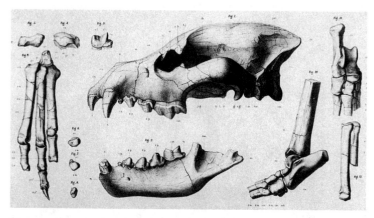

图2.15 出土于希腊的新近纪巨型鬣狗头骨。头骨长约11英寸（约27.9厘米），门牙长约1.5英寸（约3.8厘米）。戈德里，1862—1867年，《动物化石与阿提卡地质（图册）》彩插13

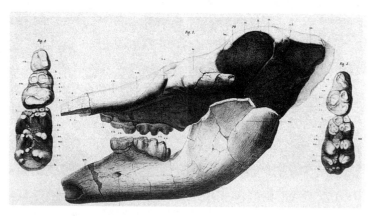

图2.16 出土于希腊派克米的乳齿象头骨和牙齿。乳齿象化石是地中海地区东部常见的新近纪生物化石。臼齿长约3英寸（约7.6厘米）。戈德里，1862—1867年，《动物化石与阿提卡地质（图册）》彩插22

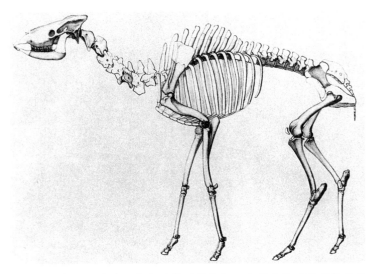

图2.17 出土于希腊派克米的希腊兽骨架。这种中新世巨型长颈鹿的股骨长约28英寸（约71.1厘米）。戈德里，1862—1867年,《动物化石与阿提卡地质（图册）》彩插44

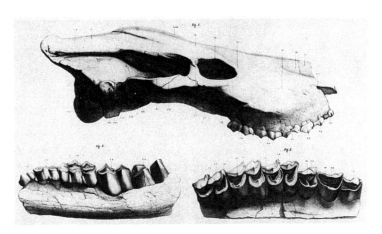

图2.18 巨型长颈鹿头骨，长约19英寸（约48.3厘米）。希腊兽是非洲獴狮狓的祖先，站立位肩高约7英尺（约2.1米）。戈德里，1862—1867年,《动物化石与阿提卡地质（图册）》彩插41

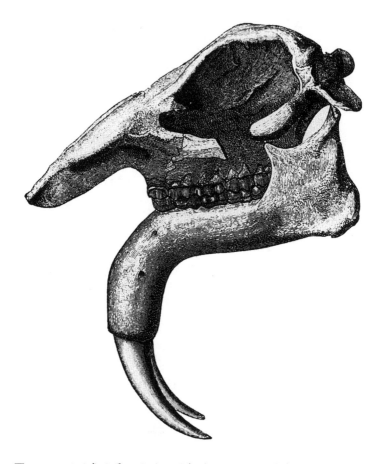

图2.19 巨恐象头骨。这种巨型象科动物站立位肩高约15英尺（约4.6米），在中新世—更新世遍布欧洲、北非和亚洲。图片原载于卡尔·齐特尔《古生物学手册》(*Handbuch der Palaeontologie*，慕尼黑，1891—1893)，图374

多亏了在派克米发掘出的化石，19世纪的科学家才提出了这样一个大胆的理论：在中新世，即2300万—500万年前，希腊曾经是许多动物群，尤其是长鼻目动物群在亚洲、欧洲和非洲之间迁徙的中转站。其中一些已灭绝物种与现在生活在非洲和亚洲的象科动物及其他一些动物十分相似，这不仅增加了我们对物种起源的了解，也促进了我们对过渡性哺乳类动物的研究。与在派克米的发现相似的化石遗迹也出现在希腊北部（埃维亚岛、维奥蒂亚、色萨利、马其顿地区）、萨摩斯岛、其他一些爱琴海岛屿、土耳其西部、印度西瓦利克山脉、巴基斯坦大部分地方以及欧洲和北非的其他一些地区。已出土的最大的派克米式骨骼化石为下一章中古代作者记录的大量巨人、怪物和龙的骨骼的由来提供了解释。[28]

萨摩斯岛上的化石

当其他人还在派克米挖掘化石时，古生物学家查尔斯·福赛思·梅杰（Charles Forsyth Major）受到了普鲁塔克记录的内阿德斯和狄俄尼索斯战象的启发，在萨摩斯寻找大型脊椎动物的化石。在向村医了解了米蒂利尼附近的化石床后，1885年，梅杰首次辨认出了中新世巨型长颈鹿（萨摩麟）的股骨和头骨（见图2.20）。他为瑞士和英国的博物馆搜集了超过2000件化石藏品。萨摩斯被证明是全欧洲化石最丰富的地方之一，古生物学家们至今仍能从萨摩斯的化石床中发掘萨摩麟、乳齿象、恐象、犀牛、爪兽、早期马科动物、大型鬣狗、鸵鸟和其他派克米式物种的骨骼。[29]

根据普鲁塔克的记载，狄俄尼索斯的战象在"被血染红的土地"上打败了亚马孙女战士。然而，古代史学家从未明确这

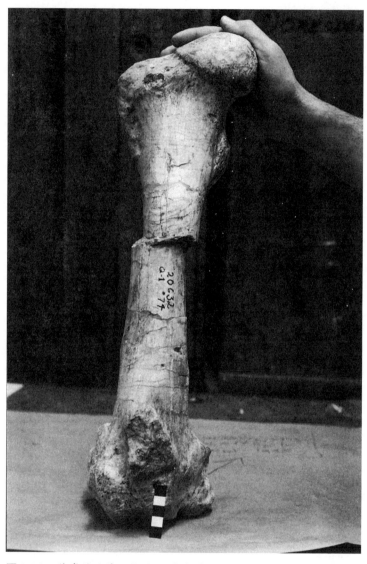

图2.20 萨摩麟股骨，长约20英寸（约50.8厘米），1923—1924年由巴纳姆·布朗（Barnum Brown）发掘于希腊萨摩斯岛，因地震而断裂。照片由尼科斯·索罗尼阿亚斯提供

一地点的具体方位。我向古生物学家尼科斯·索罗尼阿亚斯请教了这个问题——索罗尼阿亚斯在少年之时就在米蒂利尼附近发现过萨摩麟股骨化石，并曾在萨摩斯岛发掘了大量化石——他立刻回忆起一处符合普鲁塔克描述的地点。萨摩斯岛的化石都埋藏在白色沉积层内，而非红色沉积层。但是在米蒂利尼附近有两处化石埋藏丰富的地点，就在这两处地点之间，有一片不同寻常的红色平坦高地。这种独特的红色土壤与周围含有大量呈白垩色骨骼的白色沉积层迥然不同。这个地方恰好对应了古代人对于白骨成堆、血流满地的战场的想象。

普鲁塔克提及的另一处地点是弗洛伊昂。弗洛伊昂的位置一直是一个谜，古典学家们曾试图把它和古代的民间崇拜联系在一起。然而，索罗尼阿亚斯在了解到弗洛伊昂意为"地球的外壳"之后，找到了一处可能符合普鲁塔克描述的地质构造。普鲁塔克的记录显示，曾有一批巨兽死于坍塌的地面之下。索罗尼阿亚斯发现，有大量中新世化石集中在一大块因地震而隆起的石灰岩之下。古希腊人将覆盖于大量乳齿象和萨摩麟骨骼所在的化石层之上的巨大石灰岩断层合理地解释为远古时期的大地震导致的结果。[30]

第一个发现萨摩斯史前动物遗迹的人是谁呢？由于新近纪沉积层的土壤最为肥沃，古代农民很可能在自家的田地里发现了巨型骨骼（见图2.21）。人们在勘探矿产的过程中也可能会发现化石。在本书第1章中，我们看到：斯基泰游牧民族在寻找黄金的时候发现了恐龙遗迹；西伯利亚人在搜集黄金时发现了冰川期猛犸象；奥地利的采石工发现了克拉根福龙，也就是犀牛的头骨。在新大陆，美洲原住民在搜集盐的过程中发现了恐龙和猛犸象的骨骼。所以，在古典时代，人们也很可能在萨摩斯

图2.21　希腊萨摩斯岛的中新世犀牛下颌骨化石。照片版权属于凯文·弗莱明（Kevin Fleming）

勘探矿产时发现化石。自然哲学家泰奥弗拉斯托斯在写于公元前4世纪的《论石》中，描述了矿工在不同的岩层中深掘竖井开采"萨摩斯土"（一种密实的白色高岭土）的过程。这种罕见的土壤是一种宝贵的商品，既可以入药，也可作其他用途。老普林尼表示，勘探人员通过"趴在地上观察石块纹路"来确定高岭土矿的位置。尼科斯·索罗尼阿亚斯认为，米蒂利尼附近的化石床周围确实有高岭土，因此，古代的采矿者可能是最早注意到从土里挖出的奇异骨骼的人群。[31]

　　古代内阿德斯的骨骼和派克米地区的化石一样流散于全球各地的博物馆。梅杰离开萨摩斯后，1890—1920年，一些来自德国的发掘人员带走了上千块化石。萨摩斯红酒的德国出口商卡尔·阿克（Karl Acker）向农民购买了成吨的化石。他将这些化石装进板条箱，卖给德国的各个博物馆。化石成为萨摩斯岛农民重要的"经济作物"，就好像中国古代的农民收获龙骨一样（详见第1章）。1924年，著名的化石猎人巴纳姆·布朗把迄今为止规模最大的一批萨摩斯化石（约5000件）用船运送至位于纽约的美国自然历史博物馆。1850—1924年，共有超过3万件骨骼化石被外国人带离萨摩斯岛，用以丰富博物馆和私人的收藏。[32]

谁的骨头？

看明白了吧！在当地人发现巨型骨架后，外来者就会纷至沓来，以"保护"和进行"正确"解读为名把化石带到远离故土的地方。在古生物学的历史中，这样的事情十分常见：从古至今，从人们对霸王龙所有权的争议到对恐龙和其他化石的天价买卖，不一而足。这引出了两个亟待回答而又相互联系的问题：谁有权赋予这些巨型骨骼意义？谁应该拥有它们？

一旦有巨型骨骼出现于世，关于其所有权的纷争就会甚嚣尘上。自16世纪起，人们就开始把一箱箱的猛犸象化石从美洲运送到欧洲。本书第1章谈到过，蒙古人对于罗伊·查普曼·安德鲁斯在纽约利用出土于当地的恐龙蛋牟利的行为十分不满。一个距离今天较近的例子则发生在1996年，这年荷兰正式要求法国归还沧龙（*Mosasaurus*）头骨化石。这一巨型中生代海洋爬行动物的头骨化石，是在1770年由一位采石工在马斯特里赫特（Maastricht）附近的白垩岩层中发现的。1794年，拿破仑攫取了这块化石，将其带回巴黎。在巴黎，这块化石后来成了乔治·居维叶的物种灭绝理论的重要依据。到了现代，荷兰宣称这块巨型头骨化石对于荷兰人的民族身份认同具有内在意义，但巴黎自然历史博物馆想要继续收藏这块"改变了古生物学历史"的化石。在遥远的古代，人们为了政治利益，或是出于充实博物馆馆藏的目的，同样也会把巨型化石长途运输到异地，由此也会引发关于化石所有权和解读权的争议。普鲁塔克和帕萨尼亚斯遗留的文献中还记载了人们对于萨摩斯岛和小亚细亚出土的化石所蕴含的意义的争论。本书的下一章将会具体展示古希腊和古罗马的官方是如何对这些化石进行解读，又是如何调配这些由平民发现的化石的。[33]

1921年，巴纳姆·布朗乘船抵达萨摩斯岛的时候，希腊政府已经颁布法律，禁止外国人带走任何古代文物，包括化石。布朗惊讶地发现，即使像普鲁塔克这样的古代作家已经"证实了萨摩斯岛的人们知道当地有化石的存在"，但萨摩斯岛的现代文献中仍没有出现任何关于古代化石知识的记载。

布朗指责希腊政府对于"古代文物和化石"的限制出口令，他认为这在一定意义上阻止了世界其他地区了解伟大的爱琴海化石床。不顾化石商人卡尔·阿克的反对，布朗开始雇佣贫穷的希腊难民（1922年被土耳其驱逐出境）在米蒂利尼附近开采化石。他们采用人背骡驮的形式，沿着"之"字形山路把沉重的乳齿象和巨型长颈鹿的骨骼运送到港口（见图2.22和图2.23）。布朗随后要求希腊政府允许他把发掘出的所有物品运送到美国自然历史博物馆。雅典大学的古生物学家西奥多·斯科福斯（Theodore Skoufos）教授则希望这些化石能留在希腊。但是最后，希腊政府迫于美国的压力，不得不于1924年允许这数千枚无价之宝离开萨摩斯。[34]

接下来，布朗想要发掘新发现于伯罗奔尼撒中部阿卡迪亚地区的麦加罗波利斯的化石床。但他的对头斯科福斯教授已经

图2.22 巴纳姆·布朗雇佣难民在米蒂利尼附近进行发掘，萨摩斯，希腊，1923—1924年。照片由布朗于1927年发布，由美国自然历史博物馆图书馆服务部提供

图2.23 巴纳姆·布朗（右）在米蒂利尼附近的化石床发掘化石，萨摩斯，希腊，1923—1924年。请注意左前方的大型肢骨化石。照片由布朗于1927年发布，由美国自然历史博物馆图书馆服务部提供

在此进行了发掘。麦加罗波利斯是亚里士多德时期的一座重要城市，在遗失的古代古生物学史中具有极为重要的意义。根据帕萨尼亚斯、希罗多德和其他古代作家的记录，人们在这里收集了很多骨骼，他们把这些骨骼视作神话中巨人和英雄的遗骸。但是，如今麦加罗波利斯的名气却远不如派克米和萨摩斯。20世纪60年代，帕萨尼亚斯作品的译者彼得·莱维（Peter Levi），曾试图搜寻斯科福斯教授在麦加罗波利斯发掘的化石的有关线索。最后，莱维发现这些巨型骨骼就被放在"雅典大学旁边的岩石博物馆——一栋只有经过私人沟通允许才能造访的破楼里"。[35]

麦加罗波利斯的大型动物群

和派克米化石一样，科学家们也是偶然间才发现了麦加罗波利斯的化石。1902年，一名伐木工在找丢失的斧头时，在麦加罗波利斯附近的一处陡峭河谷中意外发现了一些尺寸夸张的长牙。雅典的斯科福斯教授听到这个消息后，开始了大规模的发掘活动。几个月内，他就把5吨更新世化石从麦加罗波利斯运送到了雅典大学（见图2.24）。

斯科福斯教授是第一位研究古代麦加罗波利斯附近化石遗迹的地质学家。然而，很早以前，阿卡迪亚人就已经见过这些巨大的骨骼了。在阿尔斐俄斯河（Alpheios River）沿岸和其他更新世沉积岩峡谷中，农民的犁和挖井工的铲子都曾翻出过猛犸象和其他史前象科动物的骨骼和象牙。生活在阿卡迪亚的普通人今天依然能见到大型化石，它们被放在蒂米萨那（Dimitsana）、麦加罗波利斯、奥林匹亚和其他城市的博物馆中展出。[36]

例如，在1994年，奥林匹亚西北部的修路工发现了两根

图2.24 西奥多·斯科福斯教授发掘出（南方猛犸象？）头骨化石和象牙，麦加罗波利斯，伯罗奔尼撒，希腊，1902年

巨型象牙，每根都有10英尺（约3米）长。由于这两根象牙形状笔直，所以它们很可能属于13英尺（约4米）高的更新世"古象"——古菱齿象（*Palaeoloxodon antiquus* 或 *Elephas antiquus*）。古菱齿象在希腊阿卡迪亚地区、意大利和亚欧大陆的其他地方都十分常见。目前，这些象牙保存在奥林匹亚博物馆。透过这些巨型骨骼，我们似乎也能体会到古人发现此类化石时的兴奋之感——根据帕萨尼亚斯的记录，在特洛伊战争时期，奥林匹亚曾经展出过一块巨大的肩胛骨，而奥林匹亚西南部的泰耶阿（Tegea）神庙则展示过一对巨型象牙。1997年，希腊电力公司在麦加罗波利斯附近的褐煤矿中发现了一些巨型骨骼化石。在古代，人们把阿卡迪亚地区可自燃的褐煤土视作巨人-神祇之战（Gigantomachy，根据希腊神话，宙斯在战争中

用闪电打败了巨人和怪物）余烬未消的战场。现在，这些褐煤则为希腊提供电力。而当年在褐煤矿中被发现的大型骨骼化石，目前则保存于麦加罗波利斯的古迹博物馆中。将近2000年前，帕萨尼亚斯在同一座城市里看到了供奉在神庙中的巨人骸骨。[37]

古代希腊-罗马世界周边的巨型骨骼

古希腊人和古罗马人在陆地上发现的最为壮观的骨架基本上属于生活在第三纪和第四纪的长鼻目物种，即中新世—上新世的巨型乳齿象和早期象科动物（这些象科动物后来进化成更新世和全新世的巨型猛犸象和其他象科动物）。想象一下，挖出一根10英尺（约3米）长的象牙，或者在犁地的时候发现一根和你自己差不多高的股骨化石，那会令人何等兴奋！史前象科动物的股骨通常长3—5英尺（1—1.5米）。目前，希腊出土的最长的象牙化石是塞萨洛尼基亚里士多德大学的古生物学家伊万洁利亚·楚卡拉于1997年在马其顿地区发现的一对象牙。这对象牙长度超过14英尺（约4.3米），属于轭齿象，其骨骼常见于意大利、希腊以及爱琴海地区和土耳其西部（见图2.25）。[38]

原始的南方猛犸象（*Mammuthus meridionalis*）是一种分布于欧洲南部和亚洲的象科动物，生活于上新世—更新世。这种象科动物的肩高和亚欧大陆"古象"古菱齿象（约4米高）的高度一样，但是象牙略有弯曲，象牙长度约8英尺（约2.4米）。长毛象，又称真猛犸象（*Mammuthus primigenius*），象牙弯曲幅度很大，常见于欧洲北部和西伯利亚地区。但是在末次冰期，其分布范围延伸至欧洲南部，甚至于远在南方的麦加罗波利斯

图2.25 在希腊发现的最长象牙（约4.3米长）。乳齿象类包氏轭齿象，1998年发掘于马其顿。请注意左下方包裹在石膏中的肢骨化石。照片由伊万洁利亚·楚卡拉提供，亚里士多德大学，塞萨洛尼基

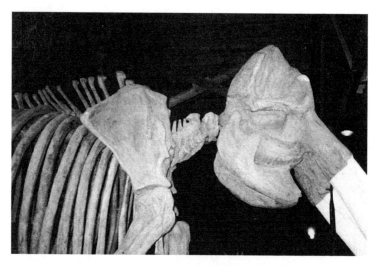

图2.26 长毛象骨骼遗迹。照片由本书作者拍摄

都留下了它们的巨型遗迹（见图2.10和图2.26）。长毛象站立位肩高为9—11英尺（2.7—3.4米）。分布于亚欧大陆的巨型草原猛犸象肩高超过14英尺（约4.3米）。很多巨型乳齿象物种，如狭齿嵌齿象（*Gomphotherium angustidens*）和拥有近10英尺（约3米）长直象牙的奥韦涅互棱齿象（*Anancus arvernensis*）的遗迹也见于古老的希腊-罗马世界。北非地区最大的史前陆生动物是奥西里斯互棱齿象（*Anancus osiris*）和非洲猛犸象（*Mammuthus africanavus*）等乳齿象科动物。[39]

　　除了象科动物，可供古人去发现的还有其他种类的陌生大型动物遗骨。在希腊和埃及的很多地方、小亚细亚、喜马拉雅山山脚均有新近纪巨型长颈鹿骨骼遗迹。犀牛类种群曾在第三纪和第四纪的欧洲和亚洲繁盛一时。伯罗奔尼撒地区曾栖息着三种犀牛，其中包括栖息地最靠南的大冰期古老披毛犀（*Coelodonta antiquitatis*）。黑海地区则有巨型的板齿犀（*Elasmotherium*）的遗迹。近期，人们在土耳其北部发现了重脚目新物种——一种类似埃及重脚兽（*Arsinoitherium*）的渐新世巨型犀牛。欧洲南部、黎凡特地区和北非地区则出土了大型和巨型河马（*H. amphibius* 和 *H. major*）遗迹。在欧洲南部、希腊、小亚细亚和黑海地区还有巨型洞熊和巨大的鬣狗、狮子、老虎等动物的骨架。

还有一种常见于亚欧大陆的尺寸惊人的化石——原牛（*Bos primigenius*）化石。这种巨型野牛（也叫作 aurochs）肩高约为 6 英尺（约 1.8 米），重约 1 吨，角长 3 英尺（约 1 米）。这种牛曾经广泛分布在欧洲和黎凡特地区，约于公元前 1850 年在希腊中部和意大利灭绝。熟悉法国拉斯科洞穴①（Lascaux cave）壁画的人可能会觉得这种原牛（和披毛犀）十分眼熟。这种牛还出现在克里特的克诺索斯（Knossos）的弥诺陶洛斯壁画中，壁画中的男男女女正在和巨型公牛表演杂耍。我认为，吕底亚农民在耕地时发现的革律翁巨牛群遗迹一定是这种原牛留下的（见帕萨尼亚斯的文献）。根据自然历史学家埃里亚努斯的记载，人们认为希腊西北部和阿尔巴尼亚地区的巨型野牛应该是革律翁牛群的后代。[40]

在下一章关于巨型骨骼的故事中，时间线索和地理线索的规模将是惊人的：从传奇的特洛伊战争时期（公元前 1250 年）到西罗马帝国的灭亡（公元 5 世纪），古希腊人和古罗马人最早记录了分布在希腊、意大利、埃及和小亚细亚、北非很多地区、

---

① 位于法国韦泽尔峡谷，洞穴内有 100 多幅保存较好的壁画，所绘形象以马居多，还有牛、驯鹿、洞熊、狼、鸟等，也有一些想象中的动物和人像。这些壁画为旧石器时期所作，距今已有 1.5 万—1.7 万年历史，画工精美，因而此洞有"史前卢浮宫"之称。

喜马拉雅山区的重要史前化石遗迹。在本章介绍的现代古生物学知识的基础上，我们将用一种全新的视角对这些记录进行解读。这些文献将不再只是突发奇想式的好奇心的产物，不再止步于迷信和想象，也不再只是被遗忘的历史注解，它们是一套连贯的证据，印证了古典时代的化石发现和古生物学探索活动的存在。

3

古代的巨骨发现

珀罗普斯①的巨型肩胛骨：化石的奥德赛之旅

特洛伊战争已经持续了将近10年。就在希腊人不堪战乱、疲惫万分之际，他们抓获了一名特洛伊先知，并命令他透露神谕的秘密。先知预测，除非希腊人把英雄珀罗普斯（Pelops）之骨带到特洛伊作为制胜法宝，否则他们永远也无法攻下特洛伊城。于是希腊人立刻派人乘船去奥林匹亚取珀罗普斯的巨型肩胛骨。

至帕萨尼亚斯记录下这个故事时（约公元150年），这个故事已经流传了几个世纪之久。早在特洛伊战争（约公元前1250年）爆发前，人们就把一些巨型骨骸奉为神话中的英雄珀罗普斯的遗骨。这些骨骸被收藏在奥林匹亚阿尔忒弥斯神庙的青铜箱子中。显然，珀罗普斯的肩胛骨——据说拥有魔力——有它专用的龛位。根据希腊神话，珀罗普斯是赫拉克勒斯的曾祖父，也是奥林匹克运动会的创始人之一。珀罗普斯年轻时，曾被分

① 希腊神话人物，其父坦塔罗斯因亵渎神祇而被罚入地狱后，他被特洛伊国王伊洛斯赶出了国土，流亡到希腊。

成小块，献祭给众神。当众神意识到他们所吃的是人之后，他们立即让珀罗普斯起死回生了。然而，珀罗普斯的肩膀已经被吃掉了，于是众神用象牙为他重新塑造了一个肩膀。奥林匹亚供奉的正是这块象牙质地的肩胛骨。长期以来，学者们一直试图解读围绕着这块肩胛骨的谜团，比如把象牙的光泽和珀罗普斯皮肤的光泽进行比较。但如果我们把这块巨型骨骼的尺寸和发现地点纳入考量范围，我们也许会得出一个更加合理的解释。[1]

奥林匹亚的巨型象牙质肩胛骨的故事表明，阿卡迪亚地区的史前遗迹对伯罗奔尼撒的英雄神话产生了一定影响。奥林匹亚位于阿尔斐俄斯河附近，周围的河谷埋藏着大量包括猛犸象在内的更新世哺乳动物化石。在这些地方被发现的肩胛骨和股骨尺寸巨大，质地坚硬，而且很容易被认出是哺乳动物的骨骼。同时它们还能直观地呈现出其所属动物的体形大小。根据希腊宗教学家瓦尔特·伯克特（Walter Burkert）的解释，这两种骨骼在古希腊宗教仪式中都拥有独特的意义。肩胛骨在宗教献祭和占卜方面扮演着尤为重要的角色。巨型猛犸象肩胛骨在一堆骨骼化石中非常引人注目，其尺寸也符合古人关于神话中英雄的搜索形象图。古人认为，神话英雄的身材要比当时的人高大许多。

象牙文物权威人士肯尼思·拉帕廷指出，年代久远的骨骼，尤其是在抛光之后，跟象牙很像。如果古人发现了一块半化石化的肩胛骨，这块肩胛骨看起来似乎属于人类但尺寸却巨大，我们不难想象，古人可能会将其抛光、打磨，令这块骨头呈现出象牙质感，进而将其尊奉为英雄珀罗普斯的遗骨。一旦这块骨头经过抛光、打磨并对外展示，人们就不可避免地要对它的来历和品相进行一番品评。这些品评又反过来让这件圣物变得更尊贵，要得到特殊礼遇才行。伯克特和拉帕廷的发现能够帮助我们解释为何巨型"象牙"肩胛骨会成为珀罗普斯神话故事的一部分，也解释了为何这块遗骨得到了专门的供奉。[2]

帕萨尼亚斯记载，人们是在特洛伊战争期间将这块象牙肩胛骨运送至特洛伊城的。人们在遗骨外面包裹上稻草，从奥林匹亚出发，用骡子将其运送至海边的库勒涅（Cyllene）港。在那里，人们把这块骨头送上了开往特洛伊的船。也许人们把它绑在了甲板上，又或者把它作为压舱石放在了船舱里。这块骨头大而扁平，又颇为笨重。如果这块肩胛骨属于南方猛犸象、长毛象或者古菱齿象，那么它应该有3—4英尺（0.9—1.2米）高，2—3英尺（0.6—0.9米）宽（见图3.1和图3.2）。一件大型史前长鼻目动物的肩胛骨化石重66—110磅①（29.9—49.9千克）。

几周的航行过后，珀罗普斯的遗骨安全抵达特洛伊城。正如特洛伊先知预测的那样，这块骨头见证了希腊联军对特洛伊的胜利。希腊人在取得胜利后，将遗骨装船，准备带着它返回故土。但是，运输船在埃维亚岛附近遭遇了风暴，珍贵的遗骨遗失在了茫茫大海中。[3]

很多年过去了。一天，一位年轻的渔民——埃雷特里亚的德玛莫诺斯（Damarmenos of Eretria）在撒网捕鱼时打捞上来一块大得吓人的骨头。德玛莫诺斯捕鱼的地点位于埃维亚岛附近的浅海。我们现在已经知道，这里正好是下沉的新近纪谷地，即第2章中提到的曾经生活着许多已灭绝动物的爱琴海大陆桥的一部分。德玛莫诺斯打捞上来的骨骼可能来自派克米式的哺

---

① 1磅约等于0.45千克。

图3.1 长毛象的肩胛骨。这是一块出土于希腊南部奥林匹亚地区的大型象科动物肩胛骨化石。在古代，人们可能曾把这块化石供奉为英雄珀罗普斯的肩胛骨。照片由本书作者拍摄

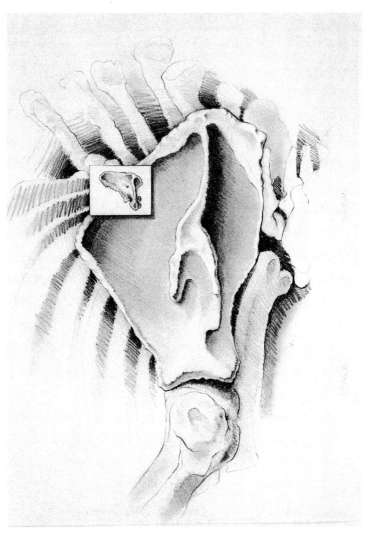

图3.2 人类肩胛骨（方框内）与猛犸象肩胛骨对比图。图片由克里斯·艾林森绘制，1999年

乳动物，也许是一头乳齿象、犀牛、爪兽或者恐象（见图3.3）。有许多现代人从海中打捞到大型史前陆生哺乳动物遗骸的例子，仅英吉利海峡和北海地区的渔民们不时打捞上岸的猛犸象骨骼就已达数千枚。[4]

　　意识到自己捞上来的东西应该极为重要，同时也担心这会给自己带来麻烦，德玛莫诺斯把这块大骨头埋在了沙子里，并对此闭口不谈。在那之后，这个秘密一直困扰着他。最终，德玛莫诺斯去了德尔斐神庙，寻求阿波罗的神谕，想知道这块骨头到底属于何方神圣，他又应当对此做何处理。说来也巧，当时埃利斯（Elis）城邦的代表正在城里寻求平息瘟疫的神谕。

　　在听到这两条问询之后，神谕回答道：只有珀罗普斯那经历过海难的肩胛骨能够平息埃利斯城邦的瘟疫。神谕要求这位名渔民把巨骨送回奥林匹亚。埃利斯城邦的人安排德玛莫诺斯

图3.3　如果渔民德玛莫诺斯从埃维亚岛海岸打捞上来的巨型骨骼确实属于新近纪的乳齿象，那么这幅图大致能够表现出这块骨骼的尺寸。图片由本书作者绘制

及其家人先走海路，将这块失踪已久的骨骼从伯罗奔尼撒地区的埃维亚岛运送至库勒涅山，再转陆路送至奥林匹亚。自此，这名渔民及其后代成了奥林匹亚珀罗普斯陵（Pelopion）的圣骨守墓人。考古证据显示，珀罗普斯陵遗址可追溯到公元前7世纪，当时，希腊英雄和远古先祖的骨骼是十分受人追捧的圣髑。也许，这块圣骨奇迹般地重见天日一事就发生在古代英雄骸骨崇拜兴起的时期。[5]

　　公元2世纪，帕萨尼亚斯旅行至奥林匹亚时，非常想一睹这块受人敬仰的肩胛骨。他找到了古老的阿尔忒弥斯神庙遗址。帕萨尼亚斯发现，神庙早已荒废，四周布满藤蔓，珀罗普斯的神龛依旧耸立，但其骨骼早已化为尘埃。帕萨尼亚斯写道："我认为，这块骨头命途多舛，恐遭磨损。它曾在海底度过了几个世纪，又历经了岁月的种种磨砺。"（确实，如果人们在奥林匹亚附近的化石床发现"原骨"，而德玛莫诺斯则是在埃维亚岛附近的一处被水淹没的新近纪谷地发现了骨头，那么原本丢失在海中的更新世动物骨骼就被一块中新世动物骨骼所替代了，而中新世比更新世早几百万年。）然而，即便帕萨尼亚斯的记录表明这块遗骨早已经残破不堪，人们却没忘记这块象牙骨。基督教早期教父亚历山大的克莱门（Clement of Alexandria）在其著作《劝勉希腊人》（*Exhortation to the Greeks*，约公元190年）中，在记述珀罗普斯遗骨神奇的历史后，将人们对珀罗普斯肩胛骨的崇拜斥为异教崇拜。[6]

　　帕萨尼亚斯记录的珀罗普斯遗骨事件是史前化石被视作已灭绝的巨人英雄的遗骨的最早范例。公元前5—公元5世纪，人们还记录了其他早期古生物学事件——古希腊人和古罗马人尝试对发现于他们所生活的世界各处的巨型动物骨骼遗迹进行定位、测量、对比、解读以及想象。贯穿人类与化石的接触史的永恒主题就在于此。人们认为这些巨型骨骼是神话中记叙的光辉历史的遗存，这给化石的拥有者带来了威望。众人对化石的含义争论不休，对它们进行的公开展示则是其影响力的重要部分。宗教神谕为平民发现的骨骼提供了"身份证明"，而世俗权威则试图利用它们。

鉴于各位作家常常将发现于他们各自所处年代的巨型骨骼和发现时间更早且分布范围更广的巨型骨骼进行对比，下文将带领大家环视古代世界。在罗马时代，已知的世界迅速扩张，巨型遗迹的地理分布范围也随之变得更宽广：从摩洛哥的大西洋沿岸地区延伸至英吉利海峡，东至喜马拉雅山山脚（见地图1.1、地图2.1、地图2.2、地图3.1、地图3.2、地图3.3、历史时间线和附录）。

古代寻骨热潮

公元前560年前后，德尔斐神谕告诉斯巴达人，如果他们想要打败对手——阿卡迪亚的泰耶阿人，就必须找到英雄俄瑞斯忒斯[①]（Orestes）的遗骨。希罗多德（约公元前430年）记录了英雄遗骨是如何让斯巴达的军队称雄伯罗奔尼撒的。

由于无法在战场上打败泰耶阿人，斯巴达人深感受挫，便造访了德尔斐神庙以寻求指引。神谕的回复是："把俄瑞斯忒斯

---

① 希腊神话人物，特洛伊战争中希腊联军的统帅阿伽门农的儿子。特洛伊战争结束后，阿伽门农回国，被妻子克吕泰涅斯特拉及其情人埃吉斯托斯杀害。俄瑞斯忒斯被母亲克吕泰涅斯特拉驱逐，长大后替父报仇。

带到你们的城邦去。"苦于找不到俄瑞斯忒斯的坟冢，斯巴达人又回到德尔斐神庙，向神谕请求线索。神谕的回复只是隐晦地提到了一家铁匠铺。英雄的骨头依旧无处寻觅。不过，这时恰好有一位叫利卡斯（Lichas）的斯巴达退役骑兵在休战期间滞留在了泰耶阿。他在和一个铁匠聊天时，听铁匠提到在自家院子里的一个惊人发现："我当时正在挖井，挖到了一个大棺材——7腕尺长（10英尺，约3米）！我不太相信以前的人比我们现在要高大，所以我打开了棺材——那棺材里的骷髅就跟棺材一样大！我量了量尺寸，然后就把它埋回去了。"

利卡斯假装自己是个来自斯巴达的流亡者，向铁匠租了一个房间。而后，他偷偷地挖开了那个坟墓，带着那些巨大的骨头潜逃回了斯巴达。斯巴达人四处宣扬自己重获俄瑞斯忒斯遗骨的消息，并将其隆重地安葬在城内。据希罗多德记载，斯巴达人获得这一镇国之宝后，很快就拿下了伯罗奔尼撒。

和麦加罗波利斯与奥林匹亚的情况一样，泰耶阿位于埋有猛犸象和其他冰期哺乳动物的遗迹的史前湖泊盆地之中。在了解此背景的基础上，古典学家乔治·赫胥黎整理了以下事件的顺序：公元前8世纪或前7世纪，人们开始对英雄遗迹产生崇拜，"人们发现了更新世的巨型骨骼"并"将其收殓于一个长为7腕尺的棺材"中厚葬；约1个世纪后，铁匠"在挖井时发现了被人埋葬的骨骼，这一消息传到德尔斐，随后，利卡斯找到这些骨骼并将其带到了斯巴达"。[7]

俄瑞斯忒斯遗骨解决了泰耶阿的战事，这就是历史学家们对这项古代古生物学发现的了解。这是一场巧妙的政治宣传，它所引发的一系列事件最终在伯罗奔尼撒战争中发挥了作用。这个策略也是泛希腊化寻骨热潮（Panhellenic bone rush）中最重要的插曲之一。古希腊各城邦争着要找到公元前7—前5世纪的巨大的英雄遗骨。偶然的化石发现激发了有目的的化石搜寻。每个城邦都寻求英雄遗骨赋予的"专属的荣光",这意味着神祇的偏爱和政治权力。这些瑰玮的骨头成了通往辉煌过去的重要物质纽带。[8]

雅典也陷入了对巨型骨骼的狂热搜寻。因成为寻找和辨别巨型骨骼的信息中心而名声显赫的德尔斐神谕所建议雅典人去斯基罗斯岛(Skyros)搜寻雅典英雄忒修斯(Theseus)的遗骨。根据雅典传说,忒修斯在公元前9世纪被人谋杀于此地——有人把他从该岛东北部的悬崖上推了下去。但是斯基罗斯岛居民认为谋杀事件纯属子虚乌有,并拒绝让雅典人在此搜寻忒修斯遗骨。

公元前476年,雅典将军客蒙(Kimon)占领了斯基罗斯岛。他将搜寻忒修斯遗骨作为个人使命。一次,他看到一只鹰撕咬一个土堆,便命人挖开此处。他们发现了一些巨大的骨头,旁边还有一些有着青铜枪头的长矛和刀剑(青铜时代的样式)。客蒙把这些骨头和武器装到自己的三桨战船上,返回雅典。在雅典,人们庄重地列队欢迎忒修斯的圣髑,并将其埋葬在城中心。客蒙本人也收获了相当可观的政治回报。斯基罗斯岛拥有众多早期希腊人的定居点和坟冢,其时间可追溯至公元前1000—前700年。岛上东北部地区的肥沃土壤含有中新世沉积岩,因此人们很有可能在此发现派克米式化石。客蒙发现的可能是几个世纪前人们在此以英雄之礼埋下的巨型史前动物骨骼化石,就像乔治·赫胥黎设想的俄瑞斯忒斯巨骨的发现过程一样。[9]

当年德尔斐神谕所传递出的对偶然发现的巨骨的解读和搜

寻英雄骨骸的指令有很多都在古代文献中流传了下来。仅帕萨尼亚斯一人就记录了20多条神谕。在搜寻遗骨的狂潮中，斯巴达人还在科林斯湾的赫里克找到了俄瑞斯忒斯之子提撒美诺斯（Tisamenus）的骨骸。奥林匹亚人把珀罗普斯之妻希波达米亚（Hippodamia）的遗骨安置在她父亲（战神阿瑞斯和巨人阿特拉斯①之女所生的巨人）的坟冢旁边。在不远处的阿尔斐俄斯河北岸，矗立着蜥蜴岭（Saurus's Ridge），它的名字来自一个被神话英雄赫拉克勒斯杀死的巨人。

公元前5世纪，为了平息维奥蒂亚地区奥尔霍迈诺斯（Boeotian Orchomenos）的瘟疫，神谕说一只乌鸦将会指明诗人赫西俄德的遗骨所在地。果然，人们告诉帕萨尼亚斯，他们看到有一只乌鸦正在一座空坟上胡乱抓刨，坟旁边散落着一些巨型骸骨。最后，人们恭敬地把这位诗人的遗骨重新安葬在了城市广场中。约公元前422年，曼提尼亚人在泰耶阿附近发现了阿卡迪亚英雄阿卡斯（Arcas，阿卡迪亚因其得名）的遗骨。麦西尼亚（Messenia）的居民们则把英雄阿里斯多美奈斯（Aristomenes）的遗骨从遥远的罗得岛迎回了故土。这让帕萨尼亚斯有些困惑，因为阿里斯多美奈斯原本应该是被斯巴达人杀死在了伯罗奔尼撒。（罗得岛确实存在大型史前动物遗迹，但是麦西尼亚同样也有。）帕萨尼亚斯还对阿尔戈斯城（Argos）所宣称的当地拥有存放着巨人坦塔罗斯（珀罗普斯之父）遗骨的小号青铜瓮一事表示怀疑，他说他在小亚细亚的西皮洛斯见过一座更宽敞、更适合存放坦塔罗斯遗骸的陵墓。

帕萨尼亚斯对名人遗骨的着迷最终变成了一种执念。他

---

① 希腊神话中的擎天巨神，属于泰坦神族。他被宙斯降罪，被罚以双肩支撑天穹。

承认他在雅典"有点受人讨厌",因为他想要打听俄狄浦斯
(Oedipus)的遗骨是如何被人从底比斯(这座城市曾经供奉好几
位英雄的神龛)偷运到雅典的。公元前600年,人们将英雄墨兰
尼波斯(Melanippos)的遗骨从底比斯运送到西锡安(Sikyon)。
神谕还曾预言过赫克托耳(Hector)的遗骨会让底比斯变得富
有。于是,底比斯代表团扬帆航行至特洛伊,想要从古战场发
掘特洛伊英雄赫克托耳的遗骨。公元前338年,底比斯落入马
其顿人之手时,腓力二世(亚历山大大帝之父)将神话中的音
乐家利诺斯(Linus)的遗骨作为战利品掠走了。(然而,腓力
二世之后由于一个梦而心生愧疚,很快就将这些骨骼还给了底

地图3.1 爱琴海世界。古代文献中记载的巨型骨骼发现地与现代脊
椎动物化石发现地对比图。该地图由米歇尔·梅厄·安杰尔绘制

比斯。）[10]

　　尽管帕萨尼亚斯勤于记录，但他的作品仅仅展现了古典时代希腊寻骨热潮的冰山一角。毫无疑问，无论是否有神谕相助，人们一定还找到并供奉了很多不那么有名的"英雄"的遗骨。这种踊跃造访名人遗迹的风尚为我们解释了为何之后罗马时代所记载的"英雄的骨骼"意味着大型史前动物骨架。古人眼中远古时代的巨大的英雄遗迹一定属于体形庞大的史前哺乳动物。如果这些遗骸上显现了一些非人类的特征，则可以为神话学范式所解释。人人皆知，神话中的巨人和英雄不仅在体格上比人类强壮，而且还可能有奇异的身体特征，比如有好几个脑袋或者类似动物的肢体（详见本书第5章）。

特洛伊的英雄之骨

　　赫勒斯滂（Hellespont，今土耳其达达尼尔）沿岸特罗德地区的民众对特洛伊战争中的英雄十分崇敬。在帕萨尼亚斯开始旅行的前几年，人们正在为发现希腊勇士——萨拉米斯的埃阿斯（Ajax of Salamis）的遗骨而兴奋不已。根据荷马神话，埃阿斯的坟墓位于累提安（Rhoeteum）岬角，进攻特洛伊的希腊战船曾在此地登陆。一名当地人向帕萨尼亚斯讲述了一些巨大的骨头在海水冲刷海滩的时候突然冒出来的经过。帕萨尼亚斯写道："那个人让我去猜猜埃阿斯的个头。仅仅是那些被医生称为磨石（髌骨）的膝盖骨，就有少年五项全能中要用到的铁饼那么大。"[11]

　　这段记录有一些地方值得注意。帕萨尼亚斯使用了解剖学术语来描述膝盖。如果帕萨尼亚斯真的是一位医生（如一些人所想的那样），他的职业就解释了为何他会在此使用医学术语，为何他对巨型骨架的解剖学结构如此着迷，以及为何他对参观阿斯克勒庇俄斯（Asklepios，医学之神，人们常常在其神殿展示巨型遗骨）神殿如此感兴趣。例如，在阿索波斯（位于伯罗奔尼撒南部）的阿斯克勒庇俄斯圣殿，帕萨尼亚斯检视了一些"巨大但显然属于人类"的骨骼。在麦加罗波利斯的阿斯克勒庇俄斯圣殿，另一组巨型骨骼看上去"大得不像是属于人类"，但是看守神殿的人曾告诉他，这些骨骼属于早期神话中的巨人。（如果这些神庙中的巨人骨骼是猛犸象骨骼，那么它们一定不含头骨，因为帕萨尼亚斯说他曾在意大利的一座神庙中检视过大象头骨和象牙。）[12]

　　在记录大型骨骼的文献中，有一点十分有趣：通过与熟悉事物进行类比来表现史前动物骨骼之大。帕萨尼亚斯关于埃阿斯的记录令考古学家兴奋不已，因为这证明了少年使用的铁饼比成年男子使用的铁饼要小。人们此前已发掘了许多成年运动员所使用的铁饼，其直径通常为6.5—9英寸（16.5—22.9厘米）。那么埃阿斯的膝盖骨到底有多大呢？也许有5—6英寸（12.7—15.2厘米）宽，略大于一张光碟。所谓的埃阿斯的骨骼很有可能来自中新世乳齿象或犀牛，它们的膝盖骨有将近5英寸（约12.7厘米）宽。特洛伊不断被侵蚀的海岸下的新近纪—更新世的沉积岩中富含这些动物和其他大型哺乳动物的遗迹。重要的是，当地知情人禁受住了拿天马行空的想象来向帕萨尼亚斯吹牛的诱惑。他没有把这块巨大的膝盖骨比作一块圆盾或者成年运动员使用的铁饼，没有夸大其词，而是进行了精准的描述。类似的记录表明，古人可能曾对史前动物遗骸进行过相对精确的测量和理性的讨论。[13]

论英雄

　　从特洛伊出发，穿过狭窄的达达尼尔海峡，古代的色雷斯半岛（加利波利半岛）上发生了一场独特的对话。智者菲洛斯特拉托斯于公元218年写成的《论英雄》常常被人们视作缺乏历史价值的演义作品。然而，这部作品却包含了不少关于大型化石发现的写实记述。全书共提到15处巨型骨骼发现地，其中13处拥有史前遗迹的地点目前已经得到古生物学家的证实，另外2处的地质环境也具备拥有化石床的条件。菲洛斯特拉托斯为深谙神话历史且对奇闻异事感兴趣的知识阶层写作。对于哲学界长期以来对巨型骨骼的缄默不语（针对这一问题，本书将在第5章进行讨论），他和他的读者们似乎有着清晰的觉知。读者们能够在菲洛斯特拉托斯为泰耶阿的阿波罗尼奥斯所作的传记中找到他对此的看法。阿波罗尼奥斯是一位接受过哲学教育并四处游历的贤者，他认为远古时代确实有过巨型生物，因为世界各地都已经发现了它们的遗迹。[14]

　　在《论英雄》中，菲洛斯特拉托斯将他虚构的古生物学研究者设定为一位乡村哲学家，从而有意识地弥合了哲学和大众知识对于英雄骨骼的认知差异。这场对话发生在赫勒斯滂附近的埃莱欧斯（Elaeus）。一位种植葡萄的老农在款待一位正在等待适航条件的腓尼基商人。这位正在学习哲学的农夫宣称自己了解特洛伊战争中的所有英雄。商人来了兴致，便问他有没有切实的证据能够证明古代英雄的平均身高真的有10.5腕尺（15

英尺，约4.6米）。

这位农夫历数了古代最著名的巨型骨骼：俄瑞斯忒斯长达7腕尺的骨架被斯巴达人从泰耶阿偷运回了斯巴达；某次地震后，一名牧羊人在吕底亚发现了巨型骨骼（柏拉图曾记录过此事，详见本书第5章）；近些年人们在奥龙特斯河沿岸发现了巨人阿里亚德斯的遗骨（帕萨尼亚斯曾经记录过此事，详见本书第2章）。他的祖父曾告诉他，罗马皇帝哈德良曾经拜谒过海峡对面因海水冲刷而重见天日的埃阿斯遗骨。这具遗骨体形巨大，膝盖骨十分突出。据说，哈德良"拥抱并亲吻了那些骨头，并将其进行了组合"。他拼出的是一副身高15英尺（约4.6米）的（看上去是）人的骨架。随后，哈德良在特洛伊为它修筑了精美的坟冢。（这一记述并非异想天开：哈德良确实曾造访过小亚细亚，并于公元124年和129年在特洛伊大兴土木。）[15]

商人提出了一个几乎所有科学家、人类学家和民俗学家都会问当地知情人的问题："但是，你本人是否亲眼见过哪位英雄的遗骨呢？"农夫回忆道，40多年前，他曾穿过海峡，前往西革昂（Sigeum，累提安附近，曾经是希腊英雄阿喀琉斯的埋葬地），为的是去参观岬角的石洞中因受侵蚀而露出的一副大型骨架。农夫解释道，这具骨架的发现（约公元170年）曾轰动一时。在遗骨尚未被海水吞没的那两个月内，大批参观者从赫革斯滂、安纳托利亚，乃至伊兹密尔、爱琴海诸岛等地涌入西革昂，想要近距离一睹为快。这具遗骨的上半部分隐藏在山洞中，但其在岬角上向外延伸的部分长约33英尺（约10米）。这些遗骨虽然看起来像是人的，但人们对此却意见不一。最终，一条神谕提点道，这些遗骨属于伟大的勇士阿喀琉斯。这正与荷马在《伊利亚特》中所记述的地理位置吻合。如果我们把这些遗骨当成是某一只动物的，那么其尺寸也大得太过离谱了。但若考虑到爱琴海地区化石遗迹被发现时所处的状态，我们就会意识到，这位农夫为我们提供了大型骨骼化石组合露出西革昂海岬断崖的实证记录。[16]

这位农夫继续说道："四年前，我的朋友海姆尼奥斯（Hymnaios）正在阿洛尼索斯（Alonnisos）除藤，其间，他的铁铲碰到了什么东西，发出了声响。"他和他儿子把土刨开之后发现，地里"躺着一具将近18英尺（约5.5米）长的骨架"。他们询问了神谕，神谕表示这具骨架属于巨人-神祇之战中陨落的巨人。他们小心地重新安葬了这些骨骼。阿洛尼索斯岛（古称Ikos）是从埃维亚岛分离出的上升地块，这里有中新世沉积岩，但还没有古生物学家在此进行考古发掘。如果说这个人和他儿子发现的是某种派克米式哺乳动物化石——一头乳齿象甚至是恐象（肩部高度约4.6米），都是合理的假设。[17]

关于巨型骨骼，这位农夫还分享了更多新的发现："去年"，这位农夫曾和一些朋友出海前往利姆诺斯岛，参观因地震而被斯泰拉的梅涅克拉特斯（Menecrates of Steira）发现的巨型骨架。"我们发现这些骨头已经完全散架了。椎骨四分五裂，肋骨也从脊椎上被扭了下来。"但是，当他检查整副骨架和单块的骨头时，他发现这副骨骼大得吓人，简直难以言喻。这种生物的头骨"比两个克里特双耳瓶（Cretan wine amphora）的容量都大"！那些认为这一叙述佐证了该遗迹与某种丧葬礼仪相关的古典学家会错了意。我认为，古代的研究人员是在试图确定颅脑容量，而不是在举行某种祭酒仪式。

菲洛斯特拉托斯以日常容器双耳壶的容量为参照，展现了颅骨的大小。作为酿酒人，这位农夫在测量容量时自然首先想到陶制酒壶。我们知道，标准希腊双耳壶容量约为39升，而标准罗马双耳壶容量约为26升。不过，这篇文献是现存的唯一使用克里特双耳壶作为测量参照的古代文献。直到近期，人们才发现了克里特双耳壶实物——法国考古学家在克里特发掘出双耳壶，并测定其容量为20—24升。对于法国考古学家而言，《论英雄》中的这段独特的记载证明了克里特双耳壶与希腊、罗马双耳壶一样，都曾被用作计量学标准。对于我们而言，这表明这位农夫想要进行精确的测量，而测量容器的容量略小于罗马双耳壶的容量。

这位农夫和他的朋友们估测，利姆诺斯岛上的头骨容量为40—48升。我联系了史前长鼻目动物专家阿德里安·利斯特和威廉·桑德斯，向他们询问这一数字是否和早期象科动物的脑容量相符。桑德斯表示，若气骨与颅骨相互脱离，就会给观察者造成"该生物脑容量很大的印象"。根据利斯特提供的数据，若对成年公象头骨进行观察，人们会认为其颅骨容量约为70—100升；10岁的大象则是40—50升。已灭绝的大型乳齿象的头骨看上去有20—70升的脑容量。因此，这位农夫的估测对于中新世哺乳动物的头骨容量而言并不离谱。这种动物与在萨摩斯岛和大陆上的一些地区发现的动物类型相似。直到2万年前，利姆诺斯一直属于小亚细亚半岛，那里有始新世和渐新世（5500万—2300万年前）沉积岩。目前，人们尚未在利姆诺斯开展现代考古学研究，但是菲洛斯特拉托斯（利姆诺斯当地人）的记录显示，此处似乎是值得探索的。[18]

最后，这位农夫说到了最近发生的事情："今年"，瑙洛库斯（Naulochus）的伊姆布罗斯岛（位于今土耳其）西南角坍塌入海，露出了一具巨大的遗骨。"坍塌的那块陆地把巨人也一同带走了，要是你不信，我们现在就坐船去看，那副骨架现在还能被看见，而且航程也不远。"我们当然应该相信他。在这位农夫夸下海口约1800年后，土耳其古生物学家谢夫凯特·森告诉我，1997年夏天，一名法国游客真的在伊姆布罗斯岛发现了一块巨大的骨头。森认定这是一块中新世乳齿象的股骨，是岛上西南部十分常见的化石遗迹。[19]

要是想要寻找关于已灭绝巨人曾经存在的更多证据，这位农夫建议商人前往科斯岛，因为那里埋葬着巨人的女儿们；也可以前往弗里吉亚（Phrygia）参观巨人许罗斯的遗骨；抑或去色萨利参观陨落巨人的遗骨。在意大利维苏威山附近，人们在一处被称作"燃烧原野"的地区（佛勒格拉）展示被众神杀死的巨人的遗骨；在奥林匹亚，人们膜拜革律翁的遗骨。帕勒涅地区，包括卡桑德拉半岛（Kassandra Peninsula）、哈尔基季基（Chalkidiki）和希腊北部地区，也埋葬着大量巨人遗骨。这里的"暴风雨和地震使巨人的巨型骨骼露出地表"。不出所料的是，以上提及的所有地点都拥有化石床。

最后，这位农夫还描述了特洛伊战争中的血腥场景：阿喀琉斯的食肉战马攻击了亚马孙女战士，在卢克岛（Leuke）把女战士们咬得血肉横飞。卢克岛位于黑海多瑙河河口对岸，又被称为"蛇岛"（Zmeinyi Island）。目前，该岛还未对古生物学研究开放，但这里可能拥有与大陆上相似的含有更新世大象、犀牛和马化石的化石层。亚马孙女战士和战马之间的血腥战争，让我们想起亚马孙女战士与战象之间的战斗（详见本书第2章），普鲁塔克曾用此来解释萨摩斯岛上的化石。[20]

巨人尺寸的测算

《论英雄》把当时普通民众的发现置于对地中海地区已逝的英雄和巨人的历史发现的语境中。其对遗迹露出的状态的描绘是写实的，对遗迹进行的测量也被记录了下来。古代科学史学家杰弗里·劳埃德评价道，那些对巨人遗骨的记述中体现的对测算的重视是"惊人"的，即便有所夸大。在历史文献中，"测算极为罕见"，"在许多理应测算的情形下都是缺失的"。

然而，我们看到，测算并记录埋藏学细节是记录巨型遗迹的传统的一部分。人们对精确的（即便是伪造的）测算尺度的运用，说明他们渴望抒发对物证的惊叹之情并精确记录这些发现以传给后代。我们要知道，为了拼成两足巨人的搜索形象图，大型哺乳动物的肢骨很可能被纵向组合，由此极大地增加了四足动物的"身高"（见图3.4和图3.5）。摩尔达维亚（位于

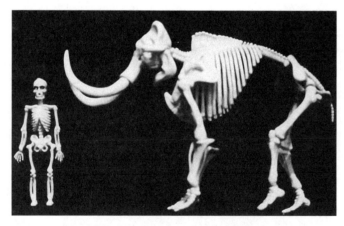

图3.4 猛犸象骨架和人类骨架的模型。照片由本书作者拍摄

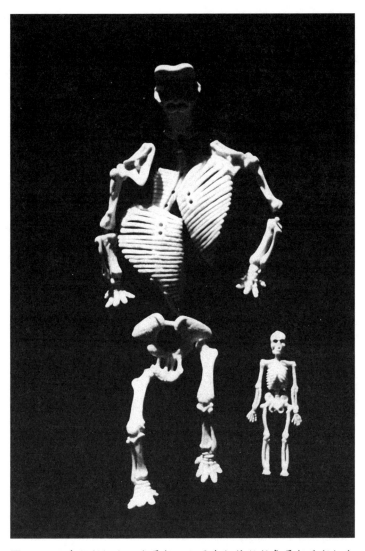

图3.5 两脚猛犸怪和人类骨架。如果我们将猛犸象骨架重新组合成两足巨人，并与人类骨架进行对比，就能理解古希腊人是如何对发现于地中海地区的众多巨型骨架进行解读的。照片由本书作者拍摄

黑海西北部，古代达契亚地区）的一座小村庄的考古发现能勾起我们对古人发现巨量遗骸时的情景的想象。1843年，一些农民在农田里耕作时发现了很多巨型骨骼。一位牧民将这些骨骼捆在一起，组合出了一个直立巨人的形象。人们"蜂拥而至，载歌载舞"，赞扬牧民重塑圣人的行为。不过，当地的军政长官认为这具遗骸属于一位身材高大且拥有巨大臼齿的古罗马士兵。不久之后，宗教领袖夺走了这具骨架并将其砍成了碎片。然后，神父们举办了正式的仪式，将骨骼埋葬在土里，撒上种子，让它无迹可寻。但是，一位老妇人偷偷藏起了这副遗骸的巨型下颌骨，这使后来的古生物学家得以判定这位巨人的真实

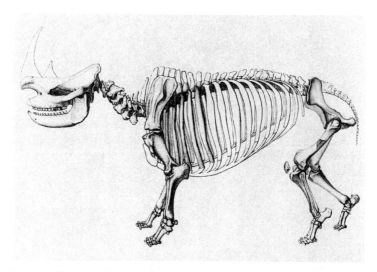

图3.6 犀牛化石常见于巴尔干地区和亚欧大陆的其他一些地区。摩尔达维亚当地人重组的骨架与此图类似，为两足巨人的形象。此样例（犀牛，*Rhinoceros pachygnathus*）是希腊派克米的新近纪物种，站立位肩高约5英尺（约1.5米），股骨长约20英寸（约50.8厘米）。戈德里，1862—1867年，《动物化石与阿提卡地质（图册）》彩插31

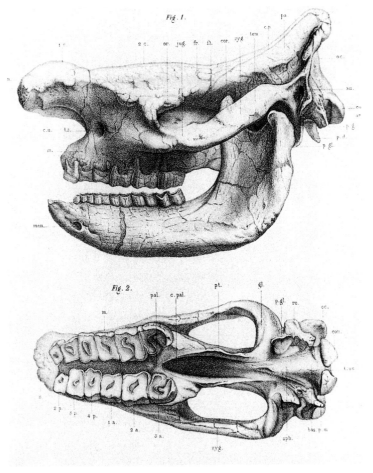

图3.7 希腊派克米出土的犀牛头骨，长约26英寸（约66厘米）。1843年，摩尔达维亚出土了一枚类似的头骨，被人们当作巨人头骨。戈德里，1862—1867年，《动物化石与阿提卡地质（图册）》彩插27

表3.1 古代作家记录的巨型骨架的尺寸范围

近似"高度"（英尺）	巨型骨骼（出处）
10	俄瑞斯忒斯（希罗多德、菲洛斯特拉托斯、老普林尼、索里努斯）
10+	奥古斯都的巨人（老普林尼）
14	普罗忒西拉奥斯（菲洛斯特拉托斯）
15	阿斯特罗斯（帕萨尼亚斯）
15+	埃阿斯（菲洛斯特拉托斯）
15+	奥龙特斯或阿里亚德斯（帕萨尼亚斯）
18	阿洛尼索斯巨人（菲洛斯特拉托斯）
33	阿喀琉斯（菲洛斯特拉托斯）
34	塔曼半岛骨架（弗勒干）
34	迦太基巨人（弗勒干）
40	司考路斯海怪（老普林尼）
45	阿里亚德斯（菲洛斯特拉托斯）
47	克里特巨人（索里努斯）
53	色萨利巨人（菲洛斯特拉托斯）
68	克里特巨人（菲洛得摩斯）
69	克里特巨人（老普林尼）
85	安泰俄斯（普鲁塔克、斯特拉波）
140	玛可洛希斯（弗勒干）
骨骼、牙齿和象牙	
40—48升	利姆诺斯头骨（菲洛斯特拉托斯）
直径5英寸（约12.7厘米）	埃阿斯的膝盖骨（帕萨尼亚斯）
1英尺（约0.3米）长	本都英雄的牙齿（弗勒干）
人类的100倍	乌提卡的下颌骨（奥古斯丁）
3英尺（约0.9米）长	卡吕冬野猪牙（帕萨尼亚斯）
周长27英寸（约68.6厘米）	卡吕冬野猪牙（普罗科匹厄斯）

面目——一头现已灭绝的犀牛（见图3.6和图3.7）。[21]

　　古代作家留下的一些非同寻常的尺寸记录，也许是在试图展现多种动物的骨骼混在一起构成的骨架之大。人们很可能对杰出的发现进行夸大，尤其是在延续了多个世纪的口述和转录抄本的传统下。有些不同发现的记录被混在了一起，有的数据则变得虚高。一些十分离谱的尺寸记录导致学者们对古代所有关于"巨型骨骼"的记录的准确性产生了怀疑。但是，也有一些反复出现的尺寸在几个世纪中保持不变，比如俄瑞斯忒斯7腕尺长的巨骨（这是人类现存的关于化石尺寸的最早记录，作者是公元前5世纪的希罗多德）。我们看到，有些测算者会有意识地通过对比参照物来避免数据夸大（比如参照一个少年用铁饼或克里特双耳壶）。表3.1显示了古代作家记录的尺寸范围（从写实到夸张）。这一范围反映了一种在大众科学领域持续存在的冲突：为了修辞效果而夸大奇异现象的冲动和为了探究现象背后的意义而维持准确性这两者之间的冲突。[22]

摩洛哥的一副巨型骨架

　　约公元前81年，罗马统治者昆图斯·塞多留（Quintus Sertorius）在廷吉斯（Tingis，今摩洛哥丹吉尔）发现巨型骨架。以上提及的因素在其中起了重要作用。当时，廷吉斯人为拥有一座特别的坟冢而感到骄傲，他们认为这座坟冢里埋葬着他们城市的建造者——巨人安泰俄斯（Antaeus）。安泰俄斯是神话中的北非食人魔。他擅长摔跤，无人能敌，后来被赫拉克勒斯所杀。当地人认为，赫拉克勒斯随后和安泰俄斯的遗孀廷加（Tinga）结合，并生下了索法克斯（Sophax），即廷吉斯的第一任国王。将信将疑的塞多留命令士兵开挖坟冢。挖出来的这具巨型骨骼简直让他瞠目结舌——约60腕尺（约85英尺，约25.9米）长。他本人肯定了廷吉斯神话的真实性，并以极高的礼遇重新安葬了巨人安泰俄斯。

"除非这座坟冢里面埋葬的是某种前大洪水时代的动物，否则塞多留根本不可能发现一具长达60腕尺的骨架。"在未对摩洛哥古生物学进行了解的情况下，一位现代的评论家对塞多留的发现记录嗤之以鼻，并声称普鲁塔克的记录只不过展示了塞多留在操纵当地人的信仰上有多精明。但是对我们来说，这是古生物学历史上的一起重要事件——这似乎是人类对摩洛哥新近纪化石的最早记录。当地流传的关于巨人安泰俄斯的故事与希腊神话中巨人的地理分布一致，且骨骼的发现地点也与化石床的分布相符。历史学家盖比尼乌斯（Gabinius，如今人们仅能通过残篇认识他）和斯特拉波表示，这名巨人埋葬在利克苏斯（Lixus，即拉腊什），廷吉斯以南约40英里（约64.4千米）的大西洋海岸上。老普林尼也记录了安泰俄斯被埋葬在利克苏斯这一点，但他拒绝记录这一地区的"神奇"传说，并抱怨当地的语言极为拗口、难以发音。

究竟何种动物的骨架会被当作巨人安泰俄斯的遗骨呢？居维叶曾说过，古人通常会"把巨型骨架的尺寸夸大到最大的大象化石的8—10倍"。根据居维叶的公式，我们可以估测出这具骨架原本可能长9英尺（约2.7米）。古代廷吉斯和利克苏斯附近的化石床埋藏有新近纪的大象（四脊齿象、互棱齿象）、非洲猛犸象、巨型长颈鹿和始新世的鲸鱼的骨骼遗迹，而始新世鲸鱼的骨架长度可达70英尺（约21.3米）。上述任意一种动物的骨架都令人震撼，足以激发古人的想象。[23]

克里特巨人

塞多留在摩洛哥停留期间，罗马的将军们在克里特发现了另一具令人震惊的骨架。在与克里特海盗的战争中（约公元前106—前66年），一场大型雷暴使一些河流暴发了洪水。据历史学家索里努斯（Solinus）记载，洪水退去后，河床坍塌，露出一具长约33腕尺（47英尺，约14.3米）的骨架。罗马将领梅特鲁斯·克里提库斯（Metellus Creticus）和卢修斯·弗拉库斯（Lucius Flaccus）听说了传闻，从剿灭海盗的战事中抽身，调查这一奇物。我们可以想象，他们穿过那些在巨骨面前目瞪口呆的围观群众；也许，这两位将领还为遗骨举行了隆重的重新安葬仪式。现代学者只把索里努斯（约公元200年）视作老普林尼的抄写员，但是只有索里努斯描述了这起特殊的古生物学事件。老普林尼曾经记录了一具比这更大的因地震而露出地表的克里特巨人遗骨，加达拉的菲洛得摩斯（Philodemos of Gadara，约公元前110—前40年）还记录了另一具发现于克里特的长48腕尺的骨架。[24]

在克里特，更新世和全新世（最近1万年）哺乳动物化石埋藏于海边的洞穴或其他一些地方。早期的欧洲旅行者留下的记录显示，他们曾点着蜡烛对这些神秘的骨石窟进行观察。僧侣们"端着他们的蜡烛往来穿梭"，照亮了这些据说"属于过去时代的"巨人。僧侣们通过触摸自己身体的相应部位辨别出了股骨和肩胛骨。受到这些早期记录的鼓励，1903年，大英博物馆的古生物学家多萝西娅·M. A.贝特（Dorothea M. A. Bate）伪装成男性，前去克里特探索。村民们带领她沿着崎岖的海岸找到了这些遗骸。她辨认出了7种已灭绝的哺乳动物物种，其中包括大型和小型更新世大象。

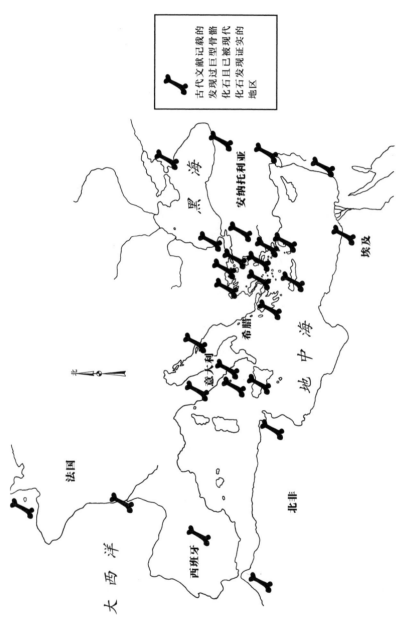

地图3.2 地中海世界。古代文献中记载的巨型骨骼化石和现代脊椎动物化石发现的对比图。该地图由米歇尔·梅厄·安杰尔绘制

图例（从上至下）：

古代文献记载的发现过巨型骨骼化石目已被现代化石目发现证实的化石发现证实的地区

目前，人们对于贝特发现大型大象骨骼的事情尚有争议。有些古生物学家怀疑克里特是否有大型长鼻目动物的存在，并认为克里特仅有矮象。但是根据索里努斯、菲洛得摩斯和老普林尼对于大型骨架的记载（即便有所夸大），我们似乎可以肯定贝特的发现，这些记载也表明克里特可能拥有体形超出人们预料的史前动物的遗迹。[25]

帕勒涅的巨型骨骼

在记录了克里特巨人后，索里努斯还引用了老普林尼的"人体测量法"——一种由解剖学引申出的计算方法，比如利用臂展来测定身高。随后，他对帕勒涅地区（哈尔基季基的卡桑德拉半岛）的巨型骨骼露出地表的过程进行了详细的描述："在人类来到帕勒涅之前，众神与巨人在此地开战"，巨人被毁灭时遗留的痕迹"如今依然可见，一旦出现暴雨，激流冲垮堤岸，洪水涌入了农田，你就能找到巨人的遗骨。有人说，即便现在，人们也还能在河沟里发现这些巨型遗骨，这些骨骼就像是人类的一样，只不过体形远大于人类"。值得注意的是，索里努斯把这些巨人出现的时间设定在了人类尚未出现的远古时代。菲洛斯特拉托斯也提到过暴雨和地震使帕勒涅地区的骨骼出现在地表；而帕萨尼亚斯和其他作家则把卡桑德拉半岛看作巨人的出生地，也是巨人-神祇之战的主战场之一。

1994年，一位村民在修路时发现了巨型牙齿。直到那时，古生物学家才了解到帕勒涅的巨型骨骼。神话中巨人的故土成了巨型恐象和中新世乳齿象踱步的乐园。伊万洁利亚·楚卡拉（亚里士多德大学，塞萨洛尼基）目前正在发掘卡桑德拉半岛上的化石床，这里的化石床含有大量乳齿象化石。在卡桑德拉半岛的其他地区还有众多乳齿象、洞熊和犀牛的化石。[26]

怪物和龙的遗迹

并非所有史前动物骨架都符合人类对于巨人或者英雄的想象。我们知道，早在公元前5世纪，萨摩斯岛上的中新世乳齿象和长颈鹿化石就被古人视作生活在人类出现之前的原始动物（详见本书第2章）。其他关于怪兽和龙的描述也与人类观察到的非同寻常的大型脊椎动物化石有关。

印度巨龙

公元1世纪，泰耶阿的阿波罗尼奥斯曾从小亚细亚旅行至喜马拉雅山脉南部山脚下。根据他的记载，当时的印度北部有大量身形庞大、种类不同的龙祸乱人间。菲洛斯特拉托斯曾根据阿波罗尼奥斯的信件和手稿（今已失传）为他编写传记，他这样写道："群山峻岭、乡间田园，皆有巨龙。"当地人编造出关于捕猎这些巨龙的传奇故事，比如用魔法将龙引出地面来取龙头骨中的宝石。

人们在帕拉卡（Paraka）展示这些猎龙行动的战利品。帕拉卡是山脚下的一座重要城市，据说"在城市中心，供奉着很多龙的头骨"。然而，我们尚未找到古帕拉卡的具体位置。鉴于印欧语系中K和sh在语言学上的相关性，帕拉卡是否就是"Parasha"，即白沙瓦（Peshawar）的古称呢？至公元1世纪，白沙瓦已是塔克西拉（位于今巴基斯坦）以北、开伯尔山口东端的重要中心。有趣的是，根据公元500—640年中国行者的记载，塔克西拉北部恰好有一处著名的佛教圣地，传说供奉着佛所施赠的一千枚佛首。[27]

　　阿波罗尼奥斯和他的同伴经白沙瓦的谷地旅行至塔克西拉，又朝东南方向沿皇家公路来到了恒河平原。他们的路线恰好绕着西瓦利克山脉，途经一片绵延千里（从克什米尔至尼泊尔）的与喜马拉雅山脉平行的山麓地带。西瓦利克的地质构造使其拥有大量丰富的脊椎动物化石床。古生物学家埃里克·比弗托表示："第三纪晚期生物化石遍布喜马拉雅山山脚那片裸露的土地，塔克西拉肯定也有类似的化石层。"从山坡上到风化的悬崖边，再到泥泞的河床里，从克什米尔到恒河沿岸，当地人极有可能看到过很多奇怪的骨架。它们可能来自巨型鳄鱼（长20英尺，约6.1米），巨型龟（和派克米地区发现的龟类似，体形约等于一辆小型轿车），铲齿象、剑齿象和长有凸出眉骨的古印度象（*E. hysudricus*）等史前象科动物，犀牛，外形奇特的爪兽和石炭兽，巨型长颈鹿和巨型西瓦兽（由印度神湿婆而得名）。西瓦兽是一种外形类似驼鹿的长颈鹿，体形与大象相仿，长有巨型鹿角。我认为帕拉卡陈列的龙头有可能包括上述某些奇特动物的头骨（见图3.8—3.11）。

　　在阿波罗尼奥斯对龙的众多描述中，有几处细节令古生物学家眼前一亮。据说，高山龙比沼泽龙体形更大，而沼泽龙则拥有尖利、弯曲的长牙。沼泽龙与大象发生冲突，双双死亡之后，它们纠缠在一起的尸体成了寻龙猎人的一项重大发现。高山龙颈部较长，拥有凸出的眉骨和深陷的眼窝，所以看起来十分吓人。它们的头上还长有头冠，这些头冠在幼龙时期还比较小，成年后则引人注目。男人和男孩们搜寻藏在它们头骨中的宝石，这些宝石色彩斑斓，"光彩夺目"。人们说，这些龙钻入

图3.8 埋藏在土里的巨型鳄鱼头骨化石（长吻鳄，1200万年前），位于塔克西拉附近，西瓦利克山脉，巴基斯坦。尖吻鳄（*Leptorhynchus crassidens*）长17—25英尺（5.2—7.6米）。照片版权属于约翰·巴里，哈佛大学皮巴蒂博物馆

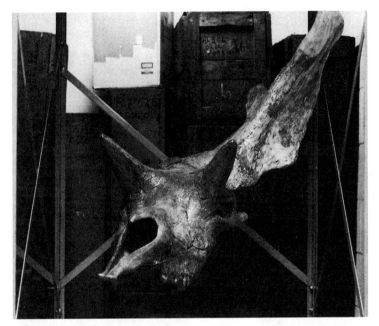

图3.9 西瓦兽的巨型头骨，长约3英尺（约0.9米），一只角已经遗失，出土于西瓦利克山脉。照片由尼科斯·索罗尼阿亚斯提供

地下的时候会发出地动山摇的巨响。这些图景让我们回忆起萨摩斯的怪物内阿德斯与地震之间的关系——确实，西瓦利克地区经常发生严重的地震。

　　据说，低地龙拥有扭曲的长牙，其化石通常与人们熟悉的大象化石一起出现。这种对低地龙的想象可能来自长鼻目物种的化石组合，其中有些与当时存活的大象的骨骼外观相似，而另外一些则长有奇怪的下颌和长牙。古印度象的头骨可以通过凸出的眉骨来辨认。眉峰高耸、眼窝深陷、颈部较长等特征也与巨型长颈鹿和巨型西瓦兽（头骨约有3英尺，约0.9米长）的头骨外形相符。至于头冠，这两种长颈鹿头骨中眼窝后方的位

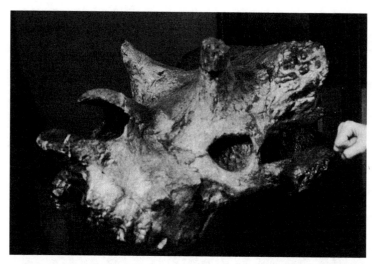

图3.10 西瓦兽头骨残部（角部遗失），出土于西瓦利克山脉。照片由尼科斯·索罗尼阿亚斯提供

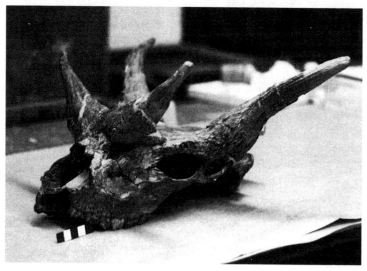

图3.11 外观似龙的巨型长颈鹿头骨，出土于西瓦利克山脉。照片由尼科斯·索罗尼阿亚斯提供

置长有两对骨状赘生物。西瓦兽的掌型鹿角巨大无比，而颈部更长的巨型长颈鹿的四只角则从它细长的头骨（长约20英寸，约50.8厘米）向后延伸。在幼年动物身上，这些结构会略小一些。

那么龙头骨中的那些宝石又是怎么一回事呢？这条线索似乎和某些特定化石的埋藏学特征有关。还记得前文提到的被巴伐利亚士兵偷走的那个被"闪亮钻石"（其实是方解石晶体）包裹着的派克米头骨，还有老普林尼曾经提到的骨髓被透明石膏结晶体逐渐替代的西班牙动物化石吗？我认为，印度民俗故事中提到的龙头骨中的宝石很可能就是那些矿化骨骼上的晶体。最早对西瓦利克化石进行观察的现代研究者证实了我的想法：闪亮亮的方解石和管状透明石膏在西瓦利克化石中随处可见。

1834—1842年，在阅读了古老的波斯传说和旅行者关于该地区的大量骨骸的记录后，古生物学家休·福尔克纳（Hugh Falconer）成了第一位发掘西瓦利克山脉丰富的化石贮藏的科学家。当地的首领向福尔克纳展示了一些被称为"拉克沙"（Rakshas，意为"巨人"）的巨型生物遗迹，这些生物是被印度史诗中的一位神话英雄毁灭的。西瓦利克当地人长期以来收集一种名为Bijli ki har（意为"雷霆之骨"）的东西，因为他们认为这种东西具有魔力。福尔克纳第一次到西瓦利克地区，就在6个小时之内搜集了300多块大型骨骼。他对这里多彩的矿物和化石的"装饰性"特质感到十分惊讶：骨骼虽然漆黑，但骨髓的缝隙中满是闪亮的晶体。1836年，福尔克纳搜集了超过250枚长鼻目动物和长颈鹿科动物的头骨，其中许多头骨是完整的。1848年，他将超过5吨的化石运送至伦敦的几家博物馆。自福尔克纳之后，许多古生物学家继续对西瓦利克地区丰富的化石层进行发掘。他们也在曾被当作"龙骨"的化石上发现了方解石晶体。[28]

在古代，菲洛斯特拉托斯保存下来的这些阿波罗尼奥斯收集的印度北部地区关于龙的民俗传说曾被斥为无稽之谈。不少现代学者也仅仅把关于"龙"的记录当作耸人听闻的故事。但如果我们能考察阿波罗尼奥斯旅行线路周边的化石分布情况，并像解读斯基泰人的格里芬神话或是中国关于龙骨的记录那样来解读这些印度传说，那么似乎毫无疑问，古代印度北部地区关于龙的传说很可能是人们接触到举世闻名的西瓦利克化石床并受其影响的产物。

会飞的埃及爬行动物

希罗多德旅行至埃及时，听到了一些关于会飞的爬行动物或带膜状翅的龙的民间传说。为了求证，他特意旅行至布托城（Buto，位置不详）附近。在一条通往沙漠的狭窄通路上，埃及向导把"堆积成山的大大小小的骨骼和脊椎残骸"指给他看。在希罗多德的记录中，这段描述是最为含糊不清的片段之一。古典学家和隐生动物学家长期以来对希罗多德当时在哪儿、看到了什么感到困惑不解。到底是一大堆死蝗虫还是伞蜥？会不会是翼龙化石？人们提出了诸如此类的种种猜测。

鉴于希罗多德看到的是骨架而不是活着的样本，我们有必要考虑埃及存有的化石种类。这些关于有翼爬行动物的描述是不是基于古人复原翼龙甚至棘龙遗骸的尝试呢？棘龙是一种生活在白垩纪的大型爬行动物，背部长有一列膜刺。人们认为布托城位于尼罗河东部，然而棘龙至今仅出土于埃及西部地区，这与后来的古罗马作家西塞罗关于出现在沙漠西部的有翼爬行动物的记录相吻合。无论它们是什么动物，希罗多德曾经见到

地图3.3 南亚。希腊-罗马文献中关于巨型骨骼的记载与现代脊椎动物化石发现的对比图。该地图由米歇尔·梅耶·安杰尔绘制

的无数骨骼遗骸很可能是古埃及人收集并放置在神庙的化石遗迹。希罗多德的描述让人回想起考古学家在尼罗河沿岸的两座神殿中找到的成吨的化石化骨骼（详见本书第4章）。[29]

爱琴海的怪物

在罗马时代，一场大火沿着比利牛斯山山脚下的山谷肆虐希俄斯岛（Chios），摧毁了一片茂密的森林。一个在大火肆虐后的岩石间走过的人——也许是一位牧羊人——发现了一具骇人的骨架。农民们聚集在一起，对椎骨和头骨的惊人尺寸啧啧称奇。我们可以想象，人们聚集起来之后，连续几天都处于这种节日才有的氛围之下。各家各户齐聚于此，大开眼界。罗马时代的博物学家埃里亚努斯写道，人们认为这具遗骸属于曾经威服此岛的传说中的巨龙（埃里亚努斯查阅过关于此事的希俄斯岛历史记录，但该文本已失传）。埃里亚努斯说："看着这些巨型骨骼，村民们就能够想象这头怪物在活着的时候是多么大、多么可怕。"

在地质构造上，希俄斯岛是小亚细亚的延伸，岛上确实埋藏有大型中新世动物骨架，包括恐象和乳齿象的骨架。一场森林大火完全有可能让某处埋藏的化石重见天日。确实，据古生物学家尼科斯·索罗尼阿亚斯说，他也是因为森林大火后岩石结构和化石裸露于地表，才在萨摩斯岛发现了被古人称作"弗洛伊昂"的化石床。

化石遗骸可以解释古代采石工人在希俄斯岛开采石板时的种种奇遇。工人们还把一种在石头里发现的印痕叫作"潘神①（Pan）之首"。据西塞罗所说，公元前1世纪晚期，该岛出产的粉色大理石曾广受追捧，而采石过程中的奇遇也作为新闻传到了罗马。考古学家发现，希俄斯岛上的古代大理石采石场恰巧位于一块挤入周围新近纪沉积岩的三叠纪石灰岩之上，而沉积岩中含有化石。有趣的是，一个世纪后，老普林尼也记录了帕罗斯岛（Paros）上的一处与之相似的大理石采石场。"采石工人用楔子沿着纹理分开岩石的时候，一个自然印刻的西勒诺斯（Silenus，森林之神）像出现在里面。"

在民间想象中，潘神和西勒诺斯貌似萨蒂尔（与原始巨人

---

① 希腊神话中的牧神，掌管牧羊、自然、山林乡野，有着和人一样的头和身躯，山羊的腿、角和耳朵。

处在同一时代，详见本书第5章）。萨蒂尔长着个毛糙并带有半人特征的大脑袋，有着像马或羊那样的耳朵、角以及尾巴，还有人类或动物的大腿以及脚（蹄子）。我们知道，自然哲学家克塞诺芬尼早在公元前6世纪就记录过帕罗斯岛上煤矿深井中发现的鱼类化石（详见本书第5章）。考古学家也找到了古代帕罗斯人开采大理石的矿道。帕罗斯岛拥有上新世石灰岩以及中新世沉积岩，但目前尚未有针对此地进行的现代古生物学研究成果发表。因此，我们很难推断出采石工曾经看到的是何种生物的化石。[30]

展出的怪物遗骸

古罗马人喜欢用大阵仗来展出大自然的奇珍异宝。但在公元前58年，约帕怪物的骨架尺寸之大，超过了玛尔库斯·埃米里乌斯·司考路斯[①]（Marcus Aemilius Scaurus）奢靡的祝捷大会庆典上所有人的预期。在希腊神话中，英雄珀尔修斯（Perseus）在约帕（今特拉维夫–雅法）拯救了被铁链绑在石块上、就要被怪物吃掉的少女安德洛美达。古罗马艺术家们特别喜欢描绘这一场景。人们常说，怪物流出的鲜血染红了约帕附近的海水，其颜色至今不褪（珀尔修斯用蛇发女妖之眼使怪物石化，而后用石头砸碎了它）。根据犹太裔历史学家约瑟夫斯（Josephus）的记载，当地人在约帕岬角处为旅行者指出了当年

---

① 罗马政治家，约公元前159—前89年在世，于公元前115年担任执政官，并长期担任元老院首席元老直到去世。他被视为罗马共和国后期最具声望和影响力的政治家之一。

用来捆绑安德洛美达的锁链留下的痕迹。得到了怪物的骨架的司考路斯组织人力把巨骨装上一艘运粮船，从亚历山大出发，取道约帕，历经两个月的航行之后，在奥斯蒂亚（Ostia）卸下化石，用车运送至罗马，然后将其重新组装成司考路斯所说的"犹地亚的奇迹"。根据老普林尼的记载，这副骨架的脊柱约40英尺（约12.2米）长，1.5英尺（约0.5米）厚，其肋骨比印度象的还要高。

这些被包装成来自绑架安德洛美达的怪物的遗骨，究竟是何种动物的骨架呢？大部分学者认为，司考路斯运送回罗马的是一副来自巴勒斯坦地区的鲸鱼骨架，因为其庞大的身躯意味着它更可能是鲸类动物，而不是史前陆生哺乳动物。犹太传说中，吞下约拿的鲸鱼就位于约帕，而且该地区附近的海岸也有抹香鲸（最长可达60英尺，约18.3米）搁浅。根据波塞多纽（Posidonius）的记录，公元前90年前后，玛卡拉斯（Macras，位于黎巴嫩贝鲁特附近）出土过一条"巨龙"。而根据描述，这似乎也是鲸鱼遗骸。这具遗骸长约100英尺（约30.5米），人骑在高高的马背上也无法将它尽收眼底，其下颌宽大得足以连人带马一齐吞下。老普林尼和其他古罗马作家曾经描述过地中海、阿拉伯海以及大西洋中的鲸鱼搁浅的情形。约公元前54年，人们与一头被困在奥斯蒂亚港的鲸鱼大战了一场。罗马皇帝塞维鲁（Septimius Severus，公元193—211年）在罗马圆形竞技场复原了一条搁浅鲸鱼的骨架模型，其腹中能容纳55头熊。但如果鲸鱼是一种古人所熟悉的异兽，为何司考路斯要费事地把一副鲸类的骨架运送到罗马呢？

有证据表明，罗马时代的一些神话中的怪物是编造出来的，所以我们不得不怀疑司考路斯的"海怪"是否也是由鲸类和其他动物骨骼乃至别的什么材料拼凑出来的。这让我想到近代的一起利用鲸鱼骨骼编造的海怪骗局。1845年，化石收藏家阿尔伯特·科赫在纽约展出了一副长约114英尺（约34.7米）的骨架，他认为这副骨架属于海中巨蛇的祖先，类似于被珀尔修斯杀死的海怪。后来，古生物学家揭露了一个事实——科赫的怪物骨架实际上是由始新世槭齿鲸脊柱与其他动物骨骼组合而成的。（几年之前，科赫还在伦敦展出了用猛犸象和乳齿象的骨骼拼接出的另一副怪物骨架，当时也令伦敦人大受震撼。）一个类似的拿普通骨头和化石骨骼拼合而成的怪物也可能出现在罗马时代。[31]

希腊神话中绑架安德洛美达的怪物被石化的神奇桥段让我们意识到，已灭绝的哺乳类动物的骨骼化石很可能也对约帕地区的民间传说产生了影响，所以我们有必要提及以色列地区已经灭绝的长鼻目动物的大型遗迹。约瑟夫斯曾经提及，古代希伯来人曾在今以色列希伯伦（Hebron）挖掘出众多骨骼。在《犹太古史》（*Jewish Antiquities*，公元1世纪，为罗马的读者而写）中，约瑟夫斯提到以色列人的先祖消灭了"一种巨人，他们的身躯如此庞大，外观与人类迥然不同。巨人视力极佳，但听力很差。与其他人口中看似可信的说法不同的是，人们至今仍能看到他们的骨骼"。[32]

作为大众科学的骨骼遗迹

无论是鲸鱼骨架、化石，还是人工拼凑的冒牌货，人们对约帕怪兽的态度显示出了罗马帝国的人们对于新奇之物的热衷之情。当时，人们会不遗余力地去获取这些最新的自然奇迹和古老遗存。国王和巨贾开始掠夺神庙中被人供奉了长达数百年的藏品。这些藏品包括异国盔甲和古代兵器、人鱼木乃伊、名人珠宝、勒达（Leda）在与宙斯幻化成的天鹅偷情后产下的蛋（很可能其实是鸵鸟蛋）、巨型象牙、金羊毛、美杜莎的头发、巨型蛇蜕以及其他各种各样的纪念品，也包括英雄、巨人和怪物的骨骼与牙齿。人们把各种新奇的东西献给神庙，并不只是作为个人对众神的供奉，更是想要让神庙成为公共的博物馆，让男女老少都能思考自然的奇迹，试着去探索其中的奥义。

不少文化都会给些特殊的物件赋予神秘的色彩。斯里兰卡有供奉佛牙的庙，而史密森学会博物馆则对外展出《绿野仙踪》中朱迪·加兰的红鞋。想想看，乔治·华盛顿的假牙、约翰·迪林杰（John Dillinger）的生殖器官、爱因斯坦的大脑、约翰·F. 肯尼迪的颅骨碎片，都被赋予了一层神秘的色彩。若说到遗迹，神话与历史、信仰与奇观之间的界限变得脆弱。但是，人们通常认为，古人仅仅是对遗迹顶礼膜拜，而不试图理解它们的前因后果——这种假设是值得怀疑的。这种观点更适用于欧洲17世纪的藏珍阁。藏珍阁旨在用随意摆放、未经鉴定的奇珍异宝来引起人们一时的惊叹。相反，古代神庙管理者所展示的神话历史遗迹并非被剥离了历史意义而随意展出，它们是将一种文化的传奇历史连接起来的物质纽带。就巨人骨骼而言，我们已经看到，它们的意义是人们对于神秘过去的公共讨论的一部分。

古代史学家萨莉·汉弗莱斯（Sally Humphreys）评论道：古希腊人、古罗马人和其他古人在面对这些来自远古的遗迹时感到了一种"过去和现在之间的辽阔距离"。当人们想要弥合神话与当下生活之间的差异，古代遗迹就唤起了一种"乡愁、当地历史、学识和宗教礼仪杂糅在一起的感情"。汉弗莱斯认为，古人是通过遗迹才形成了某种对时间的"历史性意识"，这种意识浸染了"大众与精英文化、口述和文献材料"。我们已经看到，已灭绝的巨人的遗迹是如何让各行各业的人理解地球雄奇的历史的。人们把当地的骨骼传说和古代的神话进行对比，然后去遗迹现场或是圣坛寻找、观察遗骸。正如一位生活在公元1世纪的古罗马诗人所写的那样，我们是通过"勇敢地面对陆地和海洋上的危险，如饥似渴地搜集代代相传的古老传说"并"凝视神庙中的古老遗迹"，才"让古老的世代获得新生"的。

汉弗莱斯写道，古人对于遗迹的热情能够帮助历史学家明白，"曾被斥为非理性的世界观"其实在历史编纂学和自然科学研究的组织工作上发挥了重要作用。汉弗莱斯同时还强调，我们不应该将现代人对于证据、真理和进步的标准套用在古代历史和传说上。她反问道："把悖论当作探索的工具有什么问题呢？"科学史学家托马斯·库恩（Thomas Kuhn）和哲学家菲利普·费舍尔（Philip Fisher）也有着类似的看法。库恩认为，"科学"并不是由客观真相的逻辑进程来推动的，而很大程度上受到为解释日益增多的异常现象而产生的非理性（nonrational）概念的影响。费舍尔则将惊异的体验作为古往今来科学层面上的好奇心和创造力的源泉（详见本书第5章）。古代的一些心思缜密的历史学家也察觉了哲学意义上的真理的复杂标准和神话故事中体现的大众知识之间的冲突。西西里的狄奥多罗斯（Diodorus of Sicily）在公元前30年这样写道："我非常清楚解读古代神话的诸多困难。"民俗故事所蕴含的时间体量使"种种传说看似十分神奇"，而"有些读者为神话设立了不合理的标准，要求神话也和我们自己所处年代的事件一样真实可考"。[33]

古代文献中众多关于巨型骨骼的记载有力地证明了，关于地球历史的大众知识或大众科学文化，与广受认可但却对巨型骨骼避而不谈的"学院科学"（详见本书第5章）在古代是并存的。在任何时代，哲学家和科学家无法解释的反常物证都会促进其他形式的自然知识和信仰的发展。异常现象就像磁石，既吸引又拒斥好奇心。这些非常规的现象（比如巨大的骨架）到底是像古代自然哲学家设想的那样，是佐证规则的例外；还是像很多人猜想的那样，是自然奥秘的证明呢？

帝国的化石清单

罗马帝国时期，随着交流和旅行的范围扩大，巨型骨骼样本也越来越多。奇闻书记官（paradoxographer）和其他对自然奇迹进行编纂的人开始把新的古生物学发现与历史上的发现进行对比。同时，正如上文所说，罗马的统治者们也开始从帝国周边的神庙里搜罗这些非同寻常的遗迹，就像1794年拿破仑从荷兰掠夺著名的沧龙化石，并将其作为战利品带回巴黎一样。公元前200年，努米底亚（今阿尔及利亚）国王马西尼萨（Masinissa）的海军将领向他献上了一些巨大的象牙。后来，国王得知这些象牙是将军从马耳他的朱诺神庙偷盗回来的，便虔诚地在象牙上刻了忏悔的话，之后就把象牙送回了马耳他。不过，仅仅过了130年，臭名昭著的罗马掠夺者、西西里岛总督弗里斯（Verres）就毫无顾忌地再次盗走了这些象牙。

奥古斯都的化石收藏

公元前31年，未来的罗马皇帝奥古斯都抢走了希腊泰耶阿的雅典娜神庙里的卡吕冬野猪牙，将其安放在了罗马。我认为，这些战利品很可能是出土于泰耶阿附近更新世岩层的史前象科动物的象牙。当时的诗人奥维德显然曾经在罗马见到这些巨牙——他把卡吕冬野猪牙和印度象象牙（古人认为印度象体形大于非洲象）进行对比。大约200年后，罗马帝王花园的狄俄尼索斯神庙的"奇迹守护者"们告诉帕萨尼亚斯，一枚卡吕冬野猪牙已经损毁。但帕萨尼亚斯赞美了当时尚存的另外一枚野猪牙，这枚野猪牙长约3英尺（约0.9米）。

约400年后，拜占庭的历史学家普罗柯比（Procopius）在意大利贝内文托见到了另一对被视作卡吕冬野猪牙的巨牙。他描述道："这些牙值得一看，其圆周长不小于3拃，呈新月形。"3拃的圆周约有27英寸（约68.6厘米）长，而独特的弧形或"新月形"表明贝内文托的"卡吕冬野猪牙"是一对长毛象象牙，这种象牙遗迹在意大利十分常见。[34]

奥古斯都（公元前63—公元14年）登基后，在他位于卡普里岛的别墅建立起了世界上第一座古生物学博物馆。根据为他作传的苏维托尼乌斯（Suetonius）的记载，这座博物馆藏有"大量陆地和海洋巨型怪兽的大型肢骨，也就是人们常说的'巨人之骨'，此外还有古代英雄的武器"。这看似随意的记录是古生物学史上重要的里程碑，因为这表明，早在公元2世纪初，苏维托尼乌斯就已经意识到了这些通常被归为巨人骨骼的遗骸所系的动物来源（本书第4章将再次提到这座博物馆）。[35]

皇帝们收藏的化石有些是战利品，比如卡吕冬野猪牙；还有一些则是从帝国的偏远地区运来的，就像大英帝国时期美洲殖民地的猛犸象骨骼被运往伦敦一样。但意大利本土也有很多巨型遗骸出土。诗人维吉尔曾经看到农民从土地里刨出巨大的骨头，现代古生物学家则在同样的地方发现了猛犸象遗骸。卡普里岛和罗马帝国周边均有大型更新世化石。因此，人们在挖井或者建造地基的时候很可能发现一些冰川时期物种的巨型骨骼。

在罗马时代，人们对于巨型骨骼和自然异事的兴趣都不断增长，一些怪奇样本以随意的方式展出。例如，除了在罗马展示的卡吕冬野猪牙和卡普里岛的巨骨博物馆，奥古斯都还在萨鲁斯特花园（Sallust's Gardens）的地窖里展示了一对男女巨人。根据老普林尼的记载，男巨人名为普西奥（Pusio），女巨人名为瑟昆迪拉（Secundilla），二者均有10英尺3英寸（约3.1米）高。目前我们尚不清楚这对巨人到底是木乃伊还是骨架，但他们很可能是由人骨和已灭绝动物的骨骼拼接而成的。至少有两位生活在奥古斯都时代的作家——曼尼利乌斯（Manilius）和西西里的狄奥多罗斯提到过当时一些轰动一时的展览，展品由人类和动物的肢骨拼接而成。后来，埃里亚努斯也提到了将不同动物的遗骸拼接组合成冒牌货的"自然的发明者"。[36]

提比略的古生物学研究

奥古斯都的继任者提比略（公元前42—公元37年）对希腊历史与神话非常着迷。提比略在斯巴达度过了他的少年时期，很有可能在那儿听说了俄瑞斯忒斯巨骨的故事。随后，提比略又到罗得岛生活，当地人把埋藏在岛屿东部的那些巨大骨架视作"东方的恶魔"。帕萨尼亚斯所记录的发现巨型骨架的叙利亚奥龙特斯河改道工程，很有可能是提比略下令实施的。卸任后，提比略来到了奥古斯都古生物博物馆的所在地——卡普里岛，并对动物学异事产生了浓厚的兴趣。

根据老普林尼的记载，提比略曾在执政时期收到过来自高卢的奇异遗迹的报告。虽然老普林尼的这段记录简直隐晦得气人，但是这些事件确实与古生物学有潜在的关联。所以，我邀请了埃里克·比弗托（法国国家科学研究中心研究员）帮我破译它们。其中一份报告来自法国西北部海岸附近的无名小岛，报告中提到，暴风雨过后，海水冲刷出了约300具或大或小、形状各异的怪异骨架遗骸。老普林尼说："能够分辨出的遗骸包括大象、长有奇怪犄角的公羊和海仙女（Nereids，人鱼）的遗骸。"目前，我们还无从得知此处的"公羊"和"海仙女"到底是何种生物，但"大象的遗骸"能够有力地表明：在露出地表的众多破损骨骼中，存在具有明显的长鼻目动物特征的骨头。

法国北部的这些岛屿由花岗岩或变性岩构成，除一座岛以外，基本不含化石。英吉利海峡上的泽西岛拥有更新世化石层，其中，长毛象的象牙、头骨和肢骨保存完好。古罗马人可以轻易地辨认出，那里的猛犸象牙、臼齿和头骨来自象科动物。比弗托和我认为，这份呈送给提比略的报告就是有关泽西岛猛犸象化石的最早文献记录。

另一份报告提及"圣特斯（Saintes）海岸上的一批等大的海怪遗骸"。圣特斯位于法国吉伦特河（Gironde）以北。这可能是当时搁浅的一群鲸鱼，但如果确实有化石，那么很可能属于圣特斯海岸的侏罗纪或白垩纪爬行动物。也许，在吉伦特河口南部出现的是海豕（*Halitherium*）[1]骨架。早期的海牛目动物

---

[1] 一种已灭绝的海牛目儒艮科动物。

是儒艮的中新世祖先。比弗托评论道："海牛目动物的骨架化石很引人注目，特别是厚重的肋骨和奇怪的头骨。"生活在1.5万年前的旧石器时代的猎人们，沿着吉伦特河搜集这些厚实的、矿化的中新世儒艮肋骨，再将其做成独特的箭镞（详见本书第4章）。很显然，存活下来的海牛目动物启发了人们对海仙女和特里同的想象。大型史前海牛目动物的奇怪遗迹"很可能被视作海怪的遗迹，因为人们常常在富含贝壳化石的沙子中找到它们"。

老普林尼记录的高卢通信很有意义，这表明提比略对隐生动物学领域很感兴趣。根据苏维托尼乌斯的记载，提比略非常喜欢用神话学和哲学上晦涩、深奥的难题考验饱学之士，并以难倒他们为乐。我们不禁想象，这位皇帝可能曾用自己疆域内出现的难以解释的自然奇观去揶揄哲学家们。[37]

在哈德良统治时期（公元117—138年），特拉勒斯的弗勒干曾写了一篇关于提比略亲自进行一项意义深远的古生物学研究的文章，但这篇文章鲜为人知。弗勒干与苏维托尼乌斯生活在同一时代（两人都曾为哈德良效力），而且他有机会接触皇家档案室、储藏室，找到很多如今已经散佚的文献。弗勒干在《奇闻集》（*Book of Marvels*）中用了一整节来记叙"巨骨"发现。

根据弗勒干的记载，在提比略统治时期（公元14—37年），一系列"毁灭性的地震摧毁了小亚细亚的许多名城"，特别是本都（Pontus，位于黑海东南岸，今属土耳其）。老普林尼说："这是人类记忆中造成伤害最严重的地震，一夜之间就摧毁了12座亚洲城市。"地震导致土地开裂，人们在地缝中发现了一些巨大的骨架。弗勒干称："地震幸存者们不敢惊扰这些骨架，但是他们取了一枚牙齿作为样本送给了提比略。"本都的使者带着这枚1英尺（约0.3米）多长的牙齿前往罗马。使者们询问皇帝是否想要观看"英雄"遗骨的其余部分。提比略既迫切地想了解这个生物的体形和大小，又担心可能会亵渎英雄的坟冢，于是他想出了一个"妙计"。他雇了一位名为普尔喀（Pulcher）的测量专家，让他基于牙齿的尺寸制作出巨人模型。根据弗勒干的记载，普尔喀基于牙齿的尺寸和重量，先按照比例雕刻出了巨人头部，随后通过计算估测出了整个身体的尺寸。提比略对普尔喀用陶土（或蜡）做出的类人半身像十分满意，于是命令本都使者把英雄的牙齿送回故土，重新安葬。[38]

这不只是一件关于提比略巧妙应对行省使者的轶事，它还具有历史和科学两个维度的合理性：黑海地区易发生大地震，而这会使巨型乳齿象、草原猛犸象和板齿犀等动物的骨架露出地表。来自锡诺普（Sinope）的历史学家塞奥彭普斯（Theopompus）在其已散佚的著作《论地震》（*On Earthquakes*）中描述了塔曼半岛（位于黑海和亚速海之间）亚速海岸的一次地震。他写道，地震导致"山脊崩裂，很多巨骨显露出来，骨架长约24腕尺（34英尺，约10.4米）"。有趣的是，尽管大型乳齿象的臼齿看起来可能更"像人类牙齿"（人类牙齿、乳齿象牙齿和猛犸象牙齿尺寸对比见图3.12），被运送到提比略殿前的那颗巨型牙齿的尺寸却恰好和长毛象或草原猛犸象的臼齿长度相符合。

弗勒干引用了历史学家阿波罗尼奥斯的作品（今已佚），或许还参考了关于地震救援的官方回应。根据苏维托尼乌斯的记载，平时吝啬的提比略对被地震波及的省份较为慷慨，自掏腰包援助了受灾城市，令其修复重建工作得以顺利开展。

为了表示感谢，来自小亚细亚的众领事给罗马广场的阿佛洛狄忒神庙捐了一座青铜巨人像。他们有没有把巨牙也供奉在这座神庙中呢？罗马时代，各省常把珍奇之物送到罗马，而英雄的牙齿作为巨人像的供奉品则再合适不过了。帝王们常常会委托工匠对他们感兴趣的物品进行复制（回想一下塞维鲁对搁浅的鲸鱼骨架的复原），巨型雕像和半身像在当时的罗马也十分流行。就连测量专家根据一颗牙齿推算全身的尺寸，也不算牵强，因为下排第一颗臼齿确实能为估测哺乳动物的整体尺寸与重量提供参考。弗勒干对巨型牙齿的记述，是用科学方法根据史前动物遗骸重建等身模型的最早记录。

为何科学史学家和古生物学史学家都遗漏了这样一件具有里程碑意义的事件呢？古典民俗学家威廉·汉森曾于1996年出版了最早的弗勒干英文译作，他表示，弗勒干和其他奇闻书记

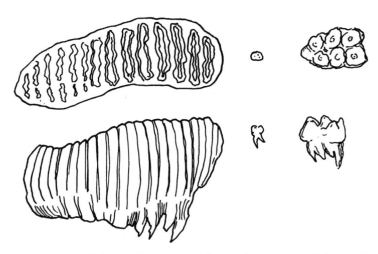

图3.12 人类牙齿与史前象科动物牙齿的相对比例图。猛犸象臼齿俯视图（左上）与侧视图（左下），人类臼齿俯视图（中上）与侧视图（中下），乳齿象臼齿俯视图（右上）与侧视图（右下）。图片由本书作者绘制，尺寸基于美国得克萨斯大学埃尔帕索分校环境生物学实验室阿瑟·H.哈里斯提供的扫描图

官"并没有得到现代批评家的友善对待"。一直以来，学者们低估了这类文献的价值，认为它们缺乏来自科学哲学或客观历史的印证，这种态度使弗勒干的著作及其同类作品难以受人关注。然而，萨莉·汉弗莱斯将悖论视作真实的探索工具，这和汉森对于奇闻记录的务实观点（奇闻记录作为关于时事的通俗文学，吸引了从普通民众到王公贵族的好奇心）一道，让我们得以拣选出仅存于古代历史和自然知识中的黄金。[39]

弗勒干对希腊和北非地区古生物学发现的记述

从古生物学的角度看，弗勒干对巨型骨骼的记述不再是令人怀疑的奇闻杂录，而是对小亚细亚地区、希腊和埃及的某些已灭绝大型哺乳动物的遗迹的最早记录——这些遗迹直到19、20世纪才得到科学界的承认。

希腊的麦西尼亚

弗勒干写道，"几年前"麦西尼（Messene，伯罗奔尼撒西南部城市，位于麦加罗波利斯南部）的一场大暴雨导致一个埋在土里的石质大瓮破裂。里面是一具巨型骨架，有三个颅骨和两个下颌骨。铭文写着"伊达斯"（Idas），这是一位生活于古代的麦西尼亚巨人英雄的名字。麦西尼居民"共同出资，准备了一个新的石瓮，重新厚葬了这位英雄"。伊达斯是他所处时代最为强大的英雄，他为人们杀死了卡吕冬野猪，但最后也和阿卡迪亚的其他巨人一样被天雷所杀（详见本书第5章）。

在古代早期，大型储物罐时常被当作棺材使用（考古学家在麦西尼亚发掘出了以双耳瓶为棺材的英雄墓葬）。在公元前8或前7世纪，人们曾发现过超人类尺寸的史前动物骨骼，并将其作为当地英雄遗骨进行埋葬。而这些骨头在几个世纪后又重新被人发现。弗勒干的记述似乎是这一过程的一个翻版。但是那些多余的骨头是怎么回事呢？根据荷马-赫西俄德时代的传说，神话中强大的主人公通常拥有多个头颅和多副四肢——瓮中的"英雄"就是古代民间有关巨人形象的文学信仰的独特物证。[40]

埃及的瓦迪纳特闰

弗勒干说，如果仍然有人怀疑巨型骨架的存在，那他应当去埃及尼特里亚（Nitria）走一趟。那里展出"大量巨型骨骼，观赏起来十分方便，它们并非深藏于土中，也非杂乱地堆积着，令人无法辨别，而是排列有序，使人一看就能辨认出腿骨、胫骨和其他肢骨"。弗勒干似乎是在描述露出沙漠表面的完整骨架。这与在希腊和小亚细亚地区出土的那些残肢断骨可谓截然不同。

弗勒干解释道，自巨人时代起，所有的生命形式都经历了体形上的逐渐萎缩。尼特里亚地区的骨骼就是"自然正在衰退的有力证明"。在古代，人们普遍认为动物和人类的体形随着时间的流逝逐渐变小（详见本书第5章）。

尼特里亚现名为瓦迪纳特闰（Wadi Natrun，意为碱性湖泊，一处低于海平面的碳酸钠沉积山谷，古称"Nitrum"或"Nitron"），位于埃及亚历山大以南40英里（约64.4千米）处。瓦迪纳特闰地处荒凉的流动沙丘和石灰岩峭壁交界处，是通往锡瓦的阿蒙神（Ammon）神庙的南向和西向的古代商路沿线站

点之一。弗勒干记述之详尽，表明他很可能是目击者。弗勒干
曾是哈德良的下属，那么，在哈德良重新埋葬特洛伊的埃阿斯
巨骨不久后的公元130年，弗勒干是否曾跟随皇帝一起前往亚
历山大呢？根据其他作者的记载，我们知道哈德良曾经多次探
寻亚历山大南部的沙漠地带。考虑到哈德良对珍奇遗迹的兴趣，
尼特里亚的绿洲应该是一个很合理的目的地。

　　弗勒干的记录是对瓦迪纳特闰地区化石的最早的书面描述。
现代古生物学家在这里发现了埃及最重要的上新世化石贮藏。
这片沙漠盆地的自然环境与爱琴海沿岸、意大利很多地方和安

图3.13　埃及沙漠中典型的哺乳动物化石露出地。图为1907年，一
位男士在埃及法尤姆洼地（Fayyum Basin）发掘大型埃及重脚兽的
情形。公元2世纪，特拉勒斯的弗勒干曾描述过尼特里亚上新世化
石床的类似场景。Neg.18298，照片由格兰杰拍摄，由美国自然历史
博物馆图书馆服务部提供

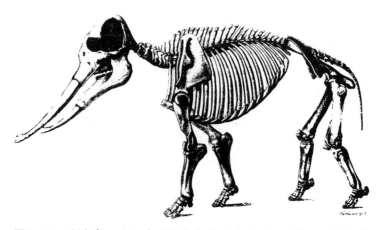

图3.14 嵌齿象。人们在欧洲南部和北非发现了这种大型乳齿象的化石遗迹。图片来自戈德里，载于奥赛尼尔·埃布尔的《史前脊椎动物的重建》(*Rekonstruktion vorzeitlicher Wirbeltiere*，耶拿，1925)，图228

纳托利亚地区（这些地区的化石都是在农民耕地或者地震时才露出地表的破碎骨架）都截然不同。在瓦迪纳特闰，狂风吹过地表，露出完整的骨架，就和戈壁沙漠上狂风肆虐恐龙化石床一样（见图3.13）。瓦迪纳特闰是古埃及制作木乃伊所需原料碳酸钠的产地，因此我们推测，最早见到这些巨型骨骼遗迹的人很可能就是生活在公元前2千纪的勘探人员。虽然尼特里亚交通不便，但是早在弗勒干生活的年代，旅行家们就不辞辛苦地前往尼特里亚，观赏嵌齿象（见图3.14）、巨型长颈西瓦兽和西瓦鹿等动物的巨型骨架之奇观。今天的古生物学家常在沙尘暴后用扫帚清扫地面，试图找到化石。我们很容易想象，古埃及人很可能也是用同样的"技术"发现了展出于尼特里亚的那些骨架。[41]

　　弗勒干的记录提出了一个有趣的问题：早期埃及人对于巨

人神祇的看法是否受到了大型化石的影响？一些关于埃及巨人、奥西里斯和赛特的神话为我们提供了线索。根据西西里的狄奥多罗斯的记载（约公元前30年），在生命起源之时，埃及曾生活着许多巨型生物，但是这些生物的埃及名称已经无处可寻，它们后来被奥西里斯和其他神祇赶尽杀绝。狄奥多罗斯还描述了旅行者在埃及西部沙漠的扎伯那（Zabirna，位于锡瓦附近）看到的一座巨型土堆。在这里，狄俄尼索斯杀死并掩埋了一头名叫坎珀（Campe）的怪物。有证据表明，埃及曾在多个时期出现"化石崇拜"，考古学家也发现了两座供奉着成吨化石的古代赛特神庙。赛特是沙漠中的一位怪兽神，有些类似于希腊神话中的提丰。而充满奇异的巨大骨架的沙漠，则是埃及传统民俗中的怪物栖息地。古动物学家赫伯特·温特（Herbert Wendt）曾提出，埃及艺术中，赛特那不知是何种动物的头部很有可能取材于利比兽（*Libytherium*，外形类似萨摩麟的大型长颈鹿类动物）的头骨。

在埃及神话中，赛特曾将奥西里斯困在一口大棺材中，然后将其肢解，并把其尸身分散到各地。女神伊希斯重新收集这些骨骼，然后把骨骼（有些神话版本中是蜡筑模型）放置在埃及各处的神庙中；也有另一种说法，称伊希斯把真正的奥西里斯骸骨重新组装好，并秘密埋葬。所以埃及的很多地方都有奥西里斯的部分遗骨或"真正"的完整遗骸。据说，塞伊斯和菲莱藏有奥西里斯的完整遗骸，布西里斯声称藏有奥西里斯的脊椎，阿比多斯藏有头部，比盖藏有左大腿骨，提尼斯藏有右大腿骨，努比亚藏有小腿骨。这些所谓的奥西里斯遗骨中有没有大型史前动物骨骼呢？我认为可能有。古埃及人把法尤姆洼地视作所有生命的起源地。该地区富含第三纪化石，且众多形态奇特的大型哺乳动物曾生活于此。据说，伊希斯就是把奥西里斯的四肢秘密埋葬在了法尤姆。在公元前3世纪和公元前2世纪，瓦迪纳特闰（尼特里亚）被称作"奥西里斯的秘密坟冢"。我认为，人们在瓦迪纳特闰所见的最大的骨骼很可能属于奥西里斯互棱齿象，一种以奥西里斯命名的乳齿象。[42]

阿提卡的奥西里斯

　　声称拥有奥西里斯遗体的地方不仅仅限于埃及境内。弗勒干称，雅典人曾在阿提卡附近的一座无名小岛修建防御工事，当时挖地基的工人发现了一口长约100腕尺（140英尺，约42.7米）的棺材，棺材中有一具同样巨大的遗骸。墓志铭显示，这里埋葬着"玛可洛希斯"（Makroseiris），即希腊人口中的"大（长）奥西里斯"。希腊的伊希斯-奥西里斯崇拜始于公元前3世纪以前，那恰恰是瓦迪纳特闰被称作"奥西里斯埋葬地"的时期。对伊希斯的崇拜集中于雅典的比雷埃夫斯（Piraeus）港。我怀疑，雅典的伊希斯崇拜者之所以推广玛可洛希斯的传说，很可能是因为想要把奥西里斯和他们的故乡阿提卡联系起来。那么，他们会借助什么来佐证自己的说法呢？

　　我仔细查阅地质地图，找到了距离阿提卡的佐斯特角（Cape Zoster）不到1英里（约1.6千米）的弗莱韦斯岛（Fleves，古称法卜拉）。该岛位于比雷埃夫斯以南12英里（约19.3千米）处，守卫着比雷埃夫斯南部海路，很可能就是当年雅典人加强防御工事的岛屿（弗勒干没有记述时间）。整座小岛由与派克米岛成分相近的新近纪沉积岩构成，因此，工人们很可能在此挖掘出巨型骨骼。对于那些熟悉瓦迪纳特闰的奥西里斯神庙并且崇拜伊希斯的比雷埃夫斯居民来说，奥西里斯神庙里的巨型骨骼和法卜拉岛上的骨骼有着惊人的相似之处。我们可以这样理解关于巨型棺材和玛可洛希斯墓志铭的故事：通过将巨型骨骼和奥西里斯的圣体相联系，希腊的伊希斯崇拜者们衍生出了关于现实中化石发现的奇幻阐释。[43]

迦太基巨人

北非修筑防御工事的工人也发现了巨型骨骼。希腊化时期的地理学家攸马卡斯（Eumachus，公元前3—前2世纪）写道，"迦太基人在领地周围挖沟时"发现了两具巨大的骨架，分别有24腕尺和23腕尺长（约34英尺，约10.4米）。古迦太基位于突尼斯湾，当地人曾在公元前5世纪围绕着城区挖掘60英尺（约18.3米）宽的壕沟。迦太基人还修建了更多的壕沟和土方工程，直到他们在第三次布匿战争（公元前146年）中被罗马人击败。

到弗勒干重述这个故事的时候，骨架的尺寸已经被明显夸大了（除非它指的是混杂的化石组合）。虽然我们尚未明确迦太基的边界，但是在其疆域内，临近乌提卡（Utica）、斯贝特拉（Sufetula）和泰贝萨（Theveste）城市旧址的地区拥有新近纪化石床，其中含有乳齿象（四棱齿象和嵌齿象，二者均高约3米，见图3.14）、恐象和猛犸象（非洲猛犸象）的化石。开挖壕沟的工人们很可能看到过尺寸巨大的骨骼。攸马卡斯和弗勒干是最早记录突尼斯和阿尔及利亚地区史前长鼻目动物遗迹的人。[44]

古典时代巨人最后的遗迹

第三次布匿战争结束550年之后，圣奥古斯丁（公元354—

430年）居住在迦太基。他生活的时代正值古典时代与基督教主宰的拜占庭时代交替之际。在《上帝之城》（*The City of God*）中，奥古斯丁讨论了远古的巨型生物的真实情况。奥古斯丁想要维护圣经的教义，但是为了证明巨人在历史上是真实存在的，他开始诉诸古代希腊和罗马的官方文献，以及荷马时代以来的古生物学探索记录。他借用过维吉尔关于农民在耕地时发现巨型骨架的诗，还引用了老普林尼关于地球上的生命形式日益变小的叙述——"荷马对这一历史事实感到遗憾"。"有些人拒绝相信以前的生物比现在的大很多，"奥古斯都写道，"但这种怀疑往往在见到出土的巨型骨架后就打消了。""时常因岁月磨砺、暴风雨侵蚀或其他事件而被发现的巨型骨骼"是对古代的巨大生命形式存在的切实证明——有些化石甚至比一起出土的其他化石还要大得多。

奥古斯丁写道，在突尼斯湾的乌提卡海岸，"我和其他人一起发现了一颗人类臼齿。这颗臼齿是如此之大，如果按照现在普通人的一颗牙的大小对其进行分割，能分出100颗来。我认为这颗臼齿属于某位巨人"。奥古斯丁还写道，骨骼和牙齿"非常耐久"，这让后世"理性的人们"能够有机会想象远古时代生物的庞大体形。在过去，这种神奇的巨牙原是帝王和神庙珍藏的宝物。[45]

我们或许能够以奥古斯丁在乌提卡海滩上的经历作为本章的结尾。他写作之时正值人们对古希腊神话的信仰消退的时代，因而他的作品被人们称作"古典理念消逝的标志"。但正如他对古希腊和古罗马的学识与历史的尊崇所展示的那样，关于巨人、英雄和怪物的古老传统并未泯灭。所以让我们以古典传统的最后一位伟大的异教徒作家克劳狄安（Claudian）来对本章进行总结吧。在蛮族入侵的时代进行写作的这二人关于原始生物遗迹的观点相互交叉，重叠，在一个时代临近终结的时候奏响了一段令人难忘的和弦。

公元370年，克劳狄安生于埃及亚历山大。他比奥古斯丁更为年轻，两人生活在同一时代。奥古斯丁写作《忏悔录》时，克劳狄安在他的一首诗中描绘了巨人-神祇之战中遗留下来的，位于意大利一处林中圣地的战利品。他写道："这里，树上挂着下颌骨和巨大的兽皮，它们可怖的遗迹仍然令人心悸。四面八方堆积着被屠戮的怪物的白骨。"由于克劳狄安在哥特人入侵罗马时去世了，他的诗没能完成。几年之后，汪达尔人横行北非，奥古斯丁去世，他的遗骨最终在意大利被奉为基督教教会的圣物。[46]

从北非到英吉利海峡，从地中海、黑海到喜马拉雅山山脚下，古希腊人和古罗马人记录了人们是如何发现令人惊奇的遗迹并试图解释它们的。那时的作家们告诉我们，巨型骨骼、牙齿和其他化石被人们带着穿越山海，而后被供奉在古代世界的各个圣殿和博物馆中。本书的下一章将探索由考古学家发现的大量物证，以补全古代化石搜寻的图景。

4

化石发现的艺术与考古学证据

特洛伊怪物

在波士顿美术博物馆的玻璃展柜中，一尊古希腊陶瓶上绘着一头外观奇特的怪物。这幅图案绘制于公元前6世纪的陶艺中心科林斯，是目前艺术史学家已知最早的对特洛伊怪物（荷马史诗曾描绘过这种生物）的图像表现。不过，这只陶瓶上的怪物却令希腊艺术史学家饱受困扰，因为其外形并不符合怪物的典型形象。

荷马在公元前8世纪重述特洛伊怪物的故事时，这头怪物的故事已经是个古老的传说了。在传说中，一头可怕的怪物在一次洪水过后突然出现在了特洛伊的海岸。它肆虐西革昂，捕杀当地百姓，为害一方。国王之女赫西俄涅（Hesione）被当作祭品献给怪物，幸有赫拉克勒斯及时赶到并杀死了怪物。陶瓶上的图案展示了赫西俄涅和赫拉克勒斯共同面对怪物的场景：赫西俄涅捡起脚下堆积的石块用力投掷，赫拉克勒斯则对准怪物射箭。赫西俄涅扔出的石头中有两块正中目标——一块打在了怪物眼下，另一块卡在怪物的咽喉处。赫拉克勒斯的箭则射中了怪物的下颌（见图4.1）。

陶瓶上绘制的人类和其他动物的图案（马、鹅、猎豹和格里芬）都十分精致，只有怪物的图案笔法粗糙。1987年，艺术史学家约翰·博德曼在论海怪的文章中特别指出了这头怪物在作画上的粗劣，它张着大嘴"从石洞里向外探着它那面目可憎的头"。卡尔·舍福尔德（Karl Schefold）将其称为缺乏艺术想象力的"菜鸟"画家所绘的"丑陋的白东西"。虽然荷马将特洛伊怪物描绘为一种陆生生物，陶瓶研究者们却认为它的外形应该类似于一头典型的海怪。尽管陶瓶专家约翰·奥克利在仔细观察这幅图后，认为怪物的头是"从岩壁上探出来的"，舍福

图 4.1 特洛伊怪物陶瓶，科林斯晚期双耳喷口杯，制作于公元前560—前540年。赫拉克勒斯和赫西俄涅共同面对出现在西革昂附近特洛伊海岸的怪物。艺术家将怪物描绘成大型动物头骨化石探出岩层的模样。波士顿美术博物馆，海伦和艾丽斯·科尔伯恩基金会，63.420

尔德也指出，这头怪物"像雕刻在墙上的滴水兽一样嵌在崖壁上"，然而，大部分学者认为，那个古怪的、没身子的脑袋后面的黑色背景是一个海蚀洞。[1]

这个生物显然不是典型的海怪。古希腊艺术家通常将深海怪物描绘成有鳞的大蛇、蜥蜴或形似海马的龙（这种龙有着波状起伏的身体、耳朵、圆睁的大眼、有刺的脊背，还有类似鳄鱼、鲨鱼、狗或猪的向上翻起的吻部）。但如果我们留意荷马史诗中提及的细节和神话发生地的地质情况，再将这个看似非典型的特洛伊怪物放入其历史语境之中，其诡异外表就易于理解了。

陶瓶的绘制者生活在科林斯——希腊的一处商贸中心。优越的地理位置让生活在科林斯的人们能够紧跟地中海地区东部的时事。此陶瓶绘制于公元前560—前540年，这恰好是斯巴达人宣称他们在泰耶阿发现俄瑞斯忒斯巨骨的时间。在当时寻骨热潮的大背景下，希腊人正在爱琴海地区寻找露出地面的、珍奇的大型遗骨。陶瓶描绘了现身于特洛伊海岸西革昂的特洛伊怪物。这片海岸还是荷马史诗中另一对出现在忒涅多斯岛（Tenedos，位于西革昂对岸）悬崖上的怪物的现身地。同样是在西革昂，罗马时代的人们发现了古希腊英雄埃阿斯和阿喀琉斯的巨型遗骨（帕萨尼亚斯和菲洛斯特拉托斯曾经记录过此事，详见本书第3章）。西革昂附近的沉积岩富含化石。沉积岩受到海水的不断侵蚀而剥落，化石不时露出地表。

在了解这些事实之后，再仔细观察这个陶瓶，它就不再是绘制粗劣的"探出海底洞穴的海怪"，而是长相可怖的动物"头骨"探出了峭壁。白色头骨的尺寸、形状和解剖学特征表明，对特洛伊怪物的最早形象描绘源自从岩层探出的大型头骨化石。

受到这种可能性的启发，我把科林斯陶瓶的照片拿给几位古脊椎动物学家查看，征求他们的意见（见图4.2）。

古典艺术学家从自己的搜索形象图出发，去寻找传统的艺术母题而非自然知识。古生物学家则立即注意到了古典艺术学家所忽视的现实细节。他们发现，画中描绘出了下颌关节、眼窝、向后延伸的头骨、前倾的牙齿和破碎的前颌骨（上颌与鼻腔）上的细节。他们一致认为，该头骨的大小和形状与一头露出地表的第三纪大型哺乳动物的特征相符。

但这幅图中的两处非哺乳动物特征——眼窝周围的巩膜环和锯齿状的牙齿也引起了古生物学家们的注意。数量众多的牙齿以及缺失的臼齿让古生物学家联想到爬行动物头骨或有齿鲸头骨。地中海地区的确有始新世鲸鱼头骨化石，而巨型中新世长颈鹿类（包括萨摩麟和希腊兽）的头骨都拥有巨大、前倾的牙齿，在前颌骨遗失的情况下，这种牙齿会格外显眼（见图

图4.2　特洛伊怪物细节图。请注意勾勒出的下颌、眼窝周围的骨骼、破碎的前颌骨和巨型头骨延长的枕部。照片由约翰·博德曼提供

4.3）。巩膜环是鸟类和恐龙的头骨的特征，绝不会出现在哺乳动物身上。古人应该不曾在地中海地区发现过恐龙遗迹，但古希腊人一定对当时生存着的鸟类的头骨很熟悉。他们很可能在安纳托利亚和希腊一带发现过第三纪与第四纪化石层中的巨型鸵鸟头骨化石。而在陆生脊椎动物中，鸵鸟的眼窝是最大的。

谢夫凯特·森表示："制作那个陶瓶的艺术家很可能是看到了探出悬崖的大型头骨的轮廓后才有了灵感并开始创作。这是第三纪沉积岩化石层的典型露出形式。艺术家对头骨进行了艺术创作，赋予了头骨一个怪物的形象。"戴尔·罗素推断，艺术家为了营造一种吓人的"荒诞"观感，把几种不相干的动物身上的特征（如牙齿和巩膜环）结合到了一起。我们知道，古人的确把怪物视作猛兽、鸟类和爬行动物的混合体。但是，这个陶瓶上的怪物图案的惊人之处在于，艺术家画的是若干种动物头骨的写实特征，而非一些当时活着的动物的特征。

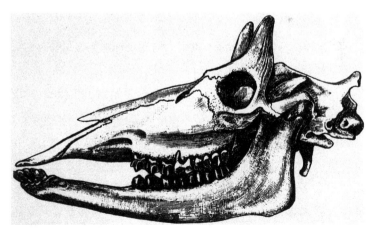

图4.3 萨摩麟头骨化石，希腊萨摩斯岛中新世巨型长颈鹿（雌性无角）。图片由里德克（Lydekker）绘制，约1890年

然而，正如埃里克·比弗托所言，我们不必辨认出陶瓶上画着的怪物头骨上的具体特征。其远远大于赫拉克勒斯和赫西俄涅的体形，清晰地表现出了大型化石骨骼露出悬崖的图景。科学上的判断是明确的：无论这个头骨具体属于何种生物，画它的科林斯画家一定对头骨化石十分熟悉。艺术史学家对此又有何看法呢？这会是科学和人文学科无法进行跨学科交流的又一例证吗？非也！当我与牛津大学的约翰·博德曼就这些古生物学的新观点进行交流时，他痛快地承认了此前人们将这个怪物视作绘制粗劣的海怪的想法是错的，他还认为这块奇怪的头骨可能就是已知最早的古代人对化石发现的艺术表现。[2]

科林斯陶瓶上的图案不仅是古人采用写实风格对动物进行的描绘，还带有神话色彩。绘制这只科林斯陶瓶的画家显然希望观众能够把神话中的特洛伊怪物和从悬崖上探出的丑陋头骨联系起来。他是想通过用一个巨大而突兀的头骨代替怪物本身来告诉大家"这样的怪物真的存在过"吗？又或者，他是在用一种复杂的方式描述古代神话的起源？

另外两幅绘制于公元前6世纪的陶瓶装饰画能够帮助我们更好地审视特洛伊怪物。大约在同一时期（约公元前575—前550年），另一位科林斯艺术家在一只双耳瓶上绘制了相似的场景：珀尔修斯从约帕怪物手中勇救安德洛美达。珀尔修斯捡起脚边堆积的石块扔向怪物的头部。怪物则徘徊在黑色的土地上，其头部呈白色，大小与特洛伊怪物的头部相似，它吐着舌头，怒目圆睁。不过，这头怪物的样子倒正如神话中所描绘的一般，呈现为巨大的、吓人的猛兽形象（见图4.4）。特洛伊怪物陶瓶可以被看作对更为典型的珀尔修斯陶瓶的写实呈现。制作特洛伊怪物陶瓶的艺术家似乎想要运用现实主义的风格来描绘血肉

图4.4 珀尔修斯从约帕怪物手中勇救安德洛美达。黑像双耳瓶，科林斯，制作于公元前6世纪早期。柏林F1652。图片由本书作者绘制，参照博德曼，1987年，彩插24，图11

之下的骨骼。他的作品表明，他们这些艺术家在描绘荷马史诗中的怪物时，受到了（当时）发掘出土的一些奇形怪状的动物头骨的启发。

　　丹麦的哥本哈根国家博物馆现藏有一个制作于约公元前500年（制作年代略晚于特洛伊怪物陶瓶）的黑像双耳瓶。瓶身的图案描绘了赫拉克勒斯用绳子把怪物从一处洞穴或悬崖拖拽出的场景。在这幅图中，怪物的形象为一个吐着舌头的巨型原始人（见图4.5）。

　　艺术家们把大众想象中的希腊神话怪物描绘成巨兽或巨人。哥本哈根陶瓶的制作者选择了后者。珀尔修斯陶瓶和哥本哈根陶瓶展示了文艺作品中神话怪物创作的两条传统分支。但是藏于波士顿的特洛伊怪物陶瓶前所未有地描绘了大型动物头骨化石，这指向了文艺作品中巨人和怪物这两种分支所共有的自然基础。这是史前动物化石遗迹影响古代人关于远古怪物的观念

图 4.5　赫拉克勒斯拖拽怪物，黑像双耳大饮杯，制作于约公元前500年。国家博物馆，哥本哈根，古典时代和近东地区文物部，第834号

的有力证据！[3]

　　这幅令人惊叹的图画绘制于约2500年前，是古典时代遗留下来的描绘大型动物化石的最早画作。艺术家将这块化石描绘成神话中一头在海边出现的怪物。这说明人们不时发现已灭绝的大型动物的遗迹。而且，这种描绘还说明，一些古人已经对神话产生的过程有所认识，这种过程启发了另外两个陶瓶上的怪物形象。绘制特洛伊怪物陶瓶的无名艺术家的古生物学"记录"，预示了后世对受到象牙启发而产生的龙牙神话的文学解构（由佩勒菲图斯记述，详见本书第5章）。一些古希腊人和古罗马人有意识地把他们自己神话中的怪物和巨人与在地中海地区附近发现的不同寻常的骨骼遗迹联系起来。与这种能力形成鲜明对比的是，他们对斯基泰的格里芬和印度的巨龙等产生于异域传说和环境的化石怪物抱有一种"舶来"的信仰。

　　自1963年波士顿博物馆获得特洛伊怪物陶瓶后，尽管古典学家、考古学家和艺术史学家对此发表过很多看法，但特洛伊怪物陶瓶上的图案在古生物学研究上的重要价值仍未得到认可。考虑到古代已有大量关于化石收集的文献记录，现代古生物学又发现了欧洲及环地中海地区含有丰富的史前骨骼化石床，而学者们却没能发现第二件与之相似的古代文物，这看起来简直不可思议。

　　不仅如此，就像我们即将看到的那样，学者们甚至没有给予古代"古生物学"活动的相关考古证据应有的关注。由于地中海考古学和古生物学的跨学科研究仍处于起始阶段，本章只能以随机的"管中窥豹"的方式向大家呈现考古学家发现的表明古人与化石关系密切的实物证据。本章接下来所呈现的各类实物证据包含在地中海地区的古代庙宇、坟墓和其他地方偶然间找到的、很少被提及的现代化石发现。由于缺乏学界的持续关注或经历了一些意外事故，很多重要证据已经遗失或被遗弃。我希望下文呈现的对古生物学发现的搜集，能够鼓励人们对出土于古代遗址的化石进行更系统的研究，并且使考古发掘者们意识到古代人收集的化石遗骸的文化和历史价值。

化石收集活动的考古学证据

　　化石一直都是人类好奇心和占有欲的投射对象。举例来说，20世纪20年代，化石猎人罗伊·查普曼·安德鲁斯在火焰崖的白垩纪化石床附近发现了用恐龙蛋制作而成的旧石器时代的首饰。20世纪80年代，古生物学家威廉·桑德斯在刚果的更新世人类聚居点发现了上新世的剑齿象象牙。由于早在人类出现之前数百万年，剑齿象就已经灭绝，所以这枚象牙出现在古人类定居点一事在桑德斯看来，"只能是在2.1万年前被一些非洲猎人当作一件新奇物件带到了此处"。

然而，人们都觉得这是微不足道的小事。大卫·里斯是极少数擅长在地中海人类遗址中辨认史前动物遗迹的动物考古学家之一。他对"很少有人保护或者研究"古代遗址中的化石一事感到很遗憾。1965年，英国古生物学家肯尼思·奥克利把自己对"古人收集的化石"的广泛兴趣称作一种对"无用知识"的嗜好。

然而正是奥克利那自嘲为无用的学识使其成为古生物学史方面的研究先驱。他的研究表明，从旧石器时代甚至更早的时期起，人类就开始收集精巧的化石作为装饰、护身符或新奇物件，尤其是牙齿、贝壳和其他海洋动物化石。例如：法国南部的克罗马农人（Cro-Magnons）曾把侏罗纪菊石化石串起来作为装饰；在约1.5万年前，一位猎人曾把一块三叠纪肺鱼化石带进了瑞士的一个山洞里。早期的穴居人常常长途运输这些珍宝。长途运输化石的最早案例之一就是人们在法国中部的拉斯科洞穴发现的上新世腹足动物化石——一种原本仅出现于爱尔兰或怀特岛的化石。考古学家还在法国的旧石器时代的洞穴中发现了来自德国乃至更远地方的三叶虫化石。

生活在法国吉伦特河谷的旧石器时代的猎人们发现了很多海豕（儒艮的中新世祖先）的大型骨架化石。他们收集厚实的肋骨，用以制作独特的骨质箭镞和刃器。同时，在比利牛斯山脉，旧石器时代的猎人们会搜寻洞熊的犬齿化石，以此作为护身符。这比从活着的熊嘴里拔牙要安全多了，活洞熊站起来高达7英尺（约2.1米）！早在公元前3万年，人们就开始收集鲨鱼牙齿。这种鲨鱼生活于侏罗纪到白垩纪，它们那有着半透明釉质的三角形牙齿呈蓝色、绿色、红色和棕色，是不少古代聚居地的居民的最爱。化石还可用作随葬品。例如，哈萨克斯坦的萨卡−斯基泰人随葬品（约公元前400—前200年）中就有侏罗纪卷嘴蛎和其他海洋生物化石。这些化石是他们从里海沿岸露出地面的岩层上收集而来的。此外，还有来自其他地区的骆驼骨骼，这种骆驼骨骼在600—1200英里（965.6—1931.2千米）外的南方才能被找到。[4]

旧石器时代的穴居人和游牧民族没有留下文字，他们对化石是如何解读的？我们只能进行猜测。但是我们已经对古希腊人和古罗马人对本民族和其他文化的古生物学发现所做的记录和解读有所了解。我们知道，古希腊人和古罗马人认为发现于内陆的石质贝壳和鱼骨就是此地曾经是海洋的证明，他们还把埋藏于地下的巨大骨骼解读为早已灭亡的巨人和怪物的遗骸。这些古代文献中的记载还表明，人们曾在公共场所或祭祀场所收藏、展示这些骨骼遗迹。有没有留存的考古学证据来佐证这些文字记录呢？

麻烦的骨骼

后来，地中海周边那些圣殿和英雄神庙中的巨型骨骼都如何了呢？我们能找到像当年希罗多德、帕萨尼亚斯、老普林尼、普鲁塔克、菲洛斯特拉托斯、弗勒干和奥古斯丁所测量和记录过的那样的巨型骨骼和牙齿吗？在古代就已经露出地表的骨骼化石当时就已有百万年的历史，因此这些骨骼极其脆弱，尤其是在它们受到自然和人为双重因素影响的情况下。根据帕萨尼亚斯记载，有些遗迹，如珀罗普斯的巨型肩胛骨和卡吕冬野猪牙，早在罗马时代就已经变得支离破碎。至于那些在古典时代逃过一劫的遗迹，则可能在罗马帝国晚期的蛮族入侵和其后地中海地区的历史剧变中损毁或佚失。在之后的数千年间，古代的墓葬和居住点又常被盗贼搅扰、洗劫。青铜棺椁、陵墓和神庙藏品都是盗贼的劫掠目标。所有的劫掠者都会直奔金银珠玉、精美陶器和其他易于变现的宝物，而那些冢中枯骨——无论新旧和化石化与否——都被随意丢弃。

不幸的是，直到最近，考古学家在地中海地区进行考古发掘时所做的事情也是如此。考古学家对可确定年代的工艺品和博物馆级别的艺术品十分狂热，他们认不出那些令人困惑的、烦人的骨头，便把它们当作古代的垃圾，丢在了一边。卡拉·安东纳乔在希腊早期英雄崇拜的考古学发掘研究中记录了人们对无数骨骼所做的杂乱处置。在一处遍布英雄坟墓的乡间，发掘者们发现了青铜时代及后世一些坟冢中遗留的大量动物骨骼、牙齿（包括象牙）和角。例如，在麦西尼亚地区（伯罗奔尼撒西南部），考古学家发现了巨型的鹿角、长牙、一副被视作从荷马史诗中的英雄坟冢里找到的大型动物骨架，以及于某种仪式中被埋葬的、尚未辨认出属于何种物种的大型动物骨骼，还有一些只有动物遗骸的坟冢。然而没有一例被成功地保存下来用于科学研究，也没有内容翔实的学术出版物来让动物学家或古生物学家对这些骨骼进行辨认。在动物考古学这门学科出现前，古代坟冢中难以计数的现存动物和已灭绝动物的遗骸都被扔进了考古学的"垃圾场"，使我们永远失去了研究、理解它们的机会。[5]

动物考古学

动物考古学诞生于20世纪70年代，主要研究在考古发掘中发现的动物遗迹。自那时起，考古学家开始对动物遗迹进行更加细致的记录。但是动物考古学并没有在古代化石收集的研究上起到如人们预期那样大的作用。动物考古学家倾向于关注古代人口统计学和经济学，而非研究文化和文物的意义。他们辨别人类骨骼、当时存在的家养和野生动物骨骼等，以确定古人吃哪些动物、献祭哪些动物。古代遗址中偶尔出现的史前动物化石或牙齿是反常的。很多反常的动物遗迹都因不符合作为食物或祭品的动物的搜索形象图而被忽视了。即便考古学家确实对这些化石进行了记录，这些化石也往往得不到有效辨别和保存。有关一块化石化的骨骼或牙齿的信息可能只是被记在了田野调查本的后面，即便被写进了出版的发掘报告里，也只会出现在脚注和附录中。

根据大卫·里斯的记录，研究古典时代的考古学家将发掘出的化石误认为现代物种骨骼的情况并不少见。古生物学家很少有机会去检视他们的考古学同事们在古代遗址中发掘到的脊椎动物化石。一个幸运的例外发生在1926年，巴纳姆·布朗偶然间在科斯岛古代医学院的碎石瓦砾之中找到了一枚已灭绝的象科动物的臼齿（我将在本章末尾详谈这起事件）。布朗猜测，伟大的希波克拉底可能曾经研究过这枚臼齿样本。这件事当然已经不可考了，埃里克·比弗托对此评论道："毫无疑问，古希腊人当时一定觉得这枚牙齿的价值足以让他们把它从科斯岛的化石露出点取出来，放置在阿斯克勒庇俄斯神庙里。"[6]

考古学家研究的史前遗迹通常是牙齿和海洋动物化石，尤其是带有人类加工痕迹的化石。然而，考古学家还在古迹里找到了一些已灭绝的巨型动物的化石遗骸。当然，埋葬着俄瑞斯忒斯骨骼的斯巴达坟冢和埋有忒修斯巨骨的雅典棺材早就被人毁坏了。然而，即便这些古生物学遗迹已经不复存在，即便动物考古学家通常只记录现存物种，仔细筛查动物考古学家边边角角的记录、古代神庙里的奇怪供品和各领域学者们收集的尚未公开出版的材料，也是值得的。来自各方的散乱的证据似乎证明了，包括大型已灭绝哺乳动物的骨骼和牙齿在内的各类化石，实际上正如那些古希腊和古罗马的作家们所写的那样，曾被收集起来，供奉在他们所记录的那些地方。

虚假的化石线索和死胡同

一块来自古代雅典的巨型肩胛骨

我知道，期盼考古学家能够找到装载珀罗普斯巨骨的沉船是一种奢望。然而，人们在古代人类遗址中分别发现了巨型肩胛骨和装载化石的沉船，这似乎让珀罗普斯巨骨的故事变得清晰起来。1998年，我听说有人在公元前9世纪的雅典城市广场遗址中发掘出了一块比我的手臂还要长的肩胛骨。我最初认为这是早期雅典人在派克米附近的化石床发现的乳齿象肩胛骨化石。但是发掘现场的考古学家认为，这块巨骨属于一条肩胛骨长得恰似巨人的现代鲸鱼。肩胛骨的一端有一个方形孔洞，这可能是为了便于将其悬挂展示。无论它是现代鲸鱼骨骼还是化石，这项惊人的发现都意味着，早在公元前9世纪，在人们对珀罗普斯等体形大于凡人的神话英雄的遗迹的兴趣刚刚燃起时，就已经有人不辞劳苦地将巨型肩胛骨运往雅典了。[7]

爱琴海沉船上的化石

1973年，大卫·里斯在塞浦路斯工作时，听说人们在科马基蒂角（Cape Kormakiti，位于塞浦路斯西北海岸线）发现了一艘古典时代的沉船。据说，沉船上装载有动物骨骼和牙齿的化石。那年夏天，正在发掘一处青铜时代遗址的哈佛大学考古学家埃米莉·弗穆尔（Emily Vermeule）也听说了这艘沉船。她得到了沉船里的"一枚来自大型反刍动物的牙齿化石"——看起来像是属于某种骆驼。如今，当年给她牙齿化石的那个人已经去世，那枚牙齿化石也不见了。这艘沉船的发现从未汇报至塞浦路斯文物管理局。里斯、弗穆尔和我当年曾试图从这一重要发现中提取更多信息，但只是徒劳。那年夏天，土耳其和希腊之间的关系变得紧张，并于1974年爆发了战争。土耳其军队占领了塞浦路斯北部及其海域。截至2000年，土耳其军队仍然控制着科马基蒂角。那艘据说装载着古代化石的沉船也杳无音信了。那艘可能载有英雄遗骨的船只在古代迷失在海中，又在一场现代战争中再次被遗失。[8]

古人收集化石的考古学证据

一艘经过塞浦路斯北部的船可以将化石运往或运离小亚细亚。叙利亚和希腊之间曾有一条象牙航线，塞浦路斯恰好位于此航线上。在古代，人们将沉重的象牙视作"能赚钱的压舱石"。鉴于人们对于获取化石遗迹的巨大兴趣，沉重的矿化骨骼也可能被视作一种能赚钱的压舱石。1982年，人们发现并研究了一艘位于乌鲁布伦（Ulu Burun，临近土耳其卡斯地区）附近的沉船，船上装载着象牙和其他青铜时代的宝藏。最近，我听说了关于这艘船的一个小秘密：这艘沉没于公元前14世纪晚期的船上载有海贝化石。发掘主管杰马尔·普拉克（Cemal Pulak）认为，有个来自叙利亚或巴勒斯坦的水手收集了这些贝壳化石，打算在航行的时候把它们做成吊坠来卖钱。[9]

来自众多古代遗址的证据表明，各种动物化石、植物化石曾从遥远的地方运过来，并作为装饰物、纪念品或用来献祭的宝物。例如，1888年，考古学家阿瑟·埃文斯爵士（Sir Arthur Evans）得到了一枚来自公元前6世纪伊特鲁里亚人墓葬（位于意大利的阿斯科利皮切诺）的美丽吊坠：一枚中新世鲨鱼的半透明灰红色牙齿被镶嵌在金丝工艺品上。这种牙齿化石在地中海西部很常见。同一时期的另一位伊特鲁里亚人还在其爱人的墓中放了一枚带有好看图案的黑色石块。一位现代植物学家辨认出，这块黑色石头是曾经装点过伊特鲁里亚大地的埃特鲁斯苏铁（Cycadeoidea etrusca）的化石残片。各地出土的植物化石在古代自然也被辨认为化石化的植物，它们曾是古人追捧和喜爱的新奇物件。比如，老普林尼曾描述一种产自西班牙蒙达（Munda）地区的石头：如果将它劈开，可以看到石头里面酷似棕榈树树枝的图案。在公元前4世纪，泰奥弗拉斯托斯也记录了产自遥远的印度的芦苇化石。[10]

马耳他化石

公元前6世纪，哲学家克塞诺芬尼在看过嵌在石头里的马耳他海洋生物化石之后，认定这座岛曾处于海平面之下（详见本书第5章）。根据西塞罗的记录，马耳他的朱诺神庙曾以其收藏的巨型象牙闻名于世，而这对象牙很可能是来自意大利或北非的猛犸象牙化石（详见本书第3章）。几处马耳他岛的考古发现则证实了古代马耳他人对当地化石很感兴趣。早在公元前4千纪，马耳他人就曾把成堆的中新世鲨鱼牙化石作为祭品献给了一座神殿。公元前2500—前1500年，马耳他制陶工人曾以中新世体形巨大的巨齿鲨（*Carcharodon megalodon*）的锯齿状牙齿装饰有专门沟槽的陶碗。生活在新石器时代的马耳他人还在神庙中收集了大量中新世螺旋腹足类动物（Helicoid gastropods，即具有螺旋状壳的蜗牛）的外壳。

找到这些东西的考古学家们还惊奇地发现了很多巨大的、用石灰岩切削而成，并在烧制的陶土里成模的腹足类动物模型。这些模型让人们想起了发现于同时期克里特岛上的几个米诺斯文明遗址中的用黄金和大理石制成的鲨鱼椎骨模型。这些是目前可追溯的最早的海洋生物化石复制品。这些模型是否说明人们想要了解神秘的自然化石的形成原因呢？软体动物和鲨鱼椎骨在当时的珍贵程度足以让人们制作模型吗？我们知道，在公元12世纪，中国人就曾高度追捧带有鱼类印痕的保存完好的化石，其需求量之大使当地人开始造假。我们现在唯一能够确定的是，马耳他从很早的时期就十分珍视化石。[11]

卡普里岛上的巨型骨骼

1905年，为卡普里岛的瑰诗诺酒店（Quisisana Hotel）挖掘地基的工人们发现了一批巨型骨骼和牙齿的化石。这些化石与一些石制的箭镞和刃器混在一起。几年后，意大利古生物学家鉴定出这些燧石武器属于冰川时期的猎人，而骨骼和牙齿则属于一些已灭绝的更新世哺乳动物，包括猛犸象、犀牛和巨型洞熊。这些化石样本和武器目前被保存在卡普里镇的一座博物馆中（见图4.6—4.8）。

令人难以置信的是，这一重要发现竟被罗马帝国早期的历史学家们忽略了。要知道，当年奥古斯都正是在卡普里岛建立了他的巨型骨骼和古代英雄武器博物馆（详见本书第3章）。奥古斯都是否真的曾把古代武器和他收集的巨型骨骼陈列在一起？果真如此的话，他这样做的原因是什么？学者们尚有疑问。我认为，解决这个古老问题的钥匙就存在于1905年工人们的发现

图4.6　1905年瑰诗诺酒店地基挖掘工人发现的草原猛犸象（*Mammuthus chosaricus*）白齿，卡普里，意大利。更新世猛犸象、洞熊和犀牛的骨骼与石制武器混合在一起。奥古斯都设立在卡普里的博物馆中也有相似的组合。照片由菲利波·巴拉托洛提供，版权属于伊格纳西奥·塞里奥文化中心

图4.7　1905年发掘于瑰诗诺酒店的窄鼻犀牛（*Stephanorhinus hemitoechus*）臼齿及下颚残片，卡普里，意大利。照片由菲利波·巴拉托洛提供，版权属于伊格纳西奥·塞里奥文化中心

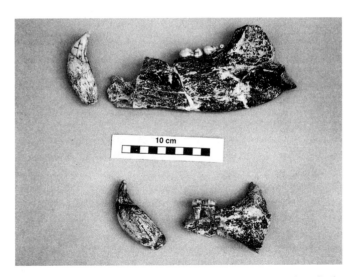

图4.8　1905年发掘于瑰诗诺酒店的洞熊下颚残片与犬齿，卡普里，意大利。照片由菲利波·巴拉托洛提供，版权属于伊格纳西奥·塞里奥文化中心

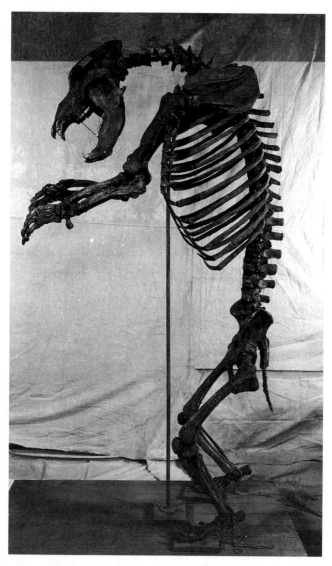

图 4.9 洞熊骨架。洞熊遗迹很可能被收于奥古斯都为自己收藏的"通常被当作巨人之骨的怪物巨骨"而建的博物馆中。Neg.320463，照片由 A.R. 和 R.E.C. 拍摄，由美国自然历史博物馆图书馆服务部提供

之中。工人们的发现与一批据说是奥古斯都在修建他的行宫时挖到的东西几乎完全吻合。巨大、奇异的骨骸与做工精细但颇为原始的石制武器的组合很容易被古代人解读成神话中的英雄屠灭巨人和怪物的证据。这也可以解释为什么奥古斯都——一位执着于意大利辉煌过去的皇帝——决定把"英雄的武器"和巨人的遗骸在卡普里岛一同展出。我们还可以想象出展示在世界上第一座古生物学博物馆中的那些史前生物：巨大的长毛象、犀牛和洞熊（见图4.9）。[12]

古埃及的化石奇迹

约公元前3100年，开罗玛阿迪（Maadi）附近的一位居民在一枚绿色的始新世中期鲨鱼牙齿化石上钻了一个孔，将其制成了一个可以佩戴的吊坠。法尤姆洼地的新石器时代人类遗址（约公元前4500年）也出土了被制成吊坠的第三纪鲨鱼牙齿化石。根据曾在埃及执教的普鲁塔克的叙述，人们在"埃及的矿井和山岗上"曾发现过化石化的软体动物遗骸，这是"此地原为海洋的证据"。提姆纳（Timna，位于西奈）的矿井神庙遗址中发掘出的丰富的化石藏品证实了普鲁塔克的记载。古代矿工收集了海胆化石、海贝化石，以及青铜时代晚期埃及铜矿和采石场附近绿洲地带沙砾中的龙介虫化石，随后将化石作为供品献给了当地神庙。

1903年，人们在赫利奥波利斯（Heliopolis）发现了此类化石的相关记录。在那里，意大利考古学家们对一座圆形建筑进行发掘，在建筑中发现了大量铭文和制作于不同时期的小型手工艺品。在这座既是图书馆又是博物馆的建筑中，考古人员发掘了一件刻着自身发现过程的海胆化石。这件始新世海胆正面铭刻的象形文字表明，它是新王国时期①的一位名为贾尼法（Tjanefer）的矿工或祭司兼抄写员在西奈矿区的某个采石场发现的。1998年，埃及学家约翰·雷（John Ray）曾说：这枚被珍藏的海胆化石象征着一种激发科学探索欲的古老的惊异感。这枚带有传奇色彩的手工艺品是我们了解古代思想谜团的启明灯。[13]

赛特神庙里的黑色骨骼

约公元前1300—前1200年，崇拜提丰式的赛特（奥西里斯的敌人，详见本书第3章）的埃及信徒收集了近3吨被河水抛光的黑色骨骼化石。他们将这些骨骼化石献给了尼罗河沿岸艾斯尤特（Asyut）以南几英里处的两座赛特神庙。

1922—1923年，盖伊·布伦顿（Guy Brunton）成了第一位发现大加乌和米特玛尔（Matmar）地区赛特神庙的化石堆的考古学家。这些化石正是史前动物大型骨骼被古人视作神圣遗迹并举行仪式将其重新埋葬的有力证据。接下来的一年，布伦顿的同事弗林德斯·皮特里爵士（Sir Flinders Petrie）发现大加乌的坟冢中也保存有大量化石。让他尤为震惊的是，有几块骨头化石被人精心包裹在亚麻布中，并放置在精心开凿的墓室里。这些化石大多属于大型河马，但是也有已灭绝的某些种类的鳄鱼、大羚羊、野猪、马和巨型水牛的骨骼，以及一些人类的头骨和肢骨化石。这些化石很重，颜色很深，而且被河沙磨得颇为光亮。布伦顿的看法是，古埃及人将这些黑色的骨骼化

---

① 又称埃及帝国时期，公元前16—前11世纪，囊括了埃及第18—20王朝，是古埃及最繁荣的时期。

石视作黑暗之神赛特的遗骨来膜拜。肯尼思·奥克利猜测，古代赛特神庙的祭司认出了其中一些矿化的骨骼属于人类遗骨，并有意地将其与动物化石组合起来，以此表现兼具人类与野兽特征的神的形象。

布伦顿团队耗时 6 个星期，对大加乌的骨骼化石进行了整理。1925 年，皮特里表达了他希望地质学家可以找到化石的原始产地的愿望。1926 年，地质学家 K. S. 桑德福（K. S. Sandford）对大加乌周边 500 英里（约 804.7 千米）的范围进行了探寻，但是未能定位"这些（显然生活于上新世—更新世的）动物骨骼的奇怪组合"的来源地。桑德福写道："我们非常期待古生物学家的结论。"1927 年，布伦顿表示，这几吨化石遗迹会"被记入一个特别备忘录"；1930 年，他又许诺为这些骨骼开设一个专栏。不幸的是，那就是关于赛特神庙黑色骨骼化石的最近的消息了。这些化石似乎已经淡出了科学界的视野。

1998 年，我联系了英国自然历史博物馆古生物学系第四纪哺乳动物馆馆长安德鲁·柯伦特（Andrew Currant），询问博物馆是否还存有当年布伦顿和皮特里留下的关于大加乌化石的记录。出乎我意料的是，柯伦特找到了存放在旺兹沃思（Wandsworth）仓库中的一批"丰富但大部分没有进行登记"的大加乌化石收藏。这些材料仍然放在 20 世纪 20 年代从埃及运来的板条箱里！这些来自大加乌的独特的化石遗迹被弃置在南伦敦的一些未开封的板条箱里，而它们必然值得动物考古学家、古生物学家及埃及学家的进一步研究。

而皮特里发现的那些用亚麻布包裹的化石的遭遇则更为离奇。1999 年 1 月，大卫·里斯才终于找到了它们的下落。几年前，大卫听说伦敦的皮特里博物馆把一大批古埃及织物送到了维多利亚与阿尔伯特博物馆。工作人员选出了一批年代最为久远而又来历不清的古代织物，这些织物被平安送达兰开夏郡博尔顿博物馆。安杰拉·P. 托马斯是博尔顿博物馆的高级研究员，她注意到一些包着东西的亚麻布也被不经意地混在了这些织物中（见图4.10）。信封背面有着皮特里潦草的初始手写标签，证实了这些包裹正是1923—1924年发现于大加乌的那些失踪多年的用亚麻布包裹的骨骼化石！[14]

特洛伊的一块化石

　　1870—1880年，海因里希·施里曼（Heinrich Schliemann）对青铜时代的特洛伊遗址进行发掘，并在墓葬用到的陶瓷旁边偶然发现了一块"奇怪的化石化骨骼"。公元前13世纪，也就是传说中的特洛伊战争时期（也是特洛伊和安纳托利亚其他地区、爱琴海地区、叙利亚北部开始产生联系的时期），这块化石被人运送到这座城市。施里曼把这块骨头交给伦敦大英博物馆化石部的威廉·戴维斯（William Davies）。戴维斯将其认定为某种已灭绝的中新世鲸类的矿化椎骨。考虑到古人常常会长途运输那些"宝贝"，戴维斯认为这件遗骸可能来自"特洛德的中新世化石层"，或是来自更远的地方。

　　施里曼对古代特洛伊人收集的一块特别的化石化骨骼的发现，被其取得的其他光辉成就掩盖了——他还发现了金质珠宝和其他青铜时代的珍贵文物。不过对于我们而言，特洛伊人在青铜时代收集化石的实物证据为我们解读帕萨尼亚斯的记述——特洛伊战争时期希腊人捉住敌方先知的故事（详见本书第3章）——提供了新的维度。特洛伊的先知预言了希腊人的英雄珀罗普斯的遗骨会展现出魔力。施里曼的发现表明，当时的

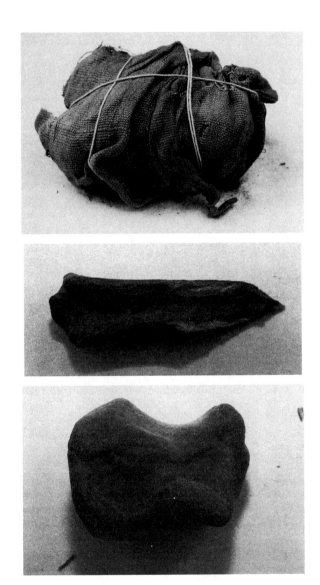

图 4.10 埃及大加乌的赛特神庙里用亚麻布包裹的骨骼化石。1923—1924 年，皮特里爵士于岩凿墓室中发现此包裹，它约 4 英寸（约 10.2 厘米）长。照片由博尔顿艺术博物馆提供

特洛伊人确实对守护神借由化石遗物来"英灵显圣"的概念十分熟悉。

在施里曼把椎骨化石运送至大英博物馆化石部进行辨认的一个多世纪之后，大卫·里斯告诉我，这件特洛伊文物可能仍在大英博物馆。果然，馆长安德鲁·柯伦特确认了那块骨头还在伦敦，可供我进一步调查研究。对这块化石的辨别、检验可能会帮助我们了解其起源和所属物种，让我们能够了解它是来自藏有古人感兴趣的巨型中新世化石的特洛伊附近地区，还是来自更远的地方——比如当时与特洛伊产生联系不久的黑海沿岸或者伊奥尼亚海沿岸的某处化石床、某座爱琴海岛屿，甚至是叙利亚的奥龙特斯河谷。[15]

萨摩斯岛的自然奇迹

约1000万年前，萨摩斯岛是亚非欧在地质学-动物学上的交汇点。公元前7—前6世纪，萨摩斯岛仍是希腊、小亚细亚和埃及的文化交流枢纽。当地人把萨摩斯岛出土的中新世乳齿象和萨摩麟的巨型骨骼当作内阿德斯或者酒神狄俄尼索斯战象的遗骸（详见本书第2章），向往来的旅人进行展示。旅行者们也会拜访岛上华丽的赫拉神庙（当时最大的神庙）。自1910年起，德国考古学研究所开始对神庙的藏宝室和周边区域进行发掘。在发掘过程中，人们发现了丰富的异域动物遗骸，并将此结果于1981年和1983年公之于世。

萨摩斯岛是个汇集了当地和外来诸多奇观的古代自然奇迹博物馆。神庙曾是当地村民和博学的旅行者们一同瞻仰动物学和地质学奇迹的地方。这里有巨型怪物内阿德斯的化石化骨骼、巨型爬行动物骨架、狒狒雕刻品以及栩栩如生的斯基泰格里芬模型。神庙还可能有过一个饲养奇珍异兽的动物园。在这些从赫拉神庙遗址发掘出的异域动物遗骸中，还有创纪录的巨大的河马牙齿、仅产自黎凡特地区或北非的鸵鸟蛋壳和来自红海的巨型长砗磲（*Tridacna maxima*）蛤壳、仅见于北非的狷羚（*Alcelaphus buselaphus*）的带角头骨，以及一条16英尺（约4.9米）长的尼罗河鳄鱼的惊人的头骨。[16]

出身富贵的信徒们把产自非洲或中东地区的珍奇物品供奉给神庙，这些人有财力资助艺术家们创作出耗资不菲、饰有可怕的格里芬头的青铜大釜（正是这些格里芬头最先激发了我对怪物化石的探索，详见本书第1章）。但是德国考古学家赫尔穆特·基里雷斯指出，古代的历史学家常常忽视普通人进献给赫拉神庙的那些质朴但颇显心意的供品。他们进献了自制的格里芬小青铜釜、质朴的木雕，以及数不清的"小件奇物或简单的自然物件"（如水晶、松果球、珊瑚块和石笋等）。

所有看起来难以归类的、罕见的或灵妙的物件都是供奉给众神的祭品，也是给神庙"藏宝阁"的捐献。尽管萨摩斯当地盛产这些东西，但是整个地中海地区的渔夫、农民、采石工、牧民和村民还是会把或美丽或奇异的贝壳化石和大型化石化遗骸献给这里的神庙。根据古代作家的记载，孩子们会沿着迈安德河（Meander River）和土耳其的西皮洛斯山附近拾捡小石柱（海百合茎化石），并将其献给供奉大地女神的神庙。在斯巴达附近的欧罗塔斯河（Eurotas River）畔，人们会收集"形似小型头盔的石头"（可能是所谓的头盔海胆）。人们称这些小头盔为"Thrasydeilos"，意为"勇又怯"——据说它会在听到号角声后跳出水面，但一听到有人喊"雅典人"又会吓得沉入河底。头盔石被大批量地献给斯巴达的雅典娜神庙（这位戴头盔的女神与战争有着千丝万缕的联系；上文的头盔石笑话似乎出自伯罗奔尼撒战争）。希腊陶瓶上也描绘有渔民把打捞上岸的巨型骨骼献给乡下神殿的场景。任何人，无论男女老少，只要细心观察周遭的自然世界，就能发现那些珍奇的东西，甚至是巨大的英雄骨骼。[17]

　　硕大的兽牙供品是最受神庙欢迎的。在考古发掘中找到的一些加工过的河马牙和象牙显然是雕刻用料，但神庙里保存的大量未经加工的属于当时存在或已灭绝的动物的巨大长牙和臼齿则可能是一些"古玩、战利品乃至传家宝"。考古学家P. J. 里斯（P. J. Riis）相信，在泰勒苏卡斯（Tell Sukas）的神庙（希腊人于公元前6世纪建于安条克以南的奥龙特斯河畔）中保存的那枚巨大的河马臼齿在当时被认为是英雄的遗迹。里斯解释道："那些希腊人恰巧发现了这颗巨大但又形似人类牙齿的臼齿，他们一定会把它当作从某位英雄的墓葬中散落出来的遗骸，因而对其礼遇有加。"里斯的这一发现让人想起在本都地震后被发现并被献给罗马皇帝提比略的巨牙（提比略后来将其归还并下令重新埋葬，详见本书第3章）。我们还可以联想到人们在奥龙特斯河河床上发现的巨型骨架（帕萨尼亚斯记录过此事，详见本书第3章）。大型象科动物和河马的牙齿在古迈锡尼（伯罗奔尼撒）、克诺索斯（克里特）、塞浦路斯、叙利亚、以色列和土耳其等地的神庙里都有出现。正如前文所言，人们送往萨摩斯的赫拉神庙的供品中有相当一部分是巨大的河马牙齿，例如，一颗发现于祭坛附近的牙齿有20英寸×3英寸（50.8厘米×7.6厘米）那么大。[18]

　　德国考古学家仍在发掘萨摩斯岛赫拉神庙中令人意想不到的动物遗骸。1988年，在众多公元前7世纪的祭品堆（陶器和动物骨骼）中，一块巨型股骨化石引起了赫尔穆特·基里雷斯的注意。赫尔穆特描绘出了一幅人们现已熟悉的场景："想象一下，一位萨摩斯农民在田里发现了亚马孙人的骸骨，并将其恭恭敬敬地送到赫拉神庙"，百年来，它令许多访客惊叹。神庙指南对于那位农夫的奇妙发现做出的阐释仍在回响，这些指南指引着好奇的旅行者（也许甚至包括历史学家欧福里翁或普鲁塔克）去亲眼见识米蒂利尼附近化石床的那些露出地表的晒白了的巨型骨骼，而如今我们知道，这些骨骼属于巨大的乳齿象和萨摩麟。

　　多亏了基里雷斯对文献记录的敏锐洞察和他对萨摩斯岛中部的新近纪化石床的充分了解，他才能从一大堆骨骼中间发现一块化石独特的历史研究价值。人们在公元前7世纪将巨型骨骼放置在神庙的举动，证明文献中所记载的事件并非凭空捏造——萨摩斯岛的确曾向世人展示巨型骨骼，古人也的确会把巨型骨骼供奉在神庙中。

　　1988年，出土于赫拉神庙的化石遗迹在雅典被暂时认定为"上新世河马"股骨。但萨摩斯岛古生物学专家尼科斯·索罗尼阿亚斯提出了异议，他认为萨摩斯岛的化石层不可能含有河马遗骸。索罗尼阿亚斯认同基里雷斯关于骨骼曾由一位萨摩斯农民发现的直觉式判断，认为骨骼的浅色外表说明它的确来自萨摩斯岛（见图4.11）。如果这块化石来自当地，那么它可能属于中新世乳齿象或犀牛，而非上新世河马。如果这块股骨化石确实属于一头河马，那它应该和出土于赫拉神庙的河马牙齿一样，是在其他地方出土后运送至萨摩斯岛的。本书写作之时，人们正在对

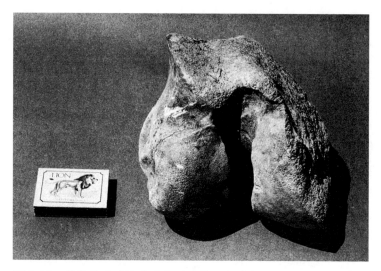

图4.11　赫拉神庙遗迹中的大型股骨化石（左侧摆放了一个火柴盒作为尺寸参照物），萨摩斯岛，希腊。这块骨头于公元前7世纪或者更早时期被放置在神庙之中。照片由赫尔穆特·基里雷斯提供

这块骨头的所属物种、来源和年代进行进一步分析与辨认。[19]

麦西尼亚的一块英雄之骨

　　生活在伯罗奔尼撒西南部岬角的古代麦西尼亚人对收集巨型骨骼展现出了特别的兴趣。根据帕萨尼亚斯的记载，大约在斯巴达与麦西尼亚交战期间，人们曾将他们所认定的公元前7世纪的英雄阿里斯多美奈斯的巨型骨骼从罗得岛运到了麦西尼亚。也许是在同一时期，人们为另一位麦西尼亚英雄伊达斯举行了一场隆重的葬礼，将其骨骼入殓在石质大瓮中。但仅仅几个世

纪后，这些骨骼就因一场大风暴而露出了地表。特拉勒斯的弗勒干记述，公元2世纪的麦西尼居民在这些骨骼上刻上新铭文，然后将其重新安葬（详见本书第3章）。考古学家目前已经发掘出麦西尼亚地区英雄坟冢的实物证据，包括从青铜时代到希腊化时期的大瓮中的遗骸。但是，正如前文所说，在20世纪60年代前，曾有数不清的动物遗迹——包括一些尺寸极大的，仅在简单记录后就被麦西尼亚地区的发掘者弃于荒野了。

无巧不成书。首次为了科学分析地中海地区遗址中的动物遗迹而进行的考古发掘也发生在麦西尼亚。1978年，小乔治·拉普（George Rapp, Jr.）和S. E. 阿申布雷纳（S. E. Aschenbrenner）公开了明尼苏达麦西尼亚考古发掘团队的第一批结果。考古队对今尼科利亚附近的一处古城遗址进行了长期发掘，这处遗址位于古代麦西尼城西南数英里处。研究发现，从青铜时代中期到拜占庭时期，一直有人类居住于尼科利亚附近的这座小城（其古称未知）。尽管实质性发现不多，但考古界依旧对这支考古团队的创新方法印象深刻。

发掘报告最后一节的最后半句话引起了我的注意——"无脊椎动物和其他各种动物的遗骸"。发掘者们在卫城（城堡圣殿）发现了一块已灭绝动物的大型股骨化石，这"显然是作为古董被运送至卫城的"。第一批对古希腊遗址中的非人类骨骼进行系统性研究的考古学家找到了一块英雄遗骨！尽管考古学家认为这块大型骨骼化石是被人特意放置在祭祀场所或公共场所的，但他们并没有将其与描写古代麦西尼亚尊崇英雄遗骨的文字记载联系起来。由于考古学家还在尼科利亚发现了"英雄坟冢"，这块巨型骨骼可能是人们出于英雄崇拜而收集的遗迹之一。发现于尼科利亚的英雄墓葬中有一座陶缸墓葬，即把遗骨放在大缸中下葬。这让人联想到弗勒干所记述的英雄伊达斯，他的巨骨遗骸被人装殓在大石瓮中，并葬在麦西尼附近（详见本书第3章）。

明尼苏达州的这支团队确实曾试图追溯这块巨型股骨的来源。1978年，一位对地中海地区古动物并不熟悉的恐龙专家罗伯特·斯隆（Robert Sloan），认定这块骨头属于某种"上新世或中新世象科动物"。我们如果想要真正了解这块遗骸在古代古生物学史上的地位，就需要对这块骨头做出明确的鉴定。如果这块骨头属于生活在上新世到中新世的某种动物，那么它是由古代尼科利亚人从外地引进的。尼科利亚虽然拥有上新世地层，但是该地层中却含有海洋泥沙，所以上新世—中新世的哺乳动物骨骼更可能来自拥有派克米式化石床的地方，比如阿提卡、埃维亚岛、爱琴海岛屿或安纳托利亚。伯罗奔尼撒附近的化石床所含的大多是更新世大象、猛犸象和犀牛的遗骸（详见本书第2章）。古代作家的文字记录告诉我们，古人有时会长途运输大型的、罕见的动物遗骸，就像来自罗得岛的阿里斯多美奈斯遗骨那样。在尼科利亚的发掘现场甚至还出土了其他来自异域的物件（比如象牙和鲨鱼牙齿的化石）。那么，这块巨型骨骼是不是遗骸长途贸易的证据呢？对这个问题的解答完全取决于精确的古生物学鉴定。

1992年，大卫·里斯重新评估了明尼苏达麦西尼亚考古团队在无脊椎动物化石领域的发现。他认为，动物考古学家对于食物溯源的过度关注，导致他们在对古代尼科利亚人收集的其他化石的辨别上出现了失误。例如，明尼苏达州的动物考古学家把上新世牡蛎和扇贝藏品误认为当时尼科利亚人食用的存活物种。里斯则认定，这些坚硬的贝类是化石古董，而不是来自古代海鲜大餐的残羹剩饭。这些石质贝壳很可能是当地人从周边的上新世岩石上收集而来的。

　　明尼苏达麦西尼亚考古团队的另一个重要的意外发现是他们在一座公元前13世纪的墓穴的入口处找到的——一颗巨大的马属动物臼齿。斯隆辨认出这颗臼齿属于历史学家所称的"巨马"。巨马的体形（马肩隆处高1.6米）是该墓穴建造时期古希腊所用马的两倍，而且巨马在公元前3世纪后才被引入希腊。难道在青铜时代就已经有人把这颗罕见的马牙从异国他乡（也许是利比亚或俄罗斯的大草原）带到尼科利亚了吗？抑或这颗臼齿是来自附近地区的化石古董？在麦加罗波利斯盆地，大型更新世马（高1.8米）的遗骸十分常见，它们的牙齿特征显著。只要地中海地区古动物专家重新对这颗牙齿进行鉴定，就能解开它的谜团。不幸的是，这颗牙齿后来遗失了。

　　一块发现于尼科利亚的骨头（右侧股骨末端，宽约15厘米）令人振奋，因为它和发现于萨摩斯岛的那块骨头（也是大型股骨末端）是目前仅有的两块经在希腊实地考察的考古学家们确认的被古人当作遗迹而收集的大型骨骼化石。一张尼科利亚化石的照片曾于1978年公开发表。在这块骨头被发现的20多年后，我试图寻找它的下落。我最初的想法是多获取一些照片以帮助古脊椎动物学家判别当年斯隆的临时判断是否正确。然而，我从明尼苏达大学德卢斯分校的地质考古学教授拉普那里了解到，尽管明尼苏达麦西尼亚考古团队那成千上万张未清点的照片和摄影底片目前就保存在明尼阿波利斯和德卢斯图书馆地下室的档案中，但这块巨型骨骼化石的原始照片却找不到了。

　　如果照片已经丢失，那么这块骨头本身呢？所有从尼科利亚带回来的动物遗骸都被装在带有标签的骨骼袋中，保存在希腊的卡拉玛塔博物馆——每一件都在，除了这一块巨型骨骼化石。拉普猜测，这块骨头很可能真的已经丢失了，甚至可能是被人扔掉的。然而，起初的"已丢失"的判断并不是最终结果。1998年夏天，这块数百万年前的已灭绝的巨兽的股骨，这块被古代麦西尼亚人发现并送入他们阳光灿烂的卫城进行保管的宝贝，终于被拉普本人意外地重新发现了，被发现时，它已在杜鲁斯市的一间储藏室里积了厚厚的灰尘。拉普同意将这块化石提供给我研究。几周后，这块令人惊叹的古希腊巨人之骨化石占据了我在普林斯顿的办公桌。

1998年9月的一个晴朗有风的早晨，我乘上了去往纽约的火车。在我的背包里装着这块包好的重约5磅（约2.3千克）的骨头（但愿我包得就像送往特洛伊的珀罗普斯肩胛骨一样好）。希腊化石专家尼科斯·索罗尼阿亚斯同意在美国自然历史博物馆与我会面，以期从这块麦西尼亚英雄之骨上获取更多信息。由于骨骼易碎，每一次触碰都会使这块骨头掉下粉末，所以我们非常小心。这块骨头所呈现的锈黑色让索罗尼阿亚斯立刻想到，它可能来自麦加罗波利斯盆地（尼科利亚以北约55千米）的褐煤层或相似的褐煤层化石床。骨骼尖锐的断裂面表明，古代麦西尼亚人送至卫城的可能是完整的股骨（大小相当于一个成年男人大腿骨的两倍）。现在，到鉴定这块骨头最可能属于何种古生物的时候了。

索罗尼阿亚斯逐个打开博物馆的骨骼收藏抽屉，将博物馆馆藏与我们手头的这块遗骸进行对比。我们花几个小时排除了已灭绝的大型鹿科动物、羚羊和巨型牛类物种。这块骨头只比萨摩麟的股骨大一点，但是萨摩斯岛的化石都呈白垩色，而且这块黑化的股骨的形态学特征也与萨摩斯岛的化石不同。我们的这块化石应该属于一头成年的大型哺乳动物，但是其体形又不像乳齿象和猛犸象那么大。这样的尺寸让人联想到爪兽或犀牛。我们登着梯子爬到存放有各类犀牛骨骼的柜子前，打开了收藏有犀牛肢骨的抽屉。我找到啦！我们的这头古希腊巨兽应该就是某一段冰川时期生活在麦加罗波利斯地区的三种犀牛亚种之一（可能是披毛犀，即长毛犀牛，见图4.12和图4.13）。合适的条件使这头庞然大物的骨骼变成了石头，也成了让古代希腊人陷入沉思的自然奇迹。

原来尼科利亚人得到的是伯罗奔尼撒当地的而不是海外的

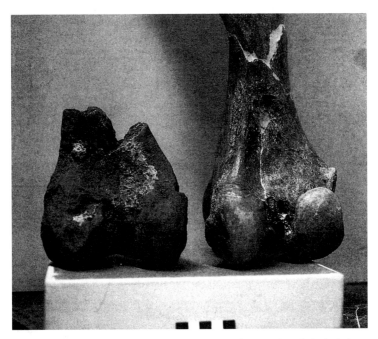

图4.12　古希腊麦西尼亚人收集的大型股骨化石（可能来自更新世披毛犀）（左），由明尼苏达麦西尼亚考古团队发掘于尼科利亚卫城。更新世犀牛股骨化石（右），用作对比。照片由尼科斯·索罗尼阿亚斯提供

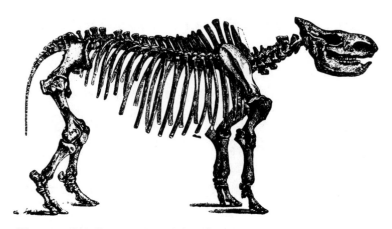

图4.13 披毛犀，又名长毛犀牛。在冰川时期，这种犀牛的活动范围南至希腊的伯罗奔尼撒。被存放在尼科利亚卫城的那块化石遗迹被鉴定为来自麦加罗波利斯化石床的犀牛股骨化石。卡尔·齐特尔《古生物学手册》，图240

化石遗迹。它可能被发现于古代的化石热潮中，也可能是在麦西尼亚脱离斯巴达的控制后，尼科利亚人在搜寻英雄遗骨的时候找到的。他们经由陆路，将被雷电杀死的巨人和英雄的遗骨从著名的阿卡迪亚墓葬群带回尼科利亚。麦加罗波利斯和奥林匹亚等地的同类型化石床也曾出土过珀罗普斯肩胛骨、俄瑞斯忒斯巨型骨架以及其他伯罗奔尼撒英雄的遗骨（详见本书第3章）。

在出土于尼科利亚的各种动物遗迹藏品中，只有一小部分（14%）已被研究。进一步的研究可能会揭示，古人还收集了其他化石奇迹，甚至还有更多的巨型骨骼。而根据目前我们对异域的化石遗迹所进行的鉴定，即便是如尼科利亚一样的小村庄也保存了不少自然奇迹和英雄遗迹。如果这个村庄是个比较典型的例子，那么对其拥有的骨骼遗迹和其他化石，即对那些被供奉在卫城中的当地英雄遗骨与自然奇迹的来源进行鉴定，也许能帮助我们了解一座古代城市的自我认同、它对自己过去的认识，还有其地位以及贸易的情况。[20]

如果人文学科与自然科学的学者们能够把他们的专业知识与创造性的思维相结合，我们就可以从那些看起来与自己的预想相悖的、突出或异常的既有证据之中，揭示出隐含的意义来。神秘的特洛伊怪物陶瓶和尼科利亚骨骼遗迹之谜的圆满解答让我们看到，来自不同学科的学者们的技能与才智被汇集起来时，我们的收获会是多么丰富。我认为这些成果为考古古生物学研究指明了一条通往光明未来的道路。

化石遗产

早在考古学家们开始关注古希腊遗迹中的动物遗骸以前，在现代希腊寻骨热潮即将结束的时候，伟大的化石猎人巴纳姆·布朗大胆地开始了他在动物考古学和古代史领域的研究。成功地完成对萨摩斯岛遗址的发掘之后，布朗又把视线转向了科斯岛（希波克拉底的出生地）上的化石遗迹。1926年的一天，布朗决定去参观阿斯克勒庇俄斯神庙遗址，即希波克拉底所创立的著名医学院所在地。在破败的大理石雕塑和陶器碎片中仔细翻查后，布朗捡到了一块古菱齿象的臼齿碎片。显然，古人把这块牙齿化石带到了神庙。

布朗想象"希波克拉底本人曾经拿着这枚臼齿与他人进行探讨"的场景，他为其中的历史可能性而兴奋。布朗宣称自己发现了"已知最早的人类收藏的化石"，虽然这有些言过其实，但是这颗牙齿的确有力地证明了化石曾是人们收藏在神庙里的一种珍宝。（意料之中的是，它也没能逃脱和很多极具古生物学研究价值的出土古物一样的命运——著名的科斯岛臼齿也早已丢失。）

布朗幻想这颗牙齿"经由大师希波克拉底之手而留存下来"，这一遗产同时也作为"一个（古典时代）哲学上悬而未决的问题"抛给了布朗。[21]谈到这点，布朗不经意之间已经触及了古代古生物学上的一个巨大谜题：自然哲学家们并未对大型史前动物遗迹给出过任何解读。尽管许多古代作家的记述和考古发掘的证据表明，历史上曾经有过轰动一时的化石发现和公开展览，那些饱学之士（他们懂得小型贝壳化石是某个地方曾经是海洋的证据）却没有试着去破解巨骨之谜，这是为什么？本书的下一章将探究流行神话提供的概念性资源以及哲学家们保持沉默的缘由。

5

神话、自然哲学和化石

民间传统与自然哲学之间的矛盾

当古希腊人和古罗马人看到遍布地中海地区的巨大化石时，他们是用什么样的概念来解释这些化石的呢？正如我们所见，巨人和怪物的神话与民俗传说为埋藏在土地中的巨大、怪异的骨骼提供了有力的用于解释的模型。但由于现代古典学家倾向于把神话视作虚构文学而非自然历史，学者们并没有意识到民间传统对于研究古代古生物学观念的重要意义。

不仅如此，从古至今的学者们一直认为描述巨人和怪物的文献是幻想和迷信的产物。由于修昔底德和亚里士多德等最具声望的古代历史学家和自然哲学家并没有在他们"客观的"写作中提及史前遗迹，多数现代的历史学家和科学家就简单地以为古人对大型史前遗迹的存在并不关注。但是，正如我们所见，旅行者、神话收集者、民族志学者、地理学者、自然历史学者、自然奇迹的编纂人员和其他难以归类的古代作者们的经验式记录，告诉了我们一个截然不同的故事——一个为考古学证据所证实的故事。整个古代古生物学世界就保存在这些立意不高但内容广博得出人意料的文献中。

　　记录化石发现的古代作家一直利用神话范式来对这些非凡的遗迹进行解释。希腊神话就是关于自然世界的诞生和其最早的居民的一系列故事。赫西俄德和荷马在公元前8世纪分别写就的《神谱》和《伊利亚特》《奥德赛》是对这批口头叙事故事的最早书面记载。之后的希腊-罗马神话收集者不断为这些神话和其他史诗（今已佚）添砖加瓦，为众神、巨人、怪物和英雄的古老传说增添新的内容。自然哲学家们继承了这些关于巨人和怪物的早期文化传统，却拒绝了对地球历史的神话式解读。因此，当普通人和作家们试图用神话与传说来鉴别这些巨型遗骨时，哲学家们显然拒绝参与如此俗气的讨论。相比奇闻异事，哲学家们更愿意关注那些符合常理的事。

　　生活于公元前4世纪的哲学家柏拉图，通过一些对巨人、半人马和其他怪物的零碎讨论，传达出了当时知识阶层对民俗传说的普遍态度。柏拉图对巨型骨骼的唯一隐晦记载见于《理想国》，他在书中提到了一段关于生活在公元前7世纪吕底亚地区的暴君巨吉斯①（Gyges）的民间传说。柏拉图记述道：据说，暴风雨和地震撕裂了大地，大地的裂口中有一匹中空的青铜马，马腹中藏有一具巨型骨架和一枚有魔力的戒指。鉴于柏拉图时常出于个人目的修改民间传说，我们无法得知他是否引用了正宗的民俗传说。但这篇逸闻确实呈现出帕萨尼亚斯和其他作家所记载的大型化石发现的叙述架构。[1]

---

① 小亚细亚古国吕底亚的国王，吕底亚迈尔姆纳德王朝的开创者，约公元前680—前644年在位。

原始巨人和怪物的地质神话

地质学家多萝西·维塔利亚诺（Dorothy Vitaliano）对民俗传说兴趣盎然，她在1968年首次提出了"地质神话学"（geomythology）一词，用以描述利用诗性隐喻和神话意象对火山、地震和地表形成过程进行阐释的本源神话。这一术语也适用于有关史前化石的民俗知识。维塔利亚诺指出，地质神话可能会保存流行的错误观念，但是它们在某种程度上也蕴含着对自然现象的洞见。地质史学家莫特·格林（Mott Greene）提出"自然知识"（natural knowledge）这一短语，用以指代希腊-罗马神话文学中对自然现象的描述。他认为，不熟悉科学的古典学家们常常会忽视神话和通俗文学中包含的自然知识。

神话在古代被认为是一种历史，即便那些批评神话中的幻想和非现实元素的作家也是这样认为的。并非所有人都把神话和传说的字面意思当真，很多人认为这些传说带有象征或隐喻色彩，并觉得那些被一再讲起的饱经修饰的神话故事中多少有着真实的内核。帕萨尼亚斯承认，他一度认为古老的巨人神话"相当愚蠢"，但他去阿卡迪亚旅行并参观巨型骨骼后，就意识到这些神话是以诗性语言写成的事实。地理学家斯特拉波认为，一位历史学家即便不喜欢神话，也应当认真了解神话，"因为古人用神秘的基调展现他们的物质观念和他们所见的事实，同时将神话元素加入他们自己的记录中。虽然想要精确地解开所有神话中的谜题并不容易，但是如果了解这些或互相矛盾、或互相印证的神话脉络，那么就有可能拼凑出真相"。[2]

根据赫西俄德和荷马所记述的神话，远在现代人类出现之前，原始地球上就已生活着众多怪物和泰坦巨人。克洛诺斯（Kronos）

领导的泰坦巨人杀死了他们的父亲乌拉诺斯（Uranos）。而从乌拉诺斯的鲜血中，又产生了新一代巨人族（Gigantes）。"大地上产生了巨人……其身形硕大无朋，力大无穷，十分恐怖……有人说巨人诞生于佛勒格拉，也有人说他们的出生地是帕勒涅。"在最初的混沌时代，"生命才刚刚兴起"，一代代的巨人和奇怪生物在地球上繁衍，比如独眼巨人、半人马和提丰（声音刺耳如多种猛兽尖叫的恐怖怪物）等。其中的一些生物——巨人、半人马和独眼巨人显然注重"纯种"，繁衍与自己同种的后代，而通过其他的杂交行为所孕育的怪物则与亲代不同。希腊语中，怪物一词为"teras"，意为"极其异常的后代"，这个词表明这些怪物的突出特征并非遗传得来。例如，提丰复杂的家族树的版本之一显示，其后代包括革律翁（放牛的丑陋巨人）和奥特休斯（Orthos，一头巨犬，它与一头叫奇美拉①的喷火怪物结合，育有尼米亚猛狮②和斯芬克斯）。[3]

巨人-神祇之战

泰坦神瑞亚③和克洛诺斯结合，生下宙斯及其兄弟姐妹，即未来的奥林匹斯众神。后来，在一些巨人的帮助下，宙斯推翻了其父的统治，成了众神之王。为了争夺霸权而发生的巨人-神祇之战是神话的高潮部分，泰坦神族或巨人族（后世的一些诗人将二者合并）、提丰和其他怪物战败陨落，被宙斯和那些更接近人的众神取代。这场天崩地裂的战争就是巨人-神祇之战，它

---

① 希腊神话中的怪兽，有着狮子的头、羊的身子和蟒蛇的尾巴，会喷吐火焰。

② 希腊神话中的巨狮，得名于其常年盘踞的地方尼米亚，据说其皮厚且坚韧，刀、箭不入。

③ 希腊神话中的第二代天后，大地女神盖亚与天空之神乌拉诺斯的女儿。

是古代诗歌和艺术中十分常见的题材。然而，即使是在古代，也有一些作家（如克劳狄安，生于约公元370年）将巨人和神之间的战争视作对跨世代的地质变迁的隐喻。克劳狄安这样写道：在巨人-神祇之战中，"岛屿从地心耸起，高山沉于深海；河流或干涸或改道"，山峰垮塌，大地沉陷。他的这些描述恰好符合本书第2章所记述的地质变化。

宙斯用雷电摧毁了提丰和巨人军团。赫拉克勒斯杀死了包括革律翁在内的众多巨人和怪物，而其他的神祇和英雄则在地中海地区杀死了更多的巨人和怪物。战死的巨人和怪物被就地掩埋。正如我们所见，这些战亡巨人和怪物的地理分布恰好与现代人们所发现的化石床分布相符。例如，宙斯在阿卡迪亚、克里特和罗得岛都剿灭了大批巨人军团，而众神则把科斯岛放在巨人们的尸体上——如今人们在以上四个地点都发现了象科动物化石遗迹。据说，在科林斯和墨伽拉①（Megara）之间的一处悬崖上有巨人斯喀戎②（Skiron）的骨架化石。根据神话的描述，斯喀戎会把众多受害者从峭壁处踢下海，海里一只可怕的海龟会吞食这些受害者。直到有一天，英雄忒修斯把斯喀戎也扔下了那座悬崖，以同样的方式杀死了他。这让人禁不住联想：在古代，人们是不是也曾在墨伽拉以西的那些崩塌的新近纪悬崖中发现过派克米式化石遗迹那样巨大的陆龟和乳齿象的遗骸？[4]

在法那果里亚（Phanagoreia，位于黑海沿岸塔曼半岛森诺伊附近），有一座纪念阿佛洛狄忒打败巨人的庙宇。据说，这位女神把巨人们赶到了洞穴中，而后赫拉克勒斯将他们杀死在

---

① 希腊阿提卡的一座古城，位于科林斯地峡北部，萨拉米斯岛的对岸。

② 希腊神话中的强盗，珀罗普斯或波塞冬之子。

洞里。这个传说很可能受到了此处丰富的猛犸象遗迹和其他冰川时期动物遗迹的影响。根据古生物学家阿列克谢·特萨科夫（Alexey Tesakov）的观点，塔曼半岛高耸的悬崖和沙土坑中藏有极其丰富的新近纪化石遗迹，这些地方持续受到海水侵蚀，以致化石遗迹裸露在地表。最著名的化石露出点就是亚速海岸的蓝色峡谷（Siniaya Balka），那里有数以百计的高加索板齿犀（*Elasmotherium caucasicum*）和南方猛犸象（*Mammuthus meridionalis tamanensis*）的化石遗迹裸露在外。锡诺普的塞奥彭普斯曾记载，在古代，此地曾有很多巨型骨骼因地震而露出地表（详见本书第3章）。[5]

巨人-神祇之战是公共纪念雕塑和陶瓶图画最爱用的一个主题。在希腊早期艺术中，人们将巨人想象成四足怪物或战士、巨大的食人魔，甚至是以树干和巨石为武器的原始力士；后来的艺术家们为巨人加上了蛇足以象征巨人和大地的关系。要明白的是，巨人并不一定被描绘成人类的样子。根据曼尼利乌斯（公元前1世纪）的记载，巨人们是一群"面部走形、体形怪异的畸形生物"，它们出现并被毁灭于"山峦还在成形的时期"。像克劳狄安一样，曼尼利乌斯也认为巨人与人类出现前的大规模地壳隆起有关。[6]

据说，一些巨型怪物（比如革律翁和提丰），甚至包括一些身形伟岸的英雄（比如伊达斯），长有多个脑袋或数量异常的手脚。这是一个广为流传的用于指代超凡力量的民俗母题。在古希腊神话隐喻中，额外的手脚和人兽混合的特征也象征着这些深埋于地下的奇怪生物混杂的特质。根据一段描写提丰的古代文字记录，这种怪物的大腿就像人类的大腿一样。鉴于提丰的故事与富含化石的地区之间的种种联系，以及广泛存在的把已灭绝的大型哺乳动物的股骨当作人类股骨的倾向，这个细节暗示着史前动物骨架对提丰形象的塑造产生了影响。[7]

宙斯的雷霆为巨人和怪物的时代画上了句号，也开启了新的篇章。战败的巨人和怪物的尸体遍布地中海地区，它们的骨骸遗迹后来或因自然之力或经人为发掘而重现于世。这种与辉煌的神话历史之间的联系使许多地方产生了一种自豪的本地认同感。例如，安纳托利亚的吕底亚、西班牙的加的斯、底比斯以及奥林匹亚都声称拥有革律翁的遗体，而革律翁的巨型牛群据说分布在希腊本土（阿卡迪亚、阿提卡、伊庇鲁斯）、意大利和小亚细亚及黑海沿岸。死于闪电的提丰的遗体则被掩埋在叙利亚和奇里乞亚（土耳其南部）、弗里吉亚（土耳其中北部）及西西里。[8]

古人将几处因巨型骨骸分布集中而闻名的地点视作巨人-神祇之战的主战场。帕萨尼亚斯在阿卡迪亚参观了几处据说曾发生过激烈战斗的地方，包括麦加罗波利斯附近、特拉佩佐斯（Trapezus）和泰耶阿（泰耶阿是最后一战的战场）。如本书第3章所言，人们认为帕勒涅（哈尔基季基的卡桑德拉半岛）是巨人-神祇之战中巨人的大本营。几位古代作家都提到过，帕勒涅周围不时有巨型骨骸被发现，此地也被称为佛勒格拉（意为"烈焰战场"）。陨落的巨人还出现在意大利的佛勒格拉（坎皮佛莱格瑞，位于那不勒斯湾）和西班牙南部的塔提苏斯（Tartessus）附近。这些可怕的战场还有另一个惊人的标志：战场上的土地因为宙斯当年降下的雷霆闪电而仍在燃烧！

燃烧的火场会不会只是人们的幻想呢？我开始探索巨人阵亡的地点和燃烧的土地的地质特征。我发现，与巨人陨落之地和燃烧的土地有关的化石床所在地——麦加罗波利斯、特拉佩佐斯、泰耶阿、帕勒涅、佛勒格拉、塔提苏斯、奇里乞亚以及叙利亚等地——都含有可燃的褐煤层或存在火山活动的现象。褐煤是一种品质低劣的煤或泥炭，由过去的腐败植物形成，比如中新世的红杉森林。被闪电击中或者自燃都会导致褐煤无休止地闷燃，有时候也会点燃挥发的天然气。在佛勒格拉（维苏威火山下），地面为带有向外喷发可燃气体的气孔的火山岩。从可自燃的土里挖出外表不知因何而被烧黑了的大型化石化骨骼，很可能让人想起关于巨型生物在遥远的过去被闪电劈中、烧死的桥段。[9]

1902年，斯科福斯教授沿阿尔斐俄斯河发掘了众多更新世猛犸象化石遗迹。就是在这里，帕萨尼亚斯曾向当地人了解过巨人-神祇之战的战场。他被告知，阿卡迪亚人曾在特拉佩佐斯"因为雷霆和闪电风暴而牺牲"，那里的土地至今仍在闷燃。"当地人说巨人-神祇之战的战场就在此处，而不是在色雷斯的帕勒涅（巨人在哈尔基季基的大本营）。"根据与帕萨尼亚斯同时代的阿庇安（Appian）的记载，叙利亚也有闪电崇拜。据说，宙斯当年就是在叙利亚用雷霆杀死了提丰。而当地也同时拥有燃烧的土地和大型猛犸象化石遗迹。

化石怪物是被闪电杀死的观念并非古典时代所独有的。生活在西瓦利克山脉附近的人们就有收集化石床中的"闪电骨骼"的传统，而生活在北美洲的苏族印第安人，也曾将南达科他荒原上那些因暴风雨而露出地表的巨型化石认定为被雷击所杀的"雷霆怪兽"的骨骼。闪电母题反映了猛烈的雷暴会让巨型化石露出地表的自然事实，也说明人们试图想象某种能够摧毁体形和力量都如此巨大的怪物的超强力量——就像今天，很多人认为导致恐龙灭绝的那场浩劫是一次严重的小行星撞击那样。[10]

巨型种群曾经存在的证据

当然，并不是所有传说中的生物都是受到化石的启发而生的，有些神奇生物纯粹源于人类的想象。人类究竟是先认识到巨人种群曾经在大地上盛极一时而后销声匿迹，还是先对露出地面的那些显然存在已久的巨型骨骼进行猜测，已经不得而知。但我们似乎可以确定，众多史前巨兽的怪异骨架对早期希腊神话中巨型生物曾经出现又大规模灭绝的故事产生了影响。相应地，这些传说又在古代被人用以解释整个希腊-罗马世界新发现的巨型骨骼。

古人对动物和人体的解剖十分了解。打猎、屠宰、动物献祭，以及人类土葬、火葬使人们对骨架十分熟悉。希罗多德的记载显示，古人对偶遇的带有异常特征的骨骼有着浓厚的兴趣。例如，公元前440年，希罗多德造访了埃及的一处战场。波斯人曾经在公元前522年在此地打败埃及人。阵亡将士的森森白骨当时仍然散落在地上，希罗多德花了大量的时间对比、记录波斯人种和埃及人种头骨的不同之处。在维奥蒂亚，普拉提亚决战（公元前479年）结束后数年，人们在战场上搜寻值钱的东西和罕见的骨骼。希罗多德记载，有人发现了一枚无缝头骨、一块形状奇怪的下颌骨和一副7.5英尺（约2.3米）高的骨架。这些记录表明，古人对检视、对比和测量人类骨骼以及其他有意思的骨骼十分着迷。[11]

在古典时代，人们普遍认为所有的生物都处于逐渐衰退的过程中。大地之力逐渐衰弱，其所孕育的生命已经不像过去一样充满活力。这种观点很可能来自人们对那些尺寸远超过当时的人类和已知动物的骨架化石的观察（见图5.1）。持这种观点的人认为，生活在远古时代的人类比当时人类的身形要高大得

图5.1　人类男性和猛犸象骨骼。古希腊男性的平均身高为5英尺（约1.5米）。图片由本书作者绘制

多。人类被认为是远古的高级物种——"英雄"——的弱小后裔，而英雄们巨大的骨头则被奉为圣物。（希腊语中的"hero"一词既指远古时代的人类祖先，又指神话中的超级英雄。）正如帕萨尼亚斯所言，那些个子最高的人就是"所谓的英雄，或是任何生活在人类出现之前的无法永生的种族"。昆图斯·士麦乃（Quintus Smyrnaeus，公元3世纪）对特洛伊城阿喀琉斯的葬礼的描述体现了古典时代人们想象中的英雄的身形："他的遗骨就像古代的巨人一样高大。"[12]

　　在古典时代，成年男子的理想身高约为4腕尺（5.5英尺，约1.7米），而平均身高仅为5英尺（约1.5米）多一点。而神话传说中，英雄的身高约为10腕尺（15英尺，约4.6米），差不多是人类平均身高的3倍。我认为，古人是通过对比普通人的腿骨和已灭绝的大型哺乳动物的"类人"腿骨而确定了英雄的身高。人类腿骨的平均长度约为15英寸（约38.1厘米，见图2.7—2.9），而乳齿象或猛犸象的矿化腿骨的长度则为人类腿骨长度的2—3倍（且要重得多），这让人们想象出了体形为自己3倍的巨人形象。本书中，图2.11、图3.4和图3.5展示了古人将四足猛犸象骨架当作两足巨人的可能性。由于人类从未亲眼见过或者记录过如此体形的活体巨人，这些巨型骨骼就被视作地球还很年轻的上古时期的巨人骨骼遗迹。在见识过这样的骨头之后，老普林尼写道："显而易见，人类的体形在日渐变小！"[13]

古人还认为古代英雄猎食的动物也应该相应地拥有巨大的体形。这种观念可以得到距今相对较近的记忆的佐证。例如，青铜时代的野牛（原牛，详见本书第2章）实际上比古典时代人们所养的牛要大得多。直觉上的生物"退化"观念是有一定现实基础的。巨型生物通常无法维持物种的生存：大多数巨型史前动物都确实已经灭绝或者演化成了更小的生命形式。在地中海的某些岛屿上，猛犸象和河马等最大的物种都倾向于随着时间变迁而体形变小；而某些小型的物种，比如老鼠，则好像为了迎合亚里士多德的说法一样，长得更大了。[14]

古人怀疑巨人的存在主要是因为他们的身高比例，而那些有说服力的证据支持了生物"缩水"的假说。除了这些巨型人类，谁还能把大型石块放进青铜时代（这一年代对古人来说已经久远得难以想象了）的军事要塞独眼巨人墙呢？修昔底德这位生活在公元前5世纪的历史学家通常对民俗传说不屑一顾，但他其实是最早记载居于西西里的两种史前巨人——独眼巨人和食人巨人（Laestrygonians）——的传说的作家。公元前4世纪，柏拉图记录的关于吕底亚巨人骨骸的逸闻让他成了第二位记录远古遗存的巨型骨骼的作家（第一位是希罗多德）。后来的作家们认为，英雄式的"返祖现象"——偶尔降生的体形非常高大的男女，就是过去曾存在体形更大的人种的有力证据。[15]

当然，最令人叹为观止的证据就是那些从土里挖出来的一系列巨型股骨、肩胛骨、椎骨和牙齿。人们依照惯例将它们称作"英雄骨"或"巨人骨"，有时也会将它们归为怪物的骨骼。新发现的化石每每都会激起人们极大的兴趣，人们测量自己的和熟悉的动物的骨骼，并与这些巨型骨骼进行对比，还试图将这些骨骼与神话中的人物与事件对应起来。英雄的各式族谱和巨人的地理分布，也会引发村民和宗教神谕关于这些巨型骨骼的归属与命名的争论。正如帕萨尼亚斯在他的评论中所说的那样："如果没有任何诗歌可以为关于当地英雄及其族谱的古代传奇提供依据，那么故事就有很大的改造空间！"（把帕萨尼亚斯的话和一则对查尔斯·达尔文所设想的已灭绝动物谱系的早期评论进行对比，是十分有趣的。那则评论曾说："已灭绝动物的族谱的价值也就和荷马史诗中英雄后裔的族谱的价值差不多！"）[16]

古希腊人和古罗马人将大型骨骼化石巨大的尺寸和磨损的痕迹视作远古光辉时代的证据。与戈壁沙漠的原角龙遗骸（看起来像是被太阳炙烤过的刚刚死去的动物的骨架，详见本书第1章）不同，大部分地中海地区的骨骼化石的外表呈斑驳的黑色，且保存不完整，极易破碎。我认为，这种年代感十足的外观以及它们在因地震和悬崖崩塌而露出地表的岩层中的埋藏深度，使人们认为这些骨骼属于极其遥远的年代。古希腊人还意识到，这些生存于远古的生物与现存物种不同，它们的体形更加庞大，而且早已消亡。这让我们联想到灭绝的概念。希腊-罗马的地质神话是否包含了物种灭绝的概念的萌芽呢？

民间传统中的诞生、演变、灭绝和化石化

地质神话想象了巨人和怪物在远古时代诞生、繁衍、演变以及消亡的过程。另一种民俗故事则描述了这些曾经活着的生物是如何化石化的。将这两个体系的故事结合起来，这些传统就构成了能对人们发现的尺寸巨大的矿化骨骼进行解释的一套连贯模型。接下来，本书将探究这些流行观念的内涵，随后，我们将探讨自然哲学家们所提出的其他可替换的理论。

起源与变迁

不同的动物种群是如何跨越地质年代依次涌现的？这是古生物学领域最难解的谜题之一。自中世纪起，直到达尔文时代，科学一直被《圣经》中的神创论所主宰。神创论认为，世间万物由上帝一次性创生，从未变化，也不会灭绝。这种观点至今仍有拥护者。现代"造物派科学家"认为，只有"智慧设计"才能解释地球复杂的起源和生态，演化本身是一种由"科学精英"想出来的新"创世神话"。

人们常常错误地认为，生活在古典时代的人也相信神创论和物种不变性，且没有物种灭绝的概念。例如，杰克·霍纳写道："众所周知，古典时代的人们从未有过关于'灭绝'的概念。人之初……人们通常认为，地球上的动物和植物是被一次性创

造出来的，而且所有生物将一成不变地生存下去。"霍纳表示，这个观点一直持续到"17世纪，当时几位欧洲博物学家想到，既然现存的动物无法与某些骨架匹配，那么这些动物一定是在过去的某个时间点就已经灭绝了"。这就是今天的古生物学史学家们普遍接受的观点。[17]

但实际上，神创论和物种不变论在古典时代并非教条式的原则。在前基督教时期的神话和哲学中，自然环境中的变化以及生命形式在时间长河中的变化都是很重要的概念。希腊-罗马神话传统以及古代希伯来传统都认为物种不全是一次性创造而成的，在漫长的时间中，会有新的生命形式出现，而后消亡。

赫西俄德和荷马保存下来的神话，向我们描绘了一系列新奇物种在人类诞生之前的时代生活、繁衍的图景。这些生物系不同种类的怪物杂交所生。有些后代拥有独一无二的怪物特征，也有一些虽形似亲代，却被视作另一物种（如半人马）。泰坦和巨人也是会繁衍的物种。我们知道很多记载于文献中的巨人伴侣和其后代的名字，包括在巨人-神祇之战中死去的未成年巨人的名字。比如，太阳神阿波罗杀死了小巨人俄托斯和厄菲阿尔忒斯[①]，并将他们埋在了纳克索斯岛。由于纳克索斯岛的史前象科动物遗迹的尺寸比希腊本岛上发现的古菱齿象的体形要小，这些纳克索斯岛的"小巨人"很可能代表了当地自然界的这一有趣现象。[18]

关于灭绝的大众知识与信仰

灭绝是现代古生物学中的一个重要概念。我们通常认为，

---

① 希腊神话中海神波塞冬和伊菲美迪亚的双胞胎儿子，合称阿洛伊代（Aloadae），一说被太阳神阿波罗所杀。

直到17世纪，人们才对动物种群的灭绝有了认知。但是在2500多年前，古希腊人就已经有了对灭绝（包括灾难性灭绝和渐进性灭绝）的认知，并将这些观念应用在引人注目的大型骨骼化石上。萨摩斯岛内阿德斯怪物的古生物学传说表明，这些大型遗骸属于某些在人类登陆岛屿之前就已灭绝的动物（详见本书第2章）。一些作家将巨人生活的时期定在人类出现之前，当时山峦尚在形成的过程中，"生命也刚刚兴起"。

地质神话描述了以生物种群灭绝为标志的远古时代。与斯基泰人所描绘的潜伏于戈壁沙漠的格里芬不同，巨人-神祇之战的故事让古希腊人和古罗马人把这些露出地表的奇怪骨架理解为已灭绝物种的遗迹。他们知道这些骨骼是一些巨型生物的遗骸，这些生物曾经诞生、繁衍，并在很久以前就已被毁灭，它们的骨架在它们的葬身之地变成化石。当诸神的那场雷霆之战（Blitzkrieg）为巨人和怪物的时代画上句号时，这些生物就永远消失了。这个叙事与现代的灾难性物种灭绝的概念极为相似。[19]

在不少经典神话中都存在关于人类出现前曾有某些物种灭绝的概念。例如，赫拉克勒斯在阿卡迪亚和（或）色萨利将半人马灭族，又杀光了克里特岛和北非的所有大型猎食动物，还将地中海的海怪赶尽杀绝。大地女神之子俄里翁（Orion）是一位伟大的猎人，杀死了无数野兽。在希俄斯岛，俄里翁杀死了岛上所有原生动物，随后累倒在海滩上。俄里翁还曾夸下海口，要杀死大地上所有的动物。众神因此杀死了俄里翁，将其埋葬在提洛岛或克里特岛。这个动物灭绝神话的故事设定很能说明问题。希俄斯岛位于萨摩斯岛和莱斯沃斯岛之间，在更新世曾与安纳托利亚大陆相连。古生物学家谢夫凯特·森曾经于1991年和1993年在希俄斯岛发掘出了乳齿象和其他已灭绝物种的化石。他告诉我，在希俄斯岛西海岸的悬崖边（也就是传说中俄里翁长眠的地方）的海滩上，不断有巨大的骨头露出地表。争夺巨人坟冢之位的提洛岛和克里特岛也有史前象科动物化石。在老普林尼所处的时代（公元1世纪），克里特岛的一场地震使一具长69英尺（约21米）的巨型骨架露出地表，"有人认为这一定是俄里翁的遗骸"（其他人则认为这是被阿波罗杀死的小巨人俄托斯的遗骨）。[20]

其他神话讲述了一些人们已知的动物的放大版物种的灭绝。例如：曾经肆虐迈锡尼的尼米亚猛狮，地狱恶犬[①]和奥特休斯（双头犬）[②]，维奥蒂亚的透墨索斯恶狐[③]，占领克里特岛、阿卡迪亚和阿提卡的克里特公牛[④]，厄律曼托斯山的野猪[⑤]和克罗米翁牝猪[⑥]，还有革律翁的牛群、被赫拉克勒斯杀死的斯廷法利斯湖怪鸟[⑦]和巨狼。在古代，人们会展示这些超级猛兽的遗骸。例如：在意大利库迈城的阿波罗神庙，人们曾自豪地展示厄律曼托斯山的野猪牙；而在泰耶阿的雅典娜神庙，人们则骄傲地供奉过卡吕冬野猪牙（这些长牙很可能属于更新世长鼻目动物，这类遗骸在库迈和泰耶阿地区十分丰富，详见本书第2章）。帕萨尼

---

① 希腊神话中的地狱看门犬，名为刻耳柏洛斯（Cerberus），由提丰和半人半蛇的厄喀德那（Echidna）所生。

② 地狱恶犬刻耳柏洛斯的兄弟，后被赫拉克勒斯所杀。

③ 希腊神话中的可怕怪物，由提丰和厄喀德那所生。它身形巨大，据说无人能捉住。

④ 希腊神话中会喷火的凶猛公牛。

⑤ 希腊神话中生活在厄律曼托斯山上的一头野猪。

⑥ 希腊神话中在克罗米翁乡间肆虐的野猪，后被忒修斯杀死。

⑦ 希腊神话中一群栖居在斯廷法利斯湖畔的怪鸟，其翅膀、爪子和喙均为铜制，羽毛锐利无比，可像箭一样射出。它们以人为食，粪便有剧毒。

亚斯的评论提到，一些人认为尼米亚猛狮和其他神话中的巨型猛兽"来自大地"——这种观点很有意思。我认为，一些关于超大型动物和鸟类的故事，很可能是受到了人们看到的外观相对熟悉但体形却颇为惊人的化石遗骸（如已灭绝的剑齿虎、巨型鬣狗、野猪、洞熊、狮子、鸵鸟、巨龟以及野牛）的影响，并因这些化石而一再得到证明。[21]

有些神话可能反映了历史上的物种消亡事件，比如在更新世晚期和全新世的物种（猛犸象、洞熊、巨龟等）灭绝浪潮。古生态学史学家 J.唐纳德·休斯（J. Donald Hughes）探讨了关于古人曾意识到某些地方的"野生动植物可能彻底绝迹"的若干案例。一些古代作家写道："动物从它们曾经生存繁衍的栖息地消失了。"老普林尼也观察到，"某些鸟类已经很久没有出现在"它们曾经生存繁衍的地区。在人们的记忆范围内，希腊、小亚细亚和利比亚地区的狮子，阿提卡和伯罗奔尼撒地区的熊，以及阿拉伯半岛的鸵鸟都灭绝了。人们还知道，北非和叙利亚的大象，亚美尼亚和伊朗北部的老虎，希腊和安纳托利亚的某些种类的马，克里特岛、希腊和意大利的巨牛也都消亡了。[22]

洪水神话

关于丢卡利翁（Deucalion）与大洪水的古典神话描述了一场由灾难导致的灭绝。与《圣经》中每一种生物都在挪亚方舟上留下一对继续存活的洪水神话不同，希腊-罗马神话中的洪水灭绝了所有动物，并由此开启了一个崭新的动物时代。在古典神话中，地球上的生命形式经历了若干个不同的时期。在一个相对晚近的时代，宙斯决定淹死所有生物（有的版本认为宙斯决定连续降下五场洪水）。这一叙事似乎将本书第2章所讨论的中新世漫长的海水入侵、地质变动的过程合并为一个事件。伴随着滔天洪水的还有地震、山崩和猛烈的暴风雨。洪水淹没了除那些最高的山峰之外的所有地方。古罗马诗人奥维德描绘的一个场景，让人想起古生物学家对派克米的中新世大灾难的重构，他想象成群的鸟因疲惫而落入海中，成群的鱼在被大水淹没的森林中困死，狮子、狼、山羊、野猪以及牡鹿都在被大水淹没之前拼命逃往高处。

在希腊神话中，丢卡利翁和他的妻子皮拉（Pyrrha）逃上了一艘船，这艘船最终在一座高山附近搁浅。随着洪水慢慢退去，他们看见了一片没有任何生物的泥地。忒弥斯女神①告诉了他们如何重新开发土地。女神谕示他们把"你们母亲的骸骨扔到你们后面去"。丢卡利翁和皮拉认为女神所说的"母亲的骸骨"应当是石头。于是夫妻二人将石头向后抛去，然后惊讶地发现石头上沾着的泥巴变成了血肉，石头变成了骨骼。奥维德写道："有些新生物重现了此前有过的生物的形态，而有些生物则长得新奇、怪异。"[23]

关于化石化的民间传说

化泥土为血肉、变岩石为骨骼是个流传甚广的民俗传说母题。由于在活体动物中，骨骼的形成（成骨作用）的确存在矿物沉积（钙化作用），古生物学家杰克·霍纳表示，民俗中"把骨骼和岩石进行对比并不完全是比喻性的"。骨骼变为石头，也就是身体最坚硬的部分变成地球最坚硬的部分，这一情节出现在很多希腊-罗马神话故事中。比如：有一则故事讲述了巨人阿

---

① 希腊神话中的十二泰坦神之一，宙斯的第二位妻子。她是正义、公平和法律的化身，其象征物为天平。

特拉斯的骨骼是如何在地下化石化的；另一则故事则描述了仙女厄科（Echo）的骨架逐渐干燥、变成石头的经过；生活在英雄时代的一个人竟然变成了埃维亚岛海岸附近的一座石头小岛；塞里福斯岛（Seriphos）上的早期居民全体石化；在其他的一些神话中，生活在远古的巨狼、狐狸、猎犬和人都变成了石头。[24]

丢卡利翁和皮拉在大洪水后创造出新生物的故事是人类对化石化这一神秘过程完美的反向呈现。"大地母亲的骨骼"也可能意味着地球生物的化石化骨骼、昔日的巨人和怪物被埋在土地里的骨骼。观察那些以某种方式硬化、变为石头的史前动物遗骸，可能会让人们思考能否通过逆转这一过程而使已经消亡的物种复活。所以，神话中出现的并不是血肉之躯逐渐分解、骨骼变为石头的常规过程，而是血肉重新出现在石头上，随后各种生物得以魔幻般地从石头中重获新生的故事。

关于化石化的科学

亚里士多德学派的自然哲学家们对这种从骨骼到坚硬的石头的"变形记"很感兴趣。他们关于水的渗透与矿物的分解在化石化过程中起到了某种作用的猜测是正确的。公元前4世纪，人们已经普遍了解，富含矿物质的温泉会使物体（包括骨骼）表面形成硬膜，随后发生化石化。人们认为，起到化石化作用的是一种会以某种方式吸收水分并使物体起皱、硬化成石头的"蒸汽"。在一段关于西班牙矿洞中的动物遗迹的文字记录里，老普林尼发现了结晶和骨骼化石化之间的关系（详见本书第2章）。亚里士多德学派则认为是"地球的烘干蒸汽"造就了"化石"（指从土里挖出的新奇物件，如水晶和被埋藏的象牙）。在《动物之构造》中，亚里士多德提及关于化石化的民俗传说："一旦灵魂离体，遗留下的（躯体）就不再是动物了。空留的皮囊，就好像民间传说中变成石头的动物遗体一样。"[25]

　　亚里士多德之后，主持吕克昂学园的是泰奥弗拉斯托斯（约公元前372—前287年）。他出生于伊勒苏斯（Eresos），一座位于莱斯沃斯西部大片化石化森林之中的小村子。大约1800万年前，大量的中新世红杉、棕榈树和其他植物被火山灰掩埋，后受到雨水和温泉的影响而矿化。很多石质树木依旧耸立，根部和松果都保存得完好无损，现已被奉为希腊的国家历史遗迹。在《论石》（探讨从土里发掘的稀有物品）中，泰奥弗拉斯托斯论及某些矿物将物体变为石头的能力，还描述了化石化的芦苇。根据老普林尼的记载，泰奥弗拉斯托斯还在其著作中描述过斑驳的"象牙化石"，记录了"土地中形成的类似骨骼的石头"。老普林尼在这里指的是泰奥弗拉斯托斯的两卷本著作《论化石化》（*On Petrifactions*），可惜这部独辟蹊径的古代古生物学著作却没能流传下来。老普林尼一人的记载、泰奥弗拉斯托斯另一部关于黑海附近岩石中发现鱼类遗迹的著作的残篇以及泰奥弗拉斯托斯散佚作品的标题，是目前我们所拥有的曾有一位古代自然哲学家认真探讨过史前动物骨骼的仅存证据。

　　鉴于泰奥弗拉斯托斯开创了植物学和矿物学先河，并且写过关于化石化鱼类的论著（今已佚），我们推测，已经亡佚的《论化石化》中的一卷很可能描述了像莱斯沃斯岛的化石化树林那样的（化石化）植物，而另一卷探讨的则可能是化石化的动物骨骼。一些现代学者坚信，泰奥弗拉斯托斯认为形似骨骼的石头是在地球自身作用力的影响下形成的（此观点在中世纪曾经占据统治地位）。但是我认为，根据泰奥弗拉斯托斯在《论石》中展现的对化石化过程的理解,《论化石化》一书很可能已经对罕见的大型动物骨骼在地下的矿化过程有所论述。[26]

自然哲学

公元前6世纪,哲学家们开始对抗神话诠释自然现象的权威。哲学家们找到与当时人们所理解的物理法则相符的自然因素,以代替众神"不可能"的行为。自然哲学家们对于生命的起源、变异、灭绝和化石化都提出了颇为超前且富有洞见的理论,而且他们还把简单的海洋化石作为某地曾经是海洋的证据。但不管是前苏格拉底时代的哲学家们还是亚里士多德、卢克莱修(Lucretius)或其他自然哲学家所流传至今的文献,都没有提及那些令他们的同胞大受震撼的巨型骨骼。他们的沉默似乎反映了学术意义上的科学和大众文化之间的一种永恒的矛盾(柏拉图与大型骨骼讽刺性的轶事就是这种矛盾的实例,详见本章开头)。但是,即将呈现在本章结尾的一些所谓"异常档案"的片段表明,某些亚里士多德学派的学者和其他哲学家对这些神秘遗迹是感兴趣的。[27]

洪水和海洋生物化石

现在人们普遍认为,在内陆地区发现的海洋动物化石对丢卡利翁洪水的神话产生了影响。历史学家索里努斯写道,退去的洪水"留下了大量贝壳、鱼类和其他东西,让内陆的山坡好似海岸一般"。早期的自然哲学家也认同这一观点,他们也认为,此前内陆地区曾是大片的海洋,但是他们拒绝承认神力在这个过程中所起的作用。

第一位注意到贝壳化石的生物本质的作家是古希腊哲学家克塞诺芬尼（其著作仅存残篇）。公元前545年，克塞诺芬尼离开故乡伊奥尼亚，开始在地中海沿岸旅行，并在西西里岛居住过一段时间。也许是基于他本人对于安纳托利亚西部海岸线变化的观察，克塞诺芬尼提出了海陆周期变迁的观点，他甚至认为生命也会交替灭亡，而后在全新的周期内重新诞生。克塞诺芬尼认为所有的陆地都曾被海洋覆盖，因此所有坚硬的岩石都曾经是柔软的泥土。克塞诺芬尼少见地在哲学中引入了经验上的证据，他列数了山上的双壳贝（中生代—第三纪软体动物）化石、西西里岛采石场中发现的鱼类和海藻痕迹、嵌在马耳他岩石中的海洋生物遗迹，以及在帕罗斯岛石片中发现的大量小鱼（可能是渐新世—中新世的鳀科鱼物种）遗迹来进行佐证。[28]

克塞诺芬尼关于海洋消退的地质学证据被广泛接受。例如：公元前5世纪，吕底亚的赞瑟斯（Xanthos of Lydia）在小亚细亚内陆地区观察到鸟蛤和扇贝后也得出了相同的结论；希罗多德也曾经谈论过埃及沙漠里的海洋动物化石；昔兰尼的埃拉托斯特尼（Eratosthenes of Cyrene，公元前285—前194年）通过北非地区距离海岸几英里处的大量贝壳，也得出了北非曾经是一片大海的结论。一些古代科学史学家认为，这些基于不同海洋动物化石的推论"卓越不凡""有不俗的科学意义"，甚至是"石破天惊"的。[29]

但是古生物学史学家对这些成就有不同的看法。用马丁·路德维克的话来说，他们仅仅是把常见的海洋动物化石当作"最简单"的化石证据。他还指出，仅仅能辨认出贝壳化石曾是生物而不是普通的石头并没什么大不了的，因为贝壳从活着的时候到变成化石，外形基本没有发生改变。的确，第三纪鱼类和贝壳的形态与古希腊人、古罗马人所处时代所能见到的鱼类和贝类的外观十分接近，因此人们无须借助灭绝理论来对此进行解释，洪水退去后逐渐干燥的泥土解释了它们的化石化状态。路德维克的评论能够帮助我们理解：神话学对更为繁复且支离破碎的史前哺乳动物化石遗迹的解释，是如何跨越了实物证据与理论之间那条似乎被哲学家们回避了的鸿沟的。[30]

巨骨之谜

对于哲学家而言，关于大洪水的神话已被反驳了——一场自然的而非神力的大洪水似乎可以解释那些在内陆发现的化石化（但未必已灭绝）的海洋生物所带来的疑问。但是，适用于贝壳的"简单理论"却无法解释，这么多的巨型陆生生物为什么被埋在了土里，而陆地上再也没有它们的踪影。远古人类的身材与怪物物种的存续一直都是哲学辩论的议题。就算我们预设巨人和怪物存在于遥远的过去，它们的起源和大规模灭绝的原因依然是一个问题。对于哲学家而言，他们缺乏一种能够成功反驳神谱和巨人-神祇之战等神话的自然主义理论。我们有必要去思考古代哲学家们（可能除了泰奥弗拉斯托斯）为何忽略了古生物学证据中最难以解释的那些巨型骨骼（见图5.2）。

多伦多大学专攻古代自然哲学的古典学家布拉德·因伍德表示："解释沉默是很难的。古代自然哲学家们是把巨骨当成神话传说的遗物，还是认为它们是自然现象的一环呢？我认为他们对这些事情并不如历史学家、游记作家、地理学家和自然历史作家那么在意。"驱动哲学家的是"他们关于传统的论证关系而不是对证据的解释"。古代科学史学家杰弗里·劳埃德指出，哲学家群体并不以持有经验证据的多寡来对彼此的理论进行评判。史学家约翰·伯内特（John Burnet）则提醒我们，现存的古代文献极度残缺，我们目前掌握的材料仅仅是关于哲学家们的结论的残篇，而非他们的研究数据。[31]

　　自然哲学家当时是否注意到了巨型骨骼呢？种种迹象显示，答案是肯定的。我们很难相信研究自然的学者们会对巨人神话和巨人-神祇之战遗留的这些看得见、摸得着的证据无动于衷。我们知道，哲学家们曾在很多"巨人"骨骼引起轰动的地方游历过甚至定居过。在希腊-罗马世界各处，化石遗迹还曾被公开

图 5.2　哲学家和一根巨骨。如果某位古希腊哲学家确实曾对着中新世萨摩麟的巨型股骨化石仔细琢磨，那么这幅素描就是该场景的写照，股骨化石的相对大小也由此可见。图片由本书作者绘制

展出。难道哲学学术圈是避开了街头巷尾的热点话题来躲清静吗？柏拉图的对话录《费德罗篇》(*Phaedrus*)为我们提供了线索。当有人向苏格拉底询问神话传说的真实性时，柏拉图假借苏格拉底之口回复道，哲学家们确实通常拒绝讨论大众神话，或对这些神话做出理性的解释。哪位哲学家能够有时间、有精力解读这么多神话怪物的故事呢？"这就是我本人不关心这些事情的原因，"苏格拉底如是说，"我没有时间关注这类事情。我接受人们普遍相信的事实，并探究更加严肃的事情。"

另一种可能则是：留存的椎骨不够完整，阻碍了科学调查的开展。1921年，古生物学家亨利·费尔菲尔德·奥斯本（Henry Fairfield Osborn）提出，自然哲学家也许是因大型骨骼化石样本"残缺不全而退缩了"。根据乔治·居维叶的观点，早期的博物学家就是因为被这些"乱糟糟地堆在一起，而且几乎一碰就碎的烂骨头唬住了"而"忽视了这些四足动物化石"。他们甚至不敢冒昧"给这些动物起个名字"，古脊椎动物由此成了"化石历史上最有待研究的部分"。[32]

或许正如伯内特所言，我们觉得哲学家在沉默，只是因为恰巧留存下来的古代文献给我们造成了这样的印象。归根结底，我们只能对此进行猜测。尽管所有哲学家的现存文献中，没有一篇明确地将他们关于地球历史的理论与出土的大型骨架相联系，但是自然哲学家们所探索的是一个对古生物学至关重要的概念，即"自然也拥有历史"。他们关于生命起源、变化和灭绝的理论，很可能间接地影响了那些在作品中明确提及了巨骨发现的古代作家们理解和解读巨骨的方式。这些作家中的一些人，还曾试图调和面对巨骨时沉默的哲学家们与大众之间的观念差异。与现代地质学和古生物学理论之间的矛盾相似，古代地质神话为我们勾勒出了一幅主要由灾难性变化构成的图景，而自然哲学家们则倾向一种更为渐进性的观点。[33]

创造、"进化"和灭绝理论

米利都的阿那克西曼德（Anaximander of Miletus，约公元前611—前547年）是最早意识到地中海是曾经的一片汪洋大海（现代古地理学家将其称为特提斯海）的残留海域的人之一。从他的一些晦涩难懂的残篇来看，他认为海洋生物是在太阳的热量与原始软泥的相互作用下形成的。一些海洋生物进化到一种被称为"虫茧"（chrysalis）的阶段，继而演化成了最早在陆地上披荆斩棘的原始人类。我们应该把阿那克西曼德称为最早的进化论者吗？学者们对此并不赞同，但阿那克西曼德所描绘的那种模棱两可的图景的确表明，人类起源于某种已经消失了的在生物学上不同于我们的物种，并通过适应新的环境而存活下来。海洋生物化石很可能促使了阿那克西曼德将所有生命的起源归结于水。阿那克西曼德的故乡是米利都，那里拥有丰富的中新世动物化石，但是我们永远无从得知他的思想是否受到了这些巨型骨骼的影响。不过，我们知道当帕萨尼亚斯讨论奥龙特斯河沿岸发现的巨型骨骼时（详见本书第2章），他曾经引用了阿那克西曼德的理论来解释它们。[34]

古怪的哲学家，阿克拉伽斯（西西里）的恩培多克勒谴责了神话中断章取义的信仰。恩培多克勒于公元前432年去世，其神秘主义思想和非同寻常的死亡方式让他成了当时的传奇（据说他因跳入埃特纳火山口而死）。我们知道，恩培多克勒曾在伯罗奔尼撒旅行多年，而伯罗奔尼撒有巨人-神祇之战的古战场，当地出土的巨骨早已闻名遐迩。他还参加了公元前440年在麦加罗波利斯西北部奥林匹亚的阿尔斐俄斯河边举办的奥林匹克运动会。英雄珀罗普斯的巨型肩胛骨曾在那附近被人发现，并展出于奥林匹亚的神龛。公元前550年，英雄俄瑞斯忒斯的巨型骨骼出土于泰耶阿。这一大张旗鼓的著名场面被希罗多德详细地记录了下来。希罗多德可能曾在意大利见过恩培多克勒。

因此，恩培多克勒在意大利和希腊旅行时有大量的机会见到巨型骨骼，或者听到巨型骨骼的相关故事。他了解克塞诺芬尼对马耳他和西西里的海洋化石的解读。他对西西里岛上那些引人注目的大象化石是否熟悉呢？一个仍被一些现代古生物学史学家们所延续的"现代传说"称，恩培多克勒不仅见到了大象头骨，还在他的作品中将其与独眼巨人的神话故事联系了起来（该虚假传说的起源详见本书导言）。但是在其现存诗集的残篇中，没有一个字提及不同寻常的骨头、大象或巨人（包括独眼巨人）。[35]

不过，恩培多克勒的一篇残篇的确探讨了已灭绝的怪物。他的宇宙论中包含了神话中的怪物，这一点一直困扰着学者们。在一个以隐晦著称的段落中，恩培多克勒运用了他玄乎的爱与争（Love/Strife）的理论来解释怪物的产生。在人类出现以前，"存在着许许多多的生物，千奇百怪，令人叹为观止"。自然中产生了各种分离的头和肢体，它们组合成形状怪异的混合体，比如"人头牛身和牛头人身"。这种想象让我们联想到古代艺术家运用人兽混合体来代表各种不同的神话怪物。恩培多克勒认为，这些奇怪的物种是自然而然产生的，但在根本上无法延续，因为它们无法自卫、觅食或繁衍，所以它们在自然之道的作用下永远地灭绝了，存活下来的只有能够适应自然的那些动物。[36]

伦敦大学学院古代哲学史学家休·布伦德尔（Sue Blundell）表示："我们很难不认为，恩培多克勒是在试图对弥诺陶洛斯、半人马等在神话中十分常见的合成生物做出科学解释。"W. K. C. 格思里（W. K. C. Guthrie）也同意这种观点：恩培多克勒"乐于表现出他的……体系能够解释他的同胞们了解或相信的现象"。那些被误读了的现象是否也包括当时被他的同胞们视为神话生物遗骸的巨骨呢？这是个诱人的猜测，但因为他的作品里没有相关内容，其真实性我们已无从知晓。[37]

生活于公元前1世纪的罗马的卢克莱修是一位伊壁鸠鲁派哲学家，他对恩培多克勒关于已灭绝的怪物的观点重新进行了提炼。在《物性论》（On the Nature of Things）中，卢克莱修给出了在古代文献中最清晰的灭绝和"适者生存"的理念阐述。他并没有提及异常的骨骼，而是想要反驳大地上曾生活着怪物种群而巨人-神祇之战中众神带来了灾难性灭绝的观点。卢克莱修写道，在过去，自然中"产生了各种形态的怪物"和"更加巨大的动物"，但是这些物种因食物匮乏或无法繁衍而逐渐灭绝。体形更加巨大的人类和奇异生物曾经存在，但由生理上不能相容的物种杂交出来那些诸如半人马的奇特物种，在生物学上是不可能实现的。

卢克莱修写道："一切都被自然所塑造，而不得不迈向新的方向。此消……则彼长。""在过去，很多物种都灭绝了，没能繁衍壮大。你现在所见的每个存活的物种都是从世界起源之初因机敏、英勇或速度而得以繁衍至今的。"那些"缺乏自然禀赋的物种沦为其他物种的猎物，在它们的命运中挣扎，直到自然将它们整个物种推向灭绝"。从这些灭绝周期中，人类意识到

"世上没有不灭之物"，所有的生命都"有其消亡的一天"。我们很难不去比较卢克莱修和2000年后杰克·霍纳关于进化与灭绝的观点："植被消失，栖息地变化……生态位……越来越少"，"环境压力……异常严峻"，致使"整个种群都被摧毁"，"它们的气运与宿命是所有造物的写照"。[38]

亚里士多德、物种不变论和异常现象

公元前4世纪，亚里士多德在生理学层面否认了恩培多克勒关于混合物种曾经存在的说法，就像后来的卢克莱修所做的那样。但是，与卢克莱修不同，亚里士多德支持的是一种"设计自然"（designing nature）理论，并以此反对恩培多克勒关于怪物起源与灭绝的"随机自然"（random nature）假说。亚里士多德这一理论中的"神本论"视角似乎的确排除了物种变化的可能性，但是固化的物种神创论和不变论是在中世纪基督教神学家们接受了这个观点之后才发展成了正统教条的。[39]

物种不变论

阿索斯位于化石储藏丰富的安纳托利亚海岸，当初亚里士多德就是在这里开始了他的自然历史研究。他也常常去拜访居住在莱斯沃斯岛（阿索斯附近）的朋友泰奥弗拉斯托斯。在雅典，亚里士多德和他在吕克昂学园的学生建立了一种基于科学观察的动物学，但他们也不忘从古代世界搜集民间智慧。老普林尼写道，亚里士多德的学生亚历山大大帝曾命令希腊和小亚细亚的牧民、猎人、农民和渔民将他们在帝国境内见到的不同寻常的动物汇报给这位哲学家。

　　亚里士多德以一种寻找有规律的特征组合的分类法，对540种鱼类、鸟类和哺乳动物进行了阶梯式分类。他的搜索形象图着眼于自然中可预测的生命形式；独特的"怪异"特征则只被提及而不包含在内。杰弗里·劳埃德指出，亚里士多德的方法允许从"描述性陈述"推出"规范性陈述"，这是成问题的。自然的设计就是为了产生本质上不会改变的生命形式，这一假设倾向于抑制对未能归入已知动物范畴的生物的哲学思考。没有活体参照物的巨型骨骼在亚里士多德的分类系统中是不可归类的。[40]

　　一些古生物学史学家认为，亚里士多德"物种不变"的教条"给自然哲学领域的进化论观点带来了致命的打击"。但是杰弗里·劳埃德告诫我们："不应该夸大亚里士多德物种不变论在古代的被接受程度。如果它在古代真的很流行，就不会有太多对已灭绝动物的思考与猜测。"劳埃德将物种不变论可能的遭遇与古代天文学的发展进行了对比。由于古希腊哲学家认为天空是静止的，他们并不擅长"观察新星、太阳黑子和其他可能被认为与此假设相左的现象"。与此不同的是，古代中国的学者们将这些转瞬即逝的现象记录了下来，因为他们的搜索形象图指引着他们去发现天空中的异象。[41]

　　布拉德·因伍德也认同"亚里士多德的物种保守主义"并不是"其生物学体系的核心命题"。亚里士多德的"观点严格来说并不包括物种不能灭绝这一点（'灭绝'的概念足以解释巨型骨骼），而仅仅是认为现有物种不会继续演化"。然而，亚里士多德现存的论著中从未出现过关于巨型骨骼的记录，即便在我们认为可能会提及相关内容的文献中，也没有类似的记载。例如，关于史前萨摩斯岛以吼叫声著称的内阿德斯怪物的残篇中，并没有提到这些怪物有名的巨骨（详见本书第2章）。亚里士多德的分类系统和林奈分类系统一样，仅仅基于现有的物种——它不是为早已灭绝的物种设计的。在解释自然繁衍"标准"物种的意图时，亚里士多德承认了有时会出现不可繁殖后代的"自然的错误"。他还承认了有一些无法分类的异域现存生物。比如，在《动物志》（*History of Animals*）中，有一章记述了当时的渔民遇到奇异的海怪的故事，这些海怪的"稀有性让它们无法被归类"。亚里士多德对异常现象的关注仅仅是为了将其标为"怪异的"、不重要的，他也许是想要借此超越大众对怪奇现象（包括巨型骨骼）的不当关注。[42]

异常现象引发的焦虑

根据托马斯·库恩在著名的《科学革命的结构》（*Structure of Scientific Revolutions*，1962）一书中提出的观点，科学的历史呈现为一系列被刷新旧世界观的观念革命所打断的短暂的平静。当科学家致力于收集常规现象的数据时，他们对误差和错漏的识别会受到阻碍。库恩发现，"常规的科学并不旨在发现现实或者理论中的异常，一切顺利的话，也根本不会发现这些情况"。但如果异常现象大量出现，研究者就会对预想的思路产生怀疑，而且会因这些异常现象无法遵循既定的研究范式而产生焦虑。然后，当异常案例数量上升而在科学社群内部反复引发危机时，科学家们才会努力进行调整，革命性的科学进步方能出现。

如果我们借用库恩所秉持的科学革命标准，那么在古代，亚里士多德和其他一些哲学家就是首批专注于精确记录当时大量常规现象的人。而那些对巨型骨骼——曾被民众奉为神话巨人或英雄的遗骨——的发现，则不足以造成那种需要古代科学社群从他们的本职工作中转移注意力的异常危机。这种转变的关键节点直到18世纪才出现。当时，世界各地陆续出土了大量千奇百怪的神秘骨架，撼动了圣经式的创世纪和大洪水叙事框架，科学家们才发现他们正无可否认地处于一场由异常现象引发的危机之中。[43]

当然，生活在古代的普通人肯定注意到了诸如巨型骨骼的大量不合常理的事物。尽管学术圈拒绝对这些现象进行讨论，希腊-罗马社会的其他阶层借用神话、传说和民俗中的那些连贯且灵活的理论范式，对这些在地中海周边乃至更远的地方发现的巨骨展开了具体的讨论。我们之所以能够了解到这些，是因为存在一群像帕萨尼亚斯和菲洛斯特拉托斯这样受过良好教育的知识分子，他们不仅对神话、历史和哲学相当了解，而且还关注当时的有趣事件，甚至是矛盾的现象，并把相关证据记录在了自己的作品中。他们的记录构成了本书第3章所讨论的古代古生物学知识的主要内容。

关于异常现象的哲学文献

根据一位生活在公元3世纪的传记作家的记载，亚里士多德很可能写过两本分别名为《论合成动物》（*On Composite Animals*）和《论神话动物》（*On Mythical Animals*）的著作。可亚里士多德流传至今的著作中并没有这两本书。如果这两本书是伪作（历史学家认为如此），那么它们也许反映的是后来某些学者在看到亚里士多德作品集中的"空白"后产生的愿景。[44]
但一些诱人的证据表明，自然中的异常现象（包括巨型骨骼）
的确引起了亚里士多德的某些继承者和其他一些有心将原始事
实与民间信仰、哲学"真理"进行调和的作家们的关注。泰奥
弗拉斯托斯已佚的关于化石化和"貌似骨骼的石头"的论著就
属于这种记录异常证据的文献，他的另一部也已经失传的关于
恩培多克勒的著作也是一样。那些难以归类的伪亚里士多德、
佩勒菲图斯和菲洛斯特拉托斯的作品，也试图与有疑问的证据
和民间信仰达成妥协。

伪亚里士多德

流传至今的署名为亚里士多德的文献中，有一些为无名作
者所著。《论奇闻异事》（*On Marvelous Things Heard*，伪亚里
士多德作品）是一部记录自然奇闻的著作。这本书可能是由亚
里士多德的追随者们所作，也可能是因为有人认为这些话题符
合吕克昂学园的研究主题，而被附在亚里士多德的作品中。其
中一则条目表达了编纂者的目的："这篇报告可能会像传说一般
让我们震惊，但是……在登记各地发生过的事情的时候，必须
将其记录下来。"其中记录的奇闻包括几则与古生物学相关的
事项，比如：意大利南部和麦加罗波利斯的燃烧的战场，变成
坚硬石头的树脂（琥珀），意大利库迈附近一处所有物体全部化
石化的地方，意大利这只"靴子"的"鞋跟"地区的岩石里的
大型脚印，吕底亚煤矿中的化石化人类骨骼，西皮洛斯山（土
耳其中西部）附近的神庙中供奉的圆柱形石头（棘皮海百合化
石），以及产于埃及的豌豆型药用小石头（货币虫化石）。《论奇
闻异事》是一部关于有待调查研究的自然奥秘的作品集。这本

书的作者是否想要调解摒弃异常现象的哲学家与热衷于异常现象的大众之间的矛盾呢？[45]

佩勒菲图斯

另一部处在哲学和通俗知识的边缘地带的作品也常常被现代学者视为笨拙且矫揉造作的。亚里士多德的朋友兼追随者佩勒菲图斯（这是一个笔名，大意为"古代传说"）是《论难以置信的故事》（*On Unbelievable Tales*）的作者。佩勒菲图斯通过探寻现实事件历经岁月被歪曲成神话的过程，为英雄和怪物的传统提供了合理的解释。他并非彻底地反对神话，而是试图通过剔除神话中的不可能因素来揭示神话所蕴含的历史内核。

传说在神话时代，半人马（半人半马的生物）被赫拉克勒斯斩尽杀绝。这种生物曾是相信神话的大众逻辑和认为自然不可变化的哲学信念之间争论的焦点。在神话中，半人马是一种具有繁衍能力的物种。恩培多克勒认为半人马这样的动物的确曾经存在过，后因无法适应自然而灭绝了；后来的亚里士多德和卢克莱修则坚决地否认了这种混合生物存在的可能性。

在对半人马的讨论中，佩勒菲图斯重申了亚里士多德的观点，认为不相容的特性无法共存于同一种生物身上。随后，他又阐述了物种不变的一条原则："如果这种动物曾经存在，那么它们现在也应该存在。"但这样的观点与古代某些真实存在过的动物已经灭绝的观点相左，而且，他的措辞还为"目击发现"残存的半人马以及证明其曾经存在于过去的返祖现象留下了空间，就像异常高大的男女（被认为）证明了巨人在过去曾存在那样。事实上，在罗马时代的确有人宣称发现了活着的半人马。发现这些早就应该灭绝了的残存生物的情形，就好比现代人发现大脚野人或雪人、尼斯湖水怪以及其他未知物种或隐生动物学家们认为已经灭绝的物种一样。在想象和模糊的证据的浇灌下（详见本书第6章），对于遗骸以及隐生生物的信念在科学与幻想之间的沃土上疯长。

佩勒菲图斯还解开了英雄卡德摩斯（Cadmus）在土地上播种龙牙，试图"撒豆成兵"这一神话之谜。佩勒菲图斯写道，卡德摩斯并没有杀死一条龙，而是杀死了一位名为德拉科（Draco，与"龙"音近）的维奥蒂亚国王，这位国王拥有着"国王们通常都会有的宝藏，尤其是象牙"。当时的希腊人才刚刚知道大象的存在。佩勒菲图斯意识到，在他生活的时代以前，象牙可能曾被视作巨人或怪物的牙齿。据佩勒菲图斯记载，卡德摩斯将那些珍贵的臼齿保存在一座神庙中，但是德拉科的盟友们后来又抢回了那些象牙，逃回阿提卡和伯罗奔尼撒，并在那里起兵。

尽管佩勒菲图斯的合理化解释可能是刻意的，但他清晰地总结出了人们对异域遗迹的重视，比如那些可能是在希腊出土的、曾被供奉在古代神庙里的大象臼齿。佩勒菲图斯是唯一一位试图将古代怪物神话解释成对真实动物遗迹的误读的作家。他的古生物学记录让我们联想到科林斯陶瓶创作者将特洛伊怪物描绘成大型头骨化石一事（详见本书第4章）。[46]

菲洛斯特拉托斯和泰耶阿的阿波罗尼奥斯

生活在公元1世纪的阿波罗尼奥斯是一位倾心于哲学的贤哲，也是历史学家眼中一位极其复杂的人物。见多识广的菲洛斯特拉托斯曾为他写作传记（约公元217—238年），记录了这位圣贤前往印度搜寻智慧结晶以及之后在地中海地区旅行的经历。对于我们而言，阿波罗尼奥斯和他的传记作家菲洛斯特拉托斯都是古代古生物学领域的重要人物，因为他们向我们展示了面对古代自然历史中尚存争议的问题（比如格里芬和龙的出现，以及曾经存在的巨人等）时的一种实践性的研究方法。

　　本书第1章提到，阿波罗尼奥斯对格里芬的"翅膀"提出了有理有据的解释。在本书第2章，我引用了他对象牙化石的描述。在本书第3章，我们谈到了他对印度北部含有丰富化石的群山中的龙的记述。众多哲学家未能对巨骨遗骸加以解释，相比之下，阿波罗尼奥斯关于逐渐增多的巨型骨骼证据的观点显得非常理性。在西西里岛听人讲述提丰及被众神毁灭的巨人的"乡野神话"后，阿波罗尼奥斯提出了一个"更合理，也更易与哲学相容的结论"。阿波罗尼奥斯表示："我认为巨人曾经存在过，因为当土堆破损时，巨型骨骼十分显眼，遍地都是。但是，认为他们是在战争中被众神杀死是不理智的。"

　　阿波罗尼奥斯建议人们重视证据，但这是为了寻求符合自然常理的解释。阿波罗尼奥斯的建议似乎是对哲学家的挑战，同时这也表明，至少有一位思想家能意识到，自然原因能够解释那些埋骨于地下的巨型生物的灭亡。哲学家们已经找到了用以解释搁浅的海洋贝壳的自然原因，他们认为这是由于海水的泛滥和消退，而不是因为神降洪水的神话。那么，谜题就变得更难了：为什么没有自然哲学家从阿波罗尼奥斯提出的简单而理性的角度出发，对随处可见的巨型骨骼证据进行解释呢？[47]

古代古生物学

　　古生物学家彼得·多德森认为："人类很难对化石进行正确

的解读。他们看到化石并不意味着一定能够理解其在生物学上的意义。"化石的年代之久远和它所隐含的物种灭绝这一概念，也不是观察者们轻易就能领会的。但是古希腊人、古罗马人在观察到地中海地区的中新世—更新世物种的骨骼化石后，就已经领悟了这三个难以理解的古生物学概念。科学史学家柯林·罗南（Colin Ronan）就此提出了一个逻辑上的问题：在化石知识和经验如此普及的情况下，在阿那克西曼德、克塞诺芬尼、恩培多克勒甚至柏拉图所构建的框架之上，为什么没有古希腊哲学家正确地指出亚里士多德的生物阶梯论中的问题呢？他们为何没能早在达尔文出生前约2000年就提出一种"真正意义上动态"的演化观点呢？罗南把被抑制的古代古生物学思考归咎于"静态的物种不变论和所有物种都是一次性被创造出来的这一错误观点"。但正如本章所言，物种不变论和一次性创造论都并非希腊-罗马神话或哲学体系中一以贯之的观念。例如，即便是柏拉图也曾说过，自然力量导致了生命形式的变化。他写道：人类"诞生以来，经历了不可计数的漫长时间，各种气候变化可能早已令现存生物产生了大量的自然变化"。这一概念也被帕萨尼亚斯所肯定，他也提出："动物在不同的气候和地域中会展现出不同的形态。"[48]

此外，还有一些困难阻碍了古典时代用以解释巨型动物化石的科学理论的发展。各种关于灭绝与变异的哲学理论和流行观念都经历了几个世纪的辩证过程，自然哲学家们显然对巨型骨骼带来的挑战有所回避。他们从来没有从地球气候和地形的剧变理论，跃升到对这些地层中埋藏的巨骨的解释。他们没有真正认识到地球历史之漫长和生物多样性历经年代之悠久。而且，受地质因素的影响（详见本书第2章），地中海地区的化石记录本身也是十分零散的。

　　人们只有在了解地质年代的真正体量后才能理解物种的变迁。杰克·霍纳表示："演化不过就是随时间产生的变化。"但如果没有对地球生命数十亿年历史的了解，化石遗迹的真正意义就是难以捉摸的。直到19世纪，研究者们才从各大洲搜集到足够的化石材料，这才了解到我们与这些在地球上繁衍生息数个世纪，而后变异或灭绝了的奇怪物种之间的关系。

　　在《希腊人眼中的史前世界》（"The Greek Vision of Prehistory"）一文中，古典学家E. D. 菲利普斯（E. D. Phillips）解释道："地中海地区的地层大多扭曲破碎，因而没有保存完好的化石分层和顺位。"而按顺序排列的地层或许能为古代观察者们"提供动物类型出现的先后顺序"。不过，骨骼和牙齿随着侵蚀、地震和人类的发掘活动零零散散地现世，导致化石数据库提供的信息有限，而且杂乱无章。系统地发掘由分布有序、进化遗存丰富的不同年代地层构成的"地块"，才能够提供霍纳所说的"足够的辨识度"，而在古代，没有化石能够达到这种水准。[49]

　　在了解这些现代古生物学面临的障碍后，古希腊人、古罗马人对化石的理解就显得更加了不起。古代古生物学史不是关于物种革命性飞跃的故事，而是关于巨大的骨骼化石的种种执念。这些观念从神话范式之中诞生，并在几个世纪以来哲学的冷漠乃至敌意之中不断发展。这就十分有趣了：如果古代哲学群体参与到日益增多的巨型骨骼证据的破解中来（泰耶阿的阿波罗尼奥斯曾提出类似的要求），那么古代的化石研究会取得何种进展呢？大众很可能从哲学逻辑中受益，自然哲学则可能被迫想办法克服异常现象的考验。

　　在中世纪及以后，有些人认为巨型骨骼化石是堕落天使们的遗骸，或是被挪亚洪水所灭的巨人们被冲散到地球各处的遗骨；而另外一些人则认为这些化石是自然的突变，它们可能是从天上的星星上掉下来的，也可能是来自蟾蜍身上。古典时代的人们对于化石的理解是如何在中世纪消失的先另当别论，但如果科学界和民间能够互相信任，也许能真正增进文化繁荣。科学家群体和大众想象的疏远似乎催生了缺乏逻辑的信仰和有意的招摇撞骗。罗马帝国时期愈发频繁的怪物遗骸骗局和目击案例，可能反映了在神话生物的存在和灭绝问题上，哲学怀疑论者与流行假说支持者之间愈发紧张的关系。这将是本书下一章的主题。

　　想要复原古代脊椎动物古生物学，仅仅靠自然哲学家的记录是不行的。尽管恩培多克勒留下了一些关于已灭绝的怪物的隐晦残篇，泰奥弗拉斯托斯记录过化石化现象，阿波罗尼奥斯曾经提出过令人深思的问题，但现存的哲学著作强烈地表明，不管出于何种原因，哲学家们选择了退出对巨骨的"不可知的"问题的讨论。可是，人们的疑惑却并未消除，这导致基于经验的自然知识以地质神话的形式得到表达。当然，用现代的眼光来看，这些神话不算是一种正规的理论。但正如古生物学家奈尔斯·埃尔德雷奇（Niles Eldredge）所说，现代的进化论也不能称为一个"事实"。和神话范式一样，我们的现代理论范式也是让我们得以解释观察到的事实的"一种理念-图景"。[50]

　　运用神话范式来解释人们发现的巨型脊椎动物的化石遗迹，古希腊人和古罗马人取得了以下成就：

1. 意识到了大得出奇的骨骼化石的有机本质，并且试图想象其起源、生前的外貌和行为。

2. 感觉到大型骨骼化石的年代非常久远，并认为它们属于生活在遥远过去的巨型物种。那时山川还未成形，人类的时代尚未到来。

3. 辨认出这些骨骼化石是已灭绝生物的遗骸，它们不再存活于世，并且对这些动物消失的原因进行推测，如闪电、地震、洪水或其他灾难。

4. 描绘了埋藏学条件，并创造出推测性的分类学、谱系学以及大型已灭绝动物地理学。

5. 收集、测量、比对、展示了这些巨型骨骼——如本书第3章中提到的提比略展示巨型象牙一事，甚至尝试重建巨型遗迹。

6. 解释了观察到的异常现象——与人类或已知动物的骨骼不一致的巨型遗骸被认定为过去时代的生物。

这些并不是真正意义上的对脊椎动物化石的科学研究，但古人的直觉却是古生物学科学发展的先决条件。这些观点基于大众对文化中的古老神话的理解，而非自然哲学的进步。在中世纪到来的1000年前，复杂的地质神话模型使古代希腊人和罗马人得以将古生物学发现纳入他们对史前时期的一种富有洞见而又协调、自洽的想象之中。

一厢情愿

正如当代的隐生动物学家仍会搜寻未探索地区的恐龙遗族一样，一些古希腊人和古罗马人也曾想象，有些本应灭绝的神话时代的动物很可能逃过了一劫，仍然存活于世。活着的或已死去但遗体保存完好的半人生物，比如半人马，由此成了人们热衷于追寻的对象。对这些匪夷所思的生物的目击及其标本，将古人对地球遥远过去（那时奇妙的动物的确存在于世）的猜想带入了幻想的界域。但是正如本书下一章即将呈现的那样，让已经湮灭的生物复活是个由人之天性而生的梦想，它和叙述了传说生物的希腊神话一样古老，又和描述失落的恐龙世界的好莱坞电影一样现代。

6

半人马之骨

古生物学上的虚构

在古西锡安，人们收藏了一枚巨大的海怪头骨，头骨后面立着梦之神的雕像。

——帕萨尼亚斯

梦境和野兽是我们探寻自己本性之秘密的两把钥匙。

——拉尔夫·沃尔多·爱默生

塔纳格拉的特里同干尸

醉心于希腊神话历史的旅行家帕萨尼亚斯，曾经在公元150年前后旅行至维奥蒂亚的塔纳格拉（Tanagra）。他参观了此地著名的奇迹——一具特里同干尸。这位遗迹"老饕"曾经在罗马见过另一具小号的特里同。"但是，"他写道，"塔纳格拉的特里同真的会让你倒吸一口凉气！"

帕萨尼亚斯记录道："那些特里同绝对值得一看，它们绿色的头发很光滑，身体布满好似鲨鱼皮一样的细鳞。"狄俄尼索斯神庙的管理者们告诉帕萨尼亚斯，这只半人半海怪的特里同是在很久之前被酒神狄俄尼索斯杀死的，随后尸体被冲上了海岸。但是帕萨尼亚斯更喜欢另一个排除了神祇介入的、更写实的故事。这个故事解释了为什么这件展品缺少了头部（其余部分保存完好）：据说这只特里同曾被人类用葡萄酒引诱上岸，后被人类斩首。帕萨尼亚斯回想起他在罗马看到的特里同，它有着灰绿色的眼睛，鳃长在耳朵的后面，鼻子长得像人，还有一张长满尖牙的大嘴。两件展品的指甲表面都像贝壳一样，而下半身则形似海豚（见图6.1）。

在帕萨尼亚斯所处时代的近200年前，德谟斯特拉托斯（Demostratus）就曾写过关于海怪的论著，并检查过塔纳格拉的特里同干尸。德谟斯特拉托斯曾经在希腊地方议会任职，为罗马帝国早期的一位帝王（可能是奥古斯都、提比略或

图6.1 塔纳格拉的特里同，公元前6世纪晚期绘于陶器上的特里同像，发现于塔纳格拉，维奥蒂亚。帕萨尼亚斯曾在公元2世纪到此地的狄俄尼索斯神庙参观保存在神庙中的特里同。图片由本书作者绘制，参照谢波德，《希腊和伊特鲁里亚艺术中的鱼尾怪物》（*The Fish-tailed Monster in Greek and Etruscan Art*），1940年，彩插2，图12

克劳狄乌斯，这几位帝王都对自然奇迹有极大兴趣）调查过特里同。德谟斯特拉托斯关于海怪的作品目前已经散佚，但是自然历史学家埃里亚努斯在自己的作品里记录了德谟斯特拉托斯在塔纳格拉的正式调查。从德谟斯特拉托斯调查的结果来看，这一标本与艺术中呈现的特里同的典型形象相符，但是其身体在那时就已经十分老旧、脆弱。其头部"因年月久远而受损严重，几不可辨"（至帕萨尼亚斯所处时代，其头部已经完全脱落）。德谟斯特拉托斯触摸展品时，硬鳞就会脱落。议事会的另一位成员"取下一小块带鳞的皮肤并将其烧掉，在场人员闻到了一阵让人作呕的恶臭，我们无法认定这只动物是海生动物还是陆生动物"，德谟斯特拉托斯总结道。

在神话中，特里同是种鱼尾人身的类人生物，是海神波塞冬和海仙女的子孙，或人鱼的后代。与提丰、革律翁、巨人、半人马和其他怪物一样，特里同也来自那个以巨人–神祇之战为终点的怪物时代。众神和赫拉克勒斯在杀戮江河湖海的怪物时消灭了特里同。根据神话范式，特里同和海仙女在人类诞生之前就已灭绝。而根据自然哲学家们的说法，这类混合而成的半人生物从未存在过。但是，人类从未涉足的深海是一个永恒的谜团，是一个意料之外的奇迹随时可能闪现的领域。也许，一只被酒神狄俄尼索斯杀死的特里同的尸体奇迹般地保存下来了呢？或者，会不会有幸存的特里同还生活在人类尚未踏足的水域呢？在罗马和塔纳格拉，人们利用一些已发现的或伪造的东西营造出了这样的幻想。

这一想法不是没有合理性。直到现在，海洋仍然是一片广阔而黑暗的水域，隐藏在其中的奇怪生物偶尔才会为人所知。事实上，即便如今，我们对于一些深海怪兽的了解也仍是基于道听途说和被冲刷上岸的残躯。截至2000年本书第一版出版时，科学家尚未发现过活着的大王乌贼（*Architeuthis*）。据说，这种神秘而惊人的巨型怪物至少能长到60英尺（约18.3米）长，它们没有眼皮的眼睛大如餐盘。长久以来，这种动物让人既恐惧又惊叹，很多小说家（最著名的是儒勒·凡尔纳）、艺术家和动物学家都试图对大王乌贼的外观和行为进行想象并在作品中进行展示。[1]

帕萨尼亚斯观赏的特里同很可能是一个人工伪造的怪物，用以满足人们对从未见过的神话动物的好奇心，并填补古人所掌握的自然知识中的空白。但是，如果我们仔细回顾这一起骗局以及其他的古代骗局，将它们与一些关于已灭绝的或假想中的物种的现代骗局进行对比，就会发现古生物学中的伪造除了欺骗以外还有一些更深刻、更积极的意义。

在古典时代超过1000年的时间里，人们积累了大量的证据，证明世界——就如古代神话里讲的那样——曾被很多巨大、奇特的生物所占据。即便自然哲学家始终回避异常遗迹的证据，那些解释巨型骨骼的神话范式在罗马时代依然保持着稳定。同时，有几位作家，如帕萨尼亚斯和菲洛斯特拉托斯，试探性地提出，对巨型骨骼进行写实的解读至少是可设想的。这些记录了人们发现的引人注目的遗骸和古生物学复原模型的作家，还为我们记录了新奇的伪巨人、伪半人马、伪特里同和其他神话中的半人生物的古生物学伪作之证据。人们把这些人造的奇迹与巨型骨骼、英雄遗物一同进行展示，这通常被现代人视作机会主义者在利用人们的轻信或集体的错觉来玩弄大众。但我认为，这些人造的奇迹也告诉了我们一些关于想象力在古生物学中所扮演的角色的重要信息。

各时期的作伪骗局在幻想和确信之间徘徊，反映了民间信仰和科学之间的种种矛盾。有关半人马和特里同活体的报道以及其"遗骸"的展出不仅对古代哲学家反对混合生物的观点提出了挑战，同时还测试了大众盲从性的限度。这些作伪骗局源自哲学研究与大众知识的疏远，更反映了一种由来已久的人类憧憬，即想要让过去世界的生物死而复生。

正如当今有些小报不时报道有人看见恐龙或海怪活体一样，在古代，目击特里同、海仙女和其他本应已灭绝的动物的消息也会激起民众的骚动。例如，老普林尼曾记录，一支来自欧里斯帕（Olisipo，今里斯本）的代表团来到罗马向提比略汇报人们在海边的洞穴里看见了特里同。这支代表团还报告称，在同一处海岸还发现了一个连人形部位也长满毛发或细鳞的奄奄一息的海仙女。高卢总督向奥古斯都报告过一场发生在大西洋海岸的大规模海仙女搁浅事件；而老普林尼本人也曾经从种种可靠来源处听说过一只特里同夜间在加的斯湾凿沉船只的事件。[2]

人们在塔纳格拉和罗马公开展示的那些特里同遗迹的真实面目又是什么呢？对此，人们提出了几种推测。水手们对儒艮（与海牛存在关联的一种水生海牛目哺乳动物）的观察很可能启发了民俗中关于人鱼的想象，但是帕萨尼亚斯记载的细节（鳃、鳞片、绿头发、指甲、尖牙）并不符合儒艮的形象。彼得·莱维是一位帕萨尼亚斯作品的译者，他认为特里同是"经过盐洗保存的真实的怪物"，可能是畸形动物或者发育异常的人类被当作人鱼进行展示。特里同有可能是在自然状态下保存下来的未知的已灭绝生物吗？史前动物的确有可能在海水盐分的作用下得以防腐，比如在波兰加利西亚的斯塔伦尼亚（Starunia），人们就曾在一个混有盐、原油和矿化的石蜡的坑中发现过保存完好的更新世披毛犀和猛犸象的遗体。但即便曾在相似的环境中发现过已灭绝的野兽，人们也很难将冰川时期的陆生哺乳动物错认为特里同。[3]

关于特里同的来源，最可信的解释是，特里同是有意为之的错觉画（trompes l'oeil），也就是说，它是古代善于使用防腐技术的标本制作者所营造出的错觉。罗马时代的其他几位作家曾经提及人们对原始时期的神奇动物进行的写实主义风格的伪造。制作这种奇物的动机十分复杂。我们已经了解到，帝王们有根据实际发现的部分骨骼重塑巨型动物形象的计划，比如，在罗马的广场上复原的搁浅在海滩上的鲸鱼骨架，以及应提比略的要求根据一枚巨型牙齿化石塑造的巨型英雄半身像。其他相对次要的事件包括奥古斯都的那对巨人和约帕海怪，它们可能是由巨型骨骼（可能是化石）拼接而成，或由无关联物种的木乃伊化部分缝合而成。逼真的塑像也可以用蜡、陶土和木头制作其主体，再以鳞片、头发、羽毛、兽皮和指甲修饰，形象就会变得更加生动。不难想象，在帕萨尼亚斯所处时代，人们用一条风干的大鱼和一具人类木乃伊制造特里同。如果比对中世纪和现代造假者所伪造的各式各样的奇迹，我们就会发现这种解释颇有说服力。

古今的人造奇迹

从独角兽到人鱼，再到蛇怪和龙，生物造假作坊的历史堪称绚烂多彩、源远流长。例如，19世纪初期，伦敦曾有过一场轰动一时的人鱼木乃伊解剖活动。心有疑虑的人们发现，这条人鱼的头部和躯干来自一只木乃伊化的猴子，并被巧妙地"安装"在用风干三文鱼做的下半身上，而它的前额、鼻子、耳朵则来自一具人类尸体。这条人鱼的眼睛是人造的，鼻孔中的几撮毛是粘上的，好看的指甲则是用牛角雕成的。它的胸部填充了棉絮，鱼尾和猴子的腰部则用折叠的牛皮隐藏住缝线。整个身体被赭石染成了复古棕，用木头作为支撑。从中世纪起，类似的人鱼或龙被称为"珍妮·汉尼维"（Jenny Hanivers），它们是利用鳐鱼、蜥蜴、猴子和其他天然或人造材料制造而成的（见图6.2）。在古代，人们肯定也掌握了制作类似的伪造品的技术。[4]

最臭名昭著的现代古生物学骗局——皮尔丹人（Piltdown Man）是在1912年由一些不知名的人士制作的，直到1953年才被揭露出来。为了骗过急于在英格兰找到"消失的一环"的英国古生物学家们，这些骗子巧妙地将人类与猿类的头骨结合到了一起，染成了类似猿人头骨化石的深棕色，并将其埋进了一处骨层中。这种伪科学的人兽异种展览和塔纳格拉的特里同展览一样，长期以来都是吸引眼球的招牌节目。20世纪末，一部关于解剖发现于新墨西哥州罗斯威尔（Roswell）的地外类人生物的纪录片引起了热烈反响。以上事例表明，这些骗局用想象填补了让人好奇的知识空白区域。这就是骗局和科幻小说乍看上去真实可信的原因之一——现有知识的缺失决定了它们的形态。[5]

帕萨尼亚斯和其他作家所记录的证据表明，如塔纳格拉的特里同那样的假冒遗迹的制作工作始于罗马时代。西西里的狄奥多罗斯（约公元前30年）描述了古罗马人对剧院里那些诸如革律翁和半人马等神话怪物的写实模型或活动造型（tableaux vivants）的痴迷。曼尼利乌斯（约公元前10年）曾提到，在奥

图6.2 人造特里同。上图参照16世纪公开展示的一副骨架和木乃伊绘制而成。下图为"1523年罗马附近的海怪"画像。康拉德·格斯纳，1558—1604年。图片由多佛图片档案馆提供

古斯都时代，人们展示组合而成的"长着人类手脚的动物"。老普林尼曾经看到过在皇宫展出的经防腐处理的半人马和曾在公元47年让罗马万人空巷的埃及凤凰（一种据说每隔500年就会重生的神鸟）展览。琉善（公元180年）曾记录，有一位被称作阿波诺替克斯的亚历山大（Alexander of Abonoteichus）的江湖骗子凭借人头蛇身的动物展览在罗马帝国境内大发横财。那是用一条巨大而温顺的蛇与栩栩如生的假人头相连而成的。假人头由硬亚麻制成，绘有五官，并连有马鬃，使嘴巴能够闭合、开启，还能够控制探出嘴巴的蛇信子。几十年后，埃里亚努斯（约公元200年）用"篡改自然的工匠"来描述那些把蜡像组合成神话生物以让人相信自然本可以"将迥异的躯体合而为一"的手工匠人。

古人是如何看待这些人造的"自然"奇迹的呢？人们的反应从盲信到付之一笑各不相同：有人上当了，也有人对此一笑置之；有人对其中挑战既定知识和信仰的艺术才华表示肯定，也有人，比如狄奥多罗斯，在伪作中领悟到了更深层的意义。以在罗马展出的凤凰为例，任何亲眼见过它的人都能发现这显然是一件冒牌货。根据琉善的记载，人云亦云的大众本是被那人头蛇身的人偶吸引来的，"但是渐渐地很多心明眼亮的人看穿了这场把戏"。帕萨尼亚斯似乎把那些哗众取宠的特里同视作能够活动脑筋的消遣，这种场景促使他对自己之前所见、所闻的其他奇异动物进行思考。埃里亚努斯对塔纳格拉的特里同的隐晦回应则顺应了迪迪马（Didyma）的阿波罗神庙的神谕："如果神说特里同存在，谁又能质疑呢？"6

萨蒂尔目击事件和半人马遗族

在古代，对从巨人时代遗留下来的史前生物遗族的目击，以及试图为它们的存在提供证据的骗局，主要集中于特里同、萨蒂尔和半人马等人兽合成体。（现代骗局通常也倾向于借用半人合成体，比如人鱼、皮尔丹人、大脚野人和外星人。）如果说特里同是海生半人遗迹的典型，那么萨蒂尔和半人马就是陆生半人遗迹的典型。萨蒂尔（和西勒诺斯）是原始的半人半山羊或半人半马的生物。它们身披毛发，下颌突出，长着朝天鼻、厚嘴唇、尖耳朵和尾巴，有些萨蒂尔还长有短短的角和蹄子。根据一个古代传说，萨蒂尔可以繁育出半人马。和其他神秘的史前动物一样，这些动物本应在人类出现于希腊前就已经灭绝，但它们和特里同一样顽固地出现在报道和骗局中。[7]

在罗马时代，人们在帕罗斯岛和希俄斯岛的石板中发现了形似萨蒂尔的化石遗迹（详见本书第3章）。根据希罗多德和克塞诺芬尼的记载，被太阳神阿波罗杀死的有名的萨蒂尔马耳叙阿斯（Marsyas）的皮[①]在公元前5世纪曾是迈安德河（土耳其南部）源头附近的一处旅游景观。当时有传言说，在埃及、利比亚、印度、希腊北部以及一些荒芜的岛屿，仍然有行踪难觅的萨蒂尔存活于世。帕萨尼亚斯记载，人们在罗马曾经展出过一只来自利比亚的活萨蒂尔。普鲁塔克则记录了时人在今阿尔

[①] 据希腊神话，雅典娜发明了长笛，但爱美的雅典娜受不了自己吹奏长笛时歪嘴斜眼的模样，一气之下把长笛扔到地上，并施加了诅咒。马耳叙阿斯捡到了长笛。成为娴熟的演奏者后，马耳叙阿斯向阿波罗发起挑战，吹嘘自己吹奏长笛比阿波罗演奏七弦琴还要动听。阿波罗接受了挑战。马耳叙阿斯因输了比赛而被阿波罗吊在树上剥了皮，以示对狂妄僭越者的惩罚。

巴尼亚捕捉到的另一只萨蒂尔。公元前83年，罗马将领苏拉正要从底耳哈琴（Dyrrhachium）乘船前往意大利时，他的士兵们在一处地面会燃起火来的地方惊动了在一片神圣的草场上睡觉的萨蒂尔。那头萨蒂尔看上去就和美术与戏剧中描绘的一模一样，据说它被捉住并进献给苏拉时发出了难听的嘶鸣。

萨蒂尔目击事件一直持续到基督教时代初期。圣杰罗姆与圣奥古斯丁生活在同一时代，他的记录显示，君士坦丁一世（于公元337年逝世）曾前往安条克参观一具被专门保存在盐中的萨蒂尔遗骸。[8]

圣杰罗姆的记录表明，当时的人们制作了伪萨蒂尔并将其作为旅游景观进行展示，就如在罗马与塔纳格拉展出的那些特里同一样。实际上，早在公元前5世纪，希腊的萨蒂尔表演就已促使制作萨蒂尔形象的技术达到炉火纯青的地步。当时扮演萨蒂尔的演员会戴上栩栩如生的面具——也许还会使用其他道具——来把萨蒂尔"演活"。近期，德国考古学家和博物馆的修复人员全面复原了古希腊陶瓶绘画和雕塑中所描绘的戏剧表演中使用的萨蒂尔面具。博物馆修复人员只采用了那些古人能够获取的材料，比如毛发和兽皮。这些面具极其写实的效果让我们想起现代科学对人类祖先的复原（见图6.3和图6.4）。我认为，类似的手工制品可以解释古人在罗马展出的"活萨蒂尔"以及保存的萨蒂尔尸体，比如在安条克展出的那一具。君士坦丁一世看到的保存在盐中的萨蒂尔很可能是一具戴着仿真面具、安装着尾巴和蹄子的人类木乃伊。[9]

希腊北部的色萨利曾经是半人马的传统发现地。各种半人半兽的混合体（斯芬克斯、弥诺陶洛斯、哈耳庇厄等）源自最早期的希腊艺术，代表了众多原始怪物。在这些怪物中，人们

图6.3 根据古希腊陶瓶绘画中写实风格的戏剧表演用萨蒂尔面具而复原的萨蒂尔面具。照片由热拉尔·赛特勒提供

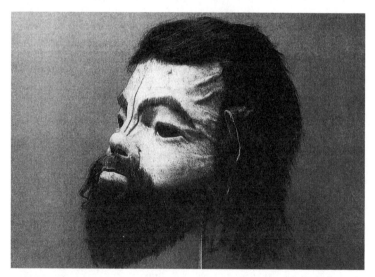

图6.4 基于公元前4世纪的古希腊陶瓶绘画而复原的萨蒂尔面具。照片由热拉尔·赛特勒提供

一直以来对半人马的想象可谓热情不减。经过艺术加工的半人马——一种人和马的混合体——已经成了文学传奇、经典绘画及雕塑中为人熟知的形象。

艺术史学家彼得·冯·布莱肯哈根（Peter von Blancken-hagen）在谈到此事的时候评论道："说来也怪，经典的半人马外观看起来并不怪异违和。人的躯干和头部与马的身体的结合似乎在视觉上比较和谐统一，也能够令人接受，就像自然中真的会产生这样的怪物一样。"他把这种协调感归因于马修长的脖颈和人类健壮的躯干在形态上的相似，最终的结果就是呈现出"一个在力量上超越人和马的强大而可信的形象"。回顾格思里关于人类的拟人化冲动的理论（详见本书第2章），我们可以认为半人马是古人将人的属性投射到史前时代的一种相当令人信服的尝试。[10]

但辉煌的半人马是否只存在于神话式的过去呢？随着罗马时代不断扩张的对外探索，罗马人渴求关于异域和格里芬、大猩猩等不可思议的动物的信息。不仅有越来越多的骨骼证据表明巨人和怪物曾经生活在地球上，新的动物学发现还提供了这样一种可能性：神话时代的某些生物——包括拥有超凡魅力的半人马——很可能逃过了史前浩劫，仍在人类尚未涉足的土地上生存着。

在本书的前几章，我们了解到，正统的自然哲学家们认为混合了不同种属的杂合动物（包括第1章提到的鸟与哺乳动物的结合体格里芬）是不可能存在的。但是在亚里士多德、佩勒菲图斯和卢克莱修对混合生物体的生存能力加以否定的同时，埃里亚努斯、特拉勒斯的弗勒干和其他作家则对这些看似神奇的生物持开放态度，为填补关于混合生物的未知领域留下了想象与质疑相互作用、相互影响的空间。例如，埃里亚努斯想知道自然与时间是否真的可以孕育出如神话中所描述的那样的怪异生物。埃里亚努斯认为，如果半人马真的曾经生活在世界的某些地方，而非只存在于民俗故事的只言片语之中，那么半人马肯定是生活在很久以前的动物（此观点与恩培多克勒的观点相呼应）。[11]

公元前4世纪，佩勒菲图斯曾断言，如果半人马真的存在过，那么它们如今一定仍然存活于世。这一观点在罗马时代得到了大量半人马目击报告的佐证。在克劳狄乌斯统治时期（公元41—54年），阿拉伯地区的官员曾称在索恩（Saune）地区一处偏远且毒草丛生的山地发现了一小群半人马。尽管十分危险，人们还是捕捉到这群"活化石"中的一头并将其送往埃及，作为礼物送给了克劳狄乌斯。埃及人按习惯用生肉喂食，但那只野生半人马最终还是因无法适应海拔的变化而死亡。随后，埃及人对半人马尸体进行了防腐处理，并将其装船送往罗马，由克劳狄乌斯在宫殿展出。老普林尼和朋友们一起参观了这次展览：那头半人马被完全浸没在蜂蜜中（蜂蜜是一种用于长途运输的常见防腐材料）。浸在蜂蜜中不仅能让观感更真实，还能防止人们近距离检视这一模糊的幻象。以琉善对人头蛇身怪物展览的一手记录为例，我们可以猜测展示半人马的房间比较昏暗，而参观者们在仔细察看之前就已经被催赶着匆忙离开了展区。

过了将近一个世纪，在克劳狄乌斯之后又相继经过了九位帝王的统治，人们仍能通过专门的预约在哈德良皇宫收藏室参观索恩的半人马。弗勒干曾在哈德良治下为官（公元117—138年），且是巨型骨骼发现的文献汇编人员，他曾亲眼见过这一奇观。他发现半人马的体形比古希腊艺术中所描绘的略小一点，但是面容凶狠，双臂和手指毛发旺盛。人类的胸腔、躯干和马的身体及腿衔接自然，马蹄强壮有力。马的鬃毛原为黄褐色，但是半人马全身为深棕色，弗勒干认为这是防腐处理造成的。[12]

在罗马时代，有人说普通的母马能够生出半人半马的马驹，这种罕见的"返祖现象"复活了早已消失的半人马。比如，大约在公元50年，克劳狄乌斯就曾收到希腊行省的消息，说色萨利降生了一头小半人马。大约半个世纪后，普鲁塔克可能是受到了这一偶然事件和索恩的半人马的启发，进行了一场令人兴奋的有关半人马与哲学家的思想实验。

在他的历史小说《七位贤哲的盛宴》（*The Feast of the Seven Sages*）中，普鲁塔克想象了公元前6世纪世界上最有智慧的人们会如何面对半人马活体。在哲学家们赴宴的路上，宴客的主人——科林斯的佩里安德（Periander of Corinth），请求他们解释为何马厩里的母马生出的是一头小半人马。贤者们看着这个被马夫包裹在皮革褓襁中的新生儿。这个半人半马的小家伙的哭声就像是人类婴儿一样。一位哲学家喊道"救救我们吧，神哪"，然后扭过脸去。另一位则为这头怪物的象征意义感到担忧。晚宴就要开始了，有一位贤者开了一个粗野的玩笑，说这位马夫和母马有不得体的关系，然后撇下这头小半人马就走了。很显然，普鲁塔克所记录的哲学家们的三种反应——焦虑、迂腐和揶揄——扼要地复刻了当时的自然哲学家对流行的地质神话和异常现象的态度（详情见本书第5章）。[13]

希腊色萨利的半人马发掘活动

20世纪80年代，美国威斯康星州、俄亥俄州和马萨诸塞州的博物馆巡回展出了一副据说发掘于希腊北部的古代半人马骨架。1994年，诺克斯维尔（Knoxville）的田纳西大学图书馆将这副神奇的遗骸放在仿大理石展柜中永久展出。透过展柜上方的玻璃，参观者们惊讶地注视着整具嵌在砂岩板中的半人马骨架，半人马的人体胸腔部分有一个青铜箭镞。其标签表明，该半人马样品是由希腊考古学家于1980年在色萨利的沃洛斯（Volos）东北部几英里处发现的三件遗迹之一，其历史可追溯至公元前1300年（见图6.5和图6.6）。馆长向人们解释道，半人马曾在色萨利繁衍生息，人类出现后，它们迁徙到了更遥远的地区，后来逐渐灭绝。他说："虽然有些学者视半人马为纯粹的神话中的生物，但是在沃洛斯的发现……迫使我们重新审视这个假设。"

　　人骨与马骨写实风格的融合让人感到怪异，这是一种在相信和疑虑之间摇摆不定的感觉。[14]我认为，这种展览让我们得以感同身受地了解到古人在见到巨型猛犸象和萨摩麟的巨型化石化骨骼或特里同和半人马的超凡身躯（它们令人信服地被标注为巨人英雄和来自过去的怪物的真实遗迹）时的心境。这场半人马展就是那种让帕萨尼亚斯屏息宁神、令自然哲学家大为光火的奇迹。

　　这场所谓的半人马发掘活动是由动物学教授兼艺术家威廉·维勒斯精心打造的骗局。维勒斯将他从解剖教室找到的带有磨损痕迹的人类骨架的上半部分与威斯康星州农场里一匹小矮马的骨架组合在一起。为了让骨骼看上去具有年代感，维勒斯用茶叶把骨骼染成了深棕色。随后，他还运用碎陶片、动物考古学标记、图标和地图来提高可信度。维勒斯的目的就是"在现实层面让人们（至少是一时地）相信半人马这种生物的存

图6.5 "发掘于沃洛斯的半人马"。艺术家：威廉·维勒斯。照片由博韦·莱昂斯提供，田纳西大学豪克斯纪念馆，诺克斯维尔

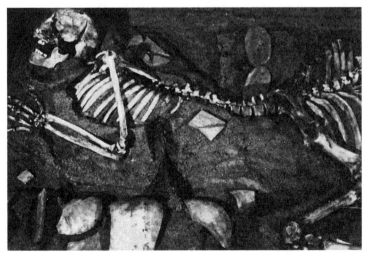

图6.6 半人马骨架。艺术家：威廉·维勒斯。照片由博韦·莱昂斯提供，田纳西大学豪克斯纪念馆，诺克斯维尔

在"。半人马骨架的实物证据"在观者的脑海中将一种神话中的生物的真实性上升到了前所未有的程度"。"无论何时，人一旦看到一副骨架，"维勒斯指出，"就会开启填充血肉的过程。我们的眼前闪过这种生物生前的剪影。"人们的想象为其添加肌肉、皮肤、容貌甚至动作。

作为艺术家的维勒斯希望随之而生的想象能够让我们"了解古人的心理"。而作为科学家，维勒斯则希望人们能够质疑自己通过感官了解的表象，并试着用怀疑的态度审视权威文献。这为大众信仰和官方知识之间古老的矛盾带来了新的转折。维勒斯的合成半人马所带来的多层次影响促进了科学家、艺术家和历史学家关于大众文化的对话与沟通。[15]

事实上，半人马展览就是对古老的神话想象与科学的好奇心之间的交汇点的具像化展示。维勒斯对科学与艺术感知的结合，不仅仅考验了他的观众，也让"骗局"的概念变得更加复杂。他的目的并不是骗人，但他确实有意使人震惊。这种震撼人心的不确定性有着更深层次的作用：它向我们传达了我们对可能性的感知中蕴含的深层意义。

古生物学上的虚构

维勒斯张罗他的骗局时，并不了解古罗马时代的假半人马遗迹，这使这一巧合变得更有意思了。古今的半人马骗局告诉我们，复杂的骗局可以超越单纯的娱乐和蒙骗——它们代表着想象和未知的交汇点。"古生物学上的虚构"一词能更好地描述这类骗局，因为这个词组体现了这类即兴拼凑的证据中积极、创新乃至怀旧的方面。事实上，每一次对已灭绝的生命形式的重构——无论是科学家的草图，还是博物馆的原尺寸复刻，抑或是好莱坞电影中用电脑模拟出的恐龙——都是古生物学虚构的一种形式。[16]

如果我们将曾经轰动一时的特里同、巨人、海怪、革律翁和半人马的模型视为古人对这些生物进行复原的尝试（这些生物就算不是曾经生存于世但在神话时代被毁灭，至少也是曾经存在过），那么在某种意义上，这些骗局就是现代艺术和科学层面上的古生物学虚构的古代版本，即人类对已灭绝动物的骨架进行生命形式复原的严肃尝试。过去与现在相同的是，我们知识中的那些空隙总是撩拨着我们的好奇心，需要用大胆的想象来描绘。

西西里的狄奥多罗斯对他所处时代的人们创造、欣赏古生物学虚构的复杂动机进行了一番剖析。他承认，即便没有人相信半人马或者革律翁曾经真实存在，"我们（还是）认可为剧场而制作的此类东西"和它们的公开展出。为什么？因为通过我们对它们"由惊叹而生的赞赏"，我们表达了对艺术家熟练的再创造技术和大自然的神秘力量的尊敬。狄奥多罗斯的意思似乎是，我们知道这些生物是人造的，但是我们还是愿意先把疑虑放在一边，致力于增强我们的想象力，试图发掘自然隐藏起来的历史。[17]

狄奥多罗斯关于骗局具有潜在的严肃意义的观点，得到了艺术家博韦·莱昂斯的肯定。莱昂斯和威廉·维勒斯一样，是仿考古亚文化的实践者。这场运动把一种自我觉醒的后现代主义阐释放到了早期现代欧洲的"藏珍阁"上。但是，我们可以感受到如同古希腊人、古罗马人面对自然或人造的珍奇遗迹时那样的迷狂。莱昂斯说，引人思考的骗局是"永恒的一课"，"上当受骗其实也有益处"。这种讽刺性的骗局，特别是如果它揭露了自身的欺骗性，其实是具有教育意义的。莱昂斯认为，对诸如维勒斯的半人马骨架这样的赝品"定睛一看"的经历，增加了我们"对世界的敏感度"，而这正是狄奥多罗斯所推崇的。[18]

古生物学虚构还引领着我们去正视自然中的那些不可知的领域——一个希腊-罗马地质神话和后世志怪体裁文学一直试图涵盖的领域。根据一些科学家的观点，神话"迎合了根植于人们心理或精神上的某种天性需求，而那完全与科学无关"。但也有人认为，神话既表达了人类科学意义上的好奇心，也包含了他们对大自然中的奥秘的创造性猜测。对于许多沉湎于常规现象的分类工作、拒绝接受大众错误概念的科学家来说，要承认不可知性和不可能性的概念是很困难的。这种抗拒可以帮助我们解释为何古代自然哲学家忽略了以巨型骨骼为代表的"不可能"的证据。正如维勒斯的半人马打破了盲从受骗与勇于质疑之间的区别一样，一些古代作家，如狄奥多罗斯、帕萨尼亚斯、菲洛斯特拉托斯、普鲁塔克以及埃里亚努斯似乎依靠直觉感受到了，对想象力提出挑战可能是与不可知之物达成和解的关键。[19]

富有创造性的现代科学家也有着同样的直觉。物理学家理查德·费曼（Richard Feynman）认为，怀疑应该是"求知的本质"。阿尔伯特·爱因斯坦认为，对神秘之物的感知或有关疑惑的体验是"艺术和真理的摇篮"，他还认为想象力比知识更重要。文化历史学家斯蒂芬·格林布拉特（Stephen Greenblatt）认为，新奇感"代表了所有不能被理解的东西"，所有"很少有人相信的事情"。哲学家菲利普·费舍尔认为，永不消亡的新奇感就是科学的充电器。著名生物学家托马斯·艾斯纳（Thomas Eisner）十分珍视他"思维放松"的时候，在此期间他可以幻想尚未被人完全了解的生命形式。他曾表示，这种经验"是作为科学家的我最喜欢的部分"。物理学家伊丽莎白·福克斯·凯勒（Elizabeth Fox Keller）认为通过一种"梦想与现实的对话"来"在一个人的……世界里重新引入模糊感"是困难但必要的。认知科学家侯世达（Douglas R. Hofstadter）则希望能够再次捕捉到"令人着迷的怪异感"和被大自然中令人困惑的奥秘所激起的矛盾感，因为"神秘感存在于科学的核心之中"[20]。

根据这些科学家的观点，那些质疑现有知识之确定性的矛盾证据并非反科学的。想象力翱翔于现有知识之上的空域，这一元素对于我们理解与学习的潜能而言至关重要。在创造性探寻的过程中，即使是差错也有其价值。正如杰克·霍纳指出的那样，"古生物学往往繁盛于发人深省的误读"。如果科学只有在证据自身存在矛盾时才能取得重大进展，如果放飞的想象力对科学而言是必要的，那么矛盾、吊诡的证据的产生也就并不总是悖理的，而可能有潜在的用处。与科学探索相结合的神话想象也许指向了人类理解未知领域的新维度。如此看来，一个骗局即一种假设。[21]

对神话生物的设想性复原可能是对自然的隐秘过往的一种古代思想实验。在给这些从未见过的动物赋型的过程中，骗局显然已经超出了在土中找到的真实的已灭绝动物骨架的天然证据。但古人对古生物的重组与复原，满足了人们了解、触摸未曾亲眼见过的怪异生物的渴望。

怀念消失的世界

为我们无法亲眼见到的动物制作模型——或是因为这些动

物早已灭绝，或是因为这些动物从来就没存在过——表达了一种人类心底的渴望，一种为人类已知存在过的动物或是可能存在的动物（即便它们其实不曾存在）赋予生命的渴望。就像经久不衰的古希腊神话对于原始世界的描述一样，古生物学虚构向我们展示了暂缓疑虑的能力——以获得转念的时间——是怎样满足人类的这种强烈需求的。这种需求在所有科学领域都很重要，只是在古生物学领域显得尤为明显。杰克·霍纳说过，在古生物学中，"故事永远会是模糊且不完整的"，而"我们永远会去填补缺失的部分，因为我们就是忍不住想这样做"。为了创造出这些早已灭绝的生物的夸张形象，人们"虚构了这些生物的生平"。在这个过程中，"事实与想象的相互影响从未停止"。如果我们想要理解这些已经消失的生命所遗留的那些让人浮想联翩的怪异遗迹，并且想要让它们看起来真实可信，我们就需要对奇怪的甚至是不可思议的事物进行想象。

古人对遗迹的痴迷也反映在现代古生物学中。已灭绝动物留存至今的每一块骨头（还有爪子、牙齿、皮毛、蛋、胃石甚至粪便）都备受珍视，人们对其进行仔细测量，将其珍藏在博物馆内。古人对于神话生物栖居的失落世界的怀念与古生物学家为世界失去恐龙和猛犸象而感到的惋惜遥相呼应。彼得·多德森在关于他最喜欢的有角恐龙——地球上最后的恐龙——的书的末尾写道："这些恐龙的消亡让我多么痛心哪！为什么它们的故事要以这种方式结束呢？"对于霍纳而言，我们之所以痴迷恐龙，主要是因为我们痛苦地意识到曾经风光无限的恐龙种群已经永远消失了。有人还梦想能够通过生物科技复活恐龙或猛犸象，但事实却十分残酷：所有这些"庞大异形"都"早已从地球上消失，一去不复返了"。[22]

这个事实对某些人来说有些难以接受。人们拒绝接受史前世界已经消亡这一事实，这种抗拒心理对事实与虚构、科学与神话之间的界限带来了挑战。苏联科学家在20世纪60年代开展了一次严肃认真的复活猛犸象的实验。他们把冷冻的猛犸象卵细胞移植到现代雌性大象的身上，想生出一只小猛犸象，然而这被证明只是徒劳之举。而科学界和大众传媒领域在那之后仍然希望通过克隆冰冻在西伯利亚的猛犸象的DNA来复活这种动物。此类现代想象与古人认为普通的母马能够生出半人马驹的执念并无多少不同之处。

1996年，《探索者杂志》（*Explorers Journal*）报道了一则激动人心的消息：猛犸象仍然存活于世。这与古人在遥远的阿拉伯地区发现一小群半人马的桥段有些相似。据传，巨型象科动物生活在尼泊尔的西瓦利克山脉的森林中，于是约翰·布拉什福特-斯奈尔（John Blashford-Snell）带领探险队奔赴尼泊尔，并在那里发现了一小群与已灭绝的猛犸象形似的前额隆起的巨型象科动物。DNA测试显示，这些肩高约有11英尺（约3.4米）的象科动物与猛犸象具有基因相似性。它们很可能是生活在200万年前的史前古亚洲象（Elephas hysudricus）的"返祖"物种，此前我们只能通过西瓦利克山区发掘出的化石来了解它们。[23]

类似的发现刺激了科学家们的梦想，也点燃了大众对于重新发现或复活史前猛兽的幻想。在古典时代，人们会问：要是半人马逃过了一劫，至今是否还生活在遥远的山谷里呢？会不会有人能够捕捉到活的特里同或者萨蒂尔，又或者至少发现一具证明它们存在的遗骸呢？我们现代人的问题也没什么不同：要是中生代蛇颈龙被困在了尼斯湖呢？也许原始人类的一条支脉仍然住在喜马拉雅地区的那些山坡上呢？更新世爪兽会不会以某种方式躲过了灭绝，现仍然生活在肯尼亚的丛林中呢？要是生活在白垩纪海洋的那些诡异生物仍然潜藏于深海呢？我们能否通过提取琥珀里包裹的蚊子体内的DNA来复活侏罗纪时期的恐龙呢？要是恐龙进化成了类人形态会怎么样呢？[24]

恐龙人

　　古生物学家很难免疫这种让存在过的或可能存在过的巨型生物复活的渴求。伊万·A.叶夫列莫夫（Ivan A. Efremov）在20世纪40年代参加苏联组织的戈壁沙漠考古远征时，发现了一种巨大的新恐龙——勇士特暴龙（*Tarbosaurus bataar*，意为"恐怖的蜥蜴"，是霸王龙的亚洲表亲）。据此，他写了一本科幻小说，想象化石猎人发现了一处洞穴，洞穴的墙壁上覆盖着树脂，就如同天然的胶卷一般保存着鲜活的特暴龙形象。古生物学家们盯着它，惊讶地发现，"随着日落时太阳的光芒渐弱，恐龙的幻影逐渐浮现……首先长出了骨骼，随后长出了血肉！这简直就是所有恐龙古生物学家的梦想"！一批资深的古生物学家曾于1999年6月在南达科他州的温泉猛犸象遗址举办猛犸象灭绝纪念活动。他们想要"唤醒更新世"及这一时期消失的巨兽，梦想着有一天能以某种方式恢复美国西部已消失的冰川时期动物种群。[25]

　　古生物学虚构的另一种形式是凭借不完整的化石来对已灭绝的动物进行科学重塑。一些富有创新精神的科学家用类似于古代神话中的人兽混合怪物的物种触碰了神话与科学之间愈加模糊的边界。例如，1982年，古生物学家戴尔·罗素进行了一场大胆的思想实验。也许，恐龙没有在白垩纪的灾难中全部灭绝呢？也许有一种体形较小、行动机敏、头脑发达的恐龙幸存了下来并继续演化呢？也许它们变形成了类人动物呢？罗素和标本制作师R. 赛甘（R. Séguin）基于恐龙与人类演化的详细知识，制作了一个博物馆收藏级别的复原物，并称其为"恐龙人"（dinosauroid hominid）。[26]

罗素和赛甘设计并制作了一个极度真实的头骨和塑料骨架模型，使一种白垩纪晚期细爪龙（*Stenonychosaurus*）的形象呈现出了一些类人特征。他们给骨架填充上肌肉组织和皮肤，使用的是博物馆修复人员用于修复骨架化石的乳胶、玻璃纤维和环氧树脂。这种4英尺（约1.2米）高的类人恐龙简直就是那些古代人造奇迹的翻版，就好比帕萨尼亚斯曾经记录过的怪异的特里同。它有着圆睁着的、大大的、有智慧的壁虎眼睛，乌龟的宽嘴，覆盖着鳞片的人形躯体，还有着三根长而灵活的手指（末端有锋利的指甲）……观者见之觉得似曾相识却又半信半疑。和维勒斯的半人马一样，罗素的诡异"怪物"让我们得以对古人突然遇到巨大或形态匪夷所思的动物遗迹的经历感同身受（见图6.7和图6.8）。

如果一些皮尔丹人的跟风模仿者把罗素那现实主义风格的恐龙人头骨埋进化石床里，让一位毫不知情的古生物学家去发现，那位发现者肯定会不知所措。1989年，玛丽·奥尼尔（Mary O'Neill）在她出版于伦敦的《恐龙秘史》（*Dinosaur Mysteries*）中，将罗素的假设性模型当成了一种演化出了类人特征的神奇的恐龙。显然，罗素想象中的生物已经跳脱了实验室的桎梏，很快就开始出现在全世界各种意想不到的地方。这让一些熟悉大众文

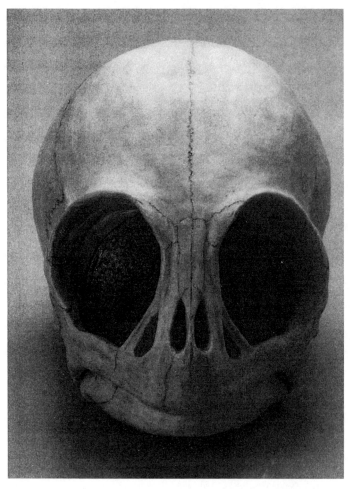

图6.7 恐龙人头骨，由戴尔·罗素与R.赛甘利用塑料和树脂制作而成。加拿大自然博物馆授权本书使用恐龙人形象

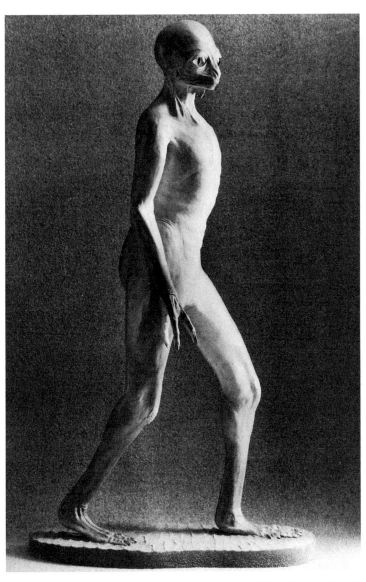

图6.8 恐龙人模型，由戴尔·罗素与R.赛甘制作而成。加拿大自然博物馆授权本书使用恐龙人形象

化以及骗局背景的古生物学家既感到沮丧又觉得好笑。

　　容易上当的人在毫无背景信息的情况下看到恐龙人，可能会将其视作外星物种。不出所料，小报上关于这种让人毛骨悚然的生物的图片和艺术家绘制的画像成了"惊天大发现之'恐龙人'和外星人"的不二证据。自1982年以来，罗素所创造的恐龙人形象得到了无数大众媒体的传播，从《重金属》（*Heavy Metal*）杂志到1988年的"恐龙突袭！"（*Dinosaurs Attack!*）系列的泡泡糖收藏卡，不一而足。在古生物学系的走廊外，时不时也会出现穿着人类服装的罗素恐龙人复制品，吸引着路人的注意。在想象出的恐龙人面世约10年后，一个活着的、能呼吸能走路还能说话的恐龙人出现在了一档关于恐龙的英国电视节目中。恐龙专家大卫·诺曼（David Norman）讲解了博物馆的修复人员是如何将蜡质蜥蜴模型拼接到假人身体上，从而做出一套能够让女士穿上的彩色乳胶恐龙服的。这位女士套上两只三爪手套并戴上精雕细琢的面具时，就化身成了恐龙人。[27]

　　关于恐龙人的这一系列不断变化的解读和再解读，让我们有理由去设想，类似的层出不穷的骗局和古生物学虚构在古代也曾出现过。我认为，一些熟悉特里同和半人马等人造怪物的古人很可能可以理解现代科学家创制恐龙人时的复杂意图，以及恐龙人后来在实验室外略带反讽色彩的经历。如果威廉·维勒斯和戴尔·罗素所创造的那些自然奇迹能够通过魔法"穿越"到古代，我们敢肯定神庙管理者们和君主们会因争夺其展览权而吵嚷起来，自然哲学家们则会试图忽略这些粗俗的奇观，而狄奥多罗斯、帕萨尼亚斯、埃里亚努斯和其他人则会称赞并思考。

骨骼密钥

如果像杰克·霍纳所认为的那样,古生物学"试图把关于自然历史的一切,即所有曾经存活过而又消亡了的生物,带回到人类的认知视野之中"的话,那么过去那些想要把神话传说里的半人马、萨蒂尔和特里同纳入记录怪物和巨人的古代古生物学文献的古人们,曾经相信和追求的也是一种相近的理念。[28]正是那种试图解释土中巨骨的神话想象,催生了种种古生物学虚构:这些骨头就是解锁那些永远都不会被完全理解的证据的钥匙。正如历史小说为人类过去的那些光秃秃的事实赋予了生机一样,神话想象力与科学理性的结合也使那些光秃秃的史前骨骼承载了意义。

附录 古代文献记录[①]

以下文献收集自古希腊语和拉丁语资料，用作古希腊和古罗马发现史前化石的证据。这些文章提及了巨人或怪物的遗骸，巨型骸骨，石头表面的足迹，化石化的贝壳、海洋生物、植物等。这并不是一份涵盖所有提及化石的古典文献的完整列表。这里列出的32位作者的作品，很好地展现了古人对于我们如今认定为化石的非凡遗迹的兴趣所跨越的时空维度之广阔。引用的译文除特别说明外，均来自《洛布古典丛书》。

埃里亚努斯（约公元170—230年）

《论动物》（*On Animals*）16. 39 "希俄斯岛的历史学家们声称，在佩利奈乌斯山（Mount Pelinnaeus）附近森林茂密的峡谷里，有一条体形巨大的龙，吓得希俄斯岛人浑身发抖。农夫和牧羊人都不敢靠近那只怪兽的巢穴。但是，一起不可思议的事件让人们得以确认这条巨龙到底有多大。一场猛烈的暴风雨引发的森林大火烧毁了山坡一侧全部的森林……大火过后，所有的希俄斯岛人都跑去那里瞧被发现的巨大的骸骨，包括其骇人的头骨。通过这些遗留的骸骨，村民们可以想象这条巨龙活着

---

① 文献记录中括号里的内容多为作者或编者的补加或注释。——编者注

的时候有多么大，多么可怕。"

17.28 "欧福里翁说……在原始时代，萨摩斯岛还没有人居住（除了）体形巨大的动物。这些动物都很凶猛、危险，名字叫作'内阿德斯'。仅仅凭借吼叫声，这些动物就可以让大地裂开。所以，在萨摩斯岛上现在还有谚语曰：'某人的喊叫声比内阿德斯还要响。'欧福里翁还断言说，这些巨兽的遗骸至今仍可以被人发掘。"

安东尼努斯·莱伯拉里斯（Antoninus Liberalis，公元2世纪）

《变形记》（*Metamorphoses*）41 人们暂时还可以看到神话时代留下的一座巨大的野狼石像。

阿波罗多罗斯（Apollodorus，公元1世纪）

《书库》（*Library*）1.6 "大地上产生了巨人……其身形硕大无朋，力大无穷，十分恐怖……有人说巨人诞生于佛勒格拉（意大利），也有人说他们的出生地是帕勒涅（希腊哈尔基季基）。"宙斯"用雷霆杀死他们，赫拉克勒斯把箭矢射向他们"。雅典娜"把西西里岛压到巨人恩克拉多斯的头上"。而波塞冬"劈裂科斯岛的一角，将其压到了巨人波吕玻忒斯的身上"。提丰"长着人类的大腿和巨大的身躯，就此而言大地上的后代都赶不上他"。宙斯和提丰的战斗从叙利亚一直延续到色雷斯，最后，提丰被宙斯压在了西西里岛的埃特纳山下。

奥古斯丁（公元354—430年）

《上帝之城》15.9 "有些人拒绝相信（在以前的时代）人类的体形比现在大得多……在那时候，大地养育出的生物的体形要比现在的高大得多……那些怀疑论者通常会被那些古代的墓穴中所发现的残骸证据说服。这些墓穴或由于年代久远，或由于水流冲击和其他原因而崩裂，显露出巨大的骨骼。在乌提卡（突尼斯湾）的海滩，我本人和其他见证人一起亲眼看见了一颗巨大的人类白齿。如果将那枚白齿切分成我们自己牙齿大小的小块的话，估计可以切割出一百颗来。我相信那颗白齿属于某位巨人。不仅因为他们的身形比我们要高大，而且在远古时期，巨人也比同时代的一般人更大——如同现在，总有一些人比普通大众要高大得多。老普林尼这样的大学者也认为，随着时代的进步，自然所能承载的身形越来越小了。他提到连荷马都对此发出过哀叹——老普林尼并没有把这种论调当成诗意的虚构，而是把它当成了对自然奇迹的记录，相信其历史真实性。但是，正如我已经谈到的，古代身体的尺寸在后世频繁的骨骼探索中被揭露了出来，因为骨骼是可以长久留存的。"

西塞罗（生于公元前106年）

《对弗里斯的控告》（*Against Verres*）2. 4. 46. 103 "当努米底亚的马西尼萨王在马耳他的海岬登陆的时候，他的海军司令从古代朱诺神庙里偷窃了那对尺寸惊人的象牙。"

《论占卜》（*De Divinatione*）13 在希俄斯岛某采石场一块裂开的石板中，发现了"潘神一样的形象"。

克劳狄安（生于约公元370年）

《抢夺珀耳塞福涅》（*Rape of Persephone*）1. 154—59 包括恩克拉多斯在内的巨人们被"众神埋在火山下面的泥土里"，而他们引发了地震。

3. 332—43 在阿西斯溪（Stream Acis）边，西西里岛的埃特纳山附近，宙斯安置着巨人-神祇之战的战利品。"那里悬挂着张开的下巴和巨大的兽皮，他们被贴在树上的脸依旧可怖，周遭堆积着被屠杀的巨龙留下的森森白骨。"

《巨人-神祇之战》60—65 在巨人时代，随着山脉崩塌，大地塌陷，"岛屿从海水深处隆起，山脉潜藏在海中，河流干涸或改道"。

91—103 在那些死去的巨人中，"帕拉斯是第一个变成岩石的"。

罗马的克莱门（约公元96年）

《克莱门认亲记》（*Recognitions*）1. 29 "巨人是体形巨大的人类，在某些地方仍然能看到他们巨大的骨骼，这也证实了他们曾经存在。"

西西里的狄奥多罗斯（约公元前30年）

《历史丛书》1. 21 伊希斯在尼罗河畔的安泰俄斯屠杀了巨大的怪物神提丰，此地得名于被赫拉克勒斯所杀的北非巨人。

1. 26 "据埃及神话，在伊希斯女神的时代，埃及曾有被希腊人称为'巨人'的体形巨大的生物，埃及人称他们为（名称已不可考）。他们巨大的形象和他们被奥西里斯的盟友们打败的场景被画在了神庙的墙上。有人说这些巨人是从土地中生长出来的，那时最初的生命才刚刚萌芽……那些巨人发起了一场针对众神的战争……最后全部被消灭了。"

3. 71—72 狄俄尼索斯在埃及西部的沙漠和亚马孙族女战士以及泰坦作战，那里是阿蒙神谕所的所在地（锡瓦绿洲）。狄俄尼索斯在扎比尔纳杀死了一头巨大的"从土里出生的被称作坎珀的怪物"，然后"把这头怪物埋在了大土丘下面，近期还能看到这个土丘"。[1]

4.15 "帕勒涅的巨人们发动了一场和众神的战争，赫拉克勒斯在那里消灭了很多巨人。"

4.21 "根据包括提麦奥斯（Timaeus，西西里岛的历史学家，生于约公元前350年）在内的某些作家的说法，在意大利库迈的一片被称作'坎皮佛莱格瑞'（火一般的）的平原，居住着体形极其庞大的巨人（大地之子）。赫拉克勒斯和众神在该地击败了巨人。"

4.42 在特洛伊周边靠近西革昂的海岸上出现了一头怪物。"在海岸附近谋生的人，包括那些在附近耕作的农夫都被这头怪物杀死了。"一则神谕称：这头怪物是海神波塞冬带到这里来的。赫拉克勒斯杀死了这头特洛伊怪物。

5.55 在"宙斯征服泰坦"的年代，"人们在罗得岛的东部发现了一些巨人"。"他们被掩埋在泥土下面，人们称之为'东方的魔鬼'。"

5.71 "宙斯在克里特岛杀死了一些巨人，在弗里吉亚（土耳其北部）杀死了提丰。"在帕勒涅和意大利的佛勒格拉也有一些被杀死的巨人。

戴奥斯科瑞德（Dioscorides，公元1世纪）

《药物论》（*Materia Medica*）5.135 "在犹地亚地区搜集到的阴茎头形状的白色石头可以作为治疗膀胱疾病的药材。这些石头上都有相互交叉的线条，就好像是用车床加工的一样（可能是一种海胆的化石）。"

《希腊诗选》(*Greek Anthology*，公元前7世纪—公元6世纪)

6. 222—223 渔夫们把从大海中用渔网捞到的巨大肋骨等骸骨敬献给众神。

希罗多德（约公元前430年）

《历史》1. 67—68 "德尔斐的女祭司许诺（斯巴达人），如果他们将俄瑞斯忒斯的骸骨带回斯巴达，他们就会战胜泰耶阿。"退役的骑兵利卡斯在听了铁匠叙述自己挖掘水井时发现了"一个10英尺（约3米）长的棺椁"的事之后，"在泰耶阿发现了俄瑞斯忒斯的尸体"。"'我当时无法相信过去的人能比现在的人大那么多，于是我打开了棺椁，里面有一具和棺椁一样巨大的骸骨！我测量了骸骨，然后把泥土填了回去。'利卡斯在脑中将铁匠的话翻来覆去地想，最后得出结论，这就是俄瑞斯忒斯的遗体。"利卡斯假扮成来自斯巴达的流亡者，租下了铁匠的那个院子。"然后，利卡斯挖出了棺椁，收集了骸骨，将其带回了斯巴达。"

2. 12 "我曾经在山上见到过贝壳"，这证明"埃及原是大海的一部分"。

2. 75 "在阿拉伯半岛布托（Buto，苦湖，尼罗河三角洲以东？）的对面，我去打探关于飞蛇的消息。到达那里的时候，我看到了数不清的骷髅和脊椎；这些骸骨成堆摆放，有的很大，有的较小……发现这些骸骨的地方是一条通向某平原的狭窄山道，这片平原是埃及平原的一部分。"

4. 82 在斯基泰，"当地人展示了赫拉克勒斯留在提拉斯河（今德涅斯特河）边岩石上的足迹，这个足迹看上去像是人类的足迹，但是有3英尺（约0.9米）长"。

9.83 在普拉提亚之战过后很久，人们还保持着在曾经的战场上搜集贵重物品和骸骨的习惯。"他们发现了一个完全没有缝隙的头骨，还有一个下颌骨，本应是牙齿的地方有一长条不间断的骨头，他们还发现了一具7.5英尺（约2.3米）长的骨架。"

约瑟夫斯（生于公元37年）

《犹太古史》5.2.3 在希伯伦（以色列），早期的以色列人消灭了一个"巨人种族，他们的身体很大，面容和其他人完全不同。他们的视力极佳，听力却很糟。这些巨人的骸骨至今仍在展出，与其他人类没有任何关系"。

琉善（约公元180年）

《无知的藏书人》（*The Ignorant Book-Collector*）13 底比斯城展出了革律翁的骸骨。

《一个真实的故事》（*A True Story*）1.7 关于赫拉克勒斯和狄俄尼索斯在石头上留下的足迹，有一种讽刺性的说法：每个足迹都有100英尺（约30.5米）长。

曼尼利乌斯（公元前1世纪）

《罗马星经》（*Astronomy*）1.424—31 巨人是"一群面部畸形、身体奇形怪状的生物"。他们在"山脉还在形成的"年代出现又灭绝了。

奥维德（公元前43—公元17年）

《变形记》（*Metamorphoses*）3.397—99 仙女厄科在一个山洞里死去，而后她的尸体逐渐失去水分，变成了一具干枯的骨骸，"他们说（骨头）变成了石头"。

7. 443—447 巨大的食人魔斯喀戎常常把被他杀死的受害者从墨伽拉附近的悬崖上扔下去，直到后来英雄忒修斯把他从悬崖上扔了下去。这件事过去很久之后，"他那被扔在大海和陆地之间的遗骨。最终硬化成岩石"。

9. 211—229 赫拉克勒斯在埃维亚岛把利卡斯从悬崖上扔了下去，利卡斯在那里变成了岩石。"他的尸体逐渐失水、变硬，最终变成岩石"。"水手们还能够在一块探入海中的礁石上看到"他的"遗骸"。

15. 259—67 "曾经坚硬结实的土地变成了海洋，而陆地则是从原本的海洋中出现的。在远离大海的地方还保存着海中的贝壳，在山顶上还能找到古代留下的船锚。"

佩勒菲图斯（公元前4世纪）

《论难以置信的故事》3 "一个古老的故事称卡德摩斯杀死了一条龙，然后把龙的牙齿像种子一样播种下去，（然后）从种子中长出了战士。"事实是这样的，卡德摩斯杀死了一位名叫德拉科的国王，而这位国王所拥有的珍贵财富里也包括一些象牙。卡德摩斯把这些象牙存放在一座神庙里，但是卡德摩斯的盟友却偷走了这些象牙，并逃到各个地方，随后在那里起兵。

帕萨尼亚斯（约公元150年）

《希腊志》1. 17. 6 "客蒙劫掠了斯基罗斯岛，然后把（巨人英雄）忒修斯的遗骨带回了雅典。"

1. 35. 3 在特洛伊，海水把埃阿斯的坟墓冲刷出来。"一位密细亚（Mysia）居民曾对我说起埃阿斯骸骨的大小。他说海水把面朝沙滩的一座坟丘冲垮了……他告诉我如何判断尸骨的大小：尸体的膝盖骨，也就是医生所说的'磨石'，就像十项全能比赛里男孩扔的铁饼那么大。"

1. 35. 5—6 "在米利都城外有一座拉迪岛，这座岛屿有一些附属的小岛屿。其中一座小岛被称作阿斯泰里奥，而且人们还说阿斯泰里奥就埋葬在这座小岛上。阿斯泰里奥是阿那克斯的儿子，阿那克斯是大地（Earth，一个巨人）之子。那具尸体足足有15英尺（约4.6米）高。另一件让我感到吃惊的事情是：在上吕底亚某座小城附近，一座山丘在暴风雨中裂开了，裂开的地方被称作'忒墨诺斯之门'（Doors of Temenos），人们在那里发现了一些骸骨。从骸骨的形状看，你会觉得那是人类的骸骨，但若是从大小看，你绝对不会认为那是人类的骸骨。这个故事立刻传到了各处，人们都说那是革律翁的骸骨……他们还记得耕地的时候曾经有人挖到过巨大的牛角，而这恰好符合革律翁饲养过巨牛的传说。当我反驳他们说，革律翁在加的斯……吕底亚的宗教官员向我透露了真实的故事。那具骸骨属于大地之子许罗斯，许罗斯河就是以他的名字命名的。"

1. 44. 9 "海贝大理石颜色很白，比别的石头软；里面满是海贝。"

2. 10. 2 "在（斯喀戎的）阿斯克勒庇俄斯神殿……他们保存着一个巨大的海怪头骨。"

3. 3. 6—7 "一位名叫利卡斯的拉哥尼亚人来到了泰耶阿……当时斯巴达人正在因为一个神谕而寻找俄瑞斯忒斯的遗骨。利卡斯了解到这些骨头都埋藏在一位铜匠的铺子里……后来，又有另外一个神谕告诉雅典人，去斯基罗斯岛把忒修斯的骸骨带回来。客蒙发现了这些骸骨。"

3.11.10 "俄瑞斯忒斯的骸骨被从泰耶阿带到斯巴达的时候……人们就把他的骸骨埋在了这里。"

3.22.9 "在阿斯克勒庇俄斯的神殿（位于伯罗奔尼撒半岛南部的阿索波斯）……人们在训练场上朝拜的骸骨特别大，但那是人类的骸骨。"

3.26.10 阿斯克勒庇俄斯的儿子玛卡翁是一位被杀死在特洛伊的英雄，他的骸骨"据说被涅斯托耳（Nestor）抢救回来，然后从特洛伊带回，埋葬在革瑞尼亚（Gerenia）"，这个地方离斯巴达不远。

4.32.3 在麦西尼亚，"有一座纪念英雄阿里斯多美奈斯的纪念碑，人们都说那座纪念碑不是一块空立着的石碑。我问他们是从哪里、如何把这位英雄的遗骨带回来的。他们声称是遵照德尔斐的神谕从罗得岛带回来的"。

5.12.3 "我所写的不是道听途说的传闻：我曾经在卡普阿附近的阿尔忒弥斯神庙见过一枚大象头骨（可能是一种现存的大象的头骨）……什么野兽的体形也无法和大象相比。"

5.13.1—7 "据说，特洛伊战争正在进行时，先知曾预言希腊人在带珀罗普斯的一块骨头来特洛伊之前……无法占领特洛伊。于是希腊人让人……从比萨（位于厄利斯的奥林匹亚或其周边地区）取来了一块珀罗普斯的肩胛骨。当希腊人在特洛伊取得胜利后返回的时候，装运珀罗普斯肩胛骨的船只在埃维亚岛海岸附近遭遇风暴损毁了。特洛伊陷落多年以后，埃雷特里亚的一位名叫德玛莫诺斯的渔夫在海里下网捕鱼的时候，捞到了这块骨头。渔夫被骨头的大小震惊了，他把骨头藏在了沙滩上。但是，最后他还是去德尔斐打听那是谁的骨头，以及自己该怎么处理这块骨头。恰好，来自埃利斯的大使正在那里打听治疗瘟疫的良药。皮提亚女祭司告诉埃利斯人，他们需要找到珀罗普斯的骨头，并且让德玛莫诺斯把自己发现的骨头交给埃利斯人。于是渔夫就照办了……埃利斯人让这位渔夫和他的后代担任这块骨头的守护者。在我生活的时代，珀罗普斯的肩胛骨早已损坏，我认为这主要是因为骨头在海底的时间太长了，海水和时间最终损坏了这块骨头。"

6.20.7 巨人英雄珀罗普斯的妻子名叫希波达弥亚，她的骸骨"照神谕的命令被从米底亚（登德拉）送到了奥林匹亚"。

7.1.3 英雄提萨墨诺斯（Tisamenos）是俄瑞斯忒斯的儿子，"最初他被埋在赫里克，但是斯巴达人把他的骸骨带回了斯巴达"。

7.2.4 以弗所是由巨人"克里索斯——一位大地之子"建立的。

8.29.1—4 在阿尔斐俄斯河附近，"阿卡迪亚人说，传说中众神和巨人的战斗就发生在这里……他们因为雷暴和闪电牺牲了……巨人和众神不一样，他们不是永生的……巨人用大蛇代替他们的双脚的说法是很荒谬可笑的……罗马人把叙利亚的奥龙特斯河改道了……原来河床中的河水流尽以后，人们在河床上发现了一个长度超过10腕尺（16英尺，约4.9米）的棺椁，里面的尸体和棺椁一样长，样子长得和人类一模一样。当叙利亚人到克拉罗斯神殿问询神谕的时候，得到的回答是这个巨人是奥龙特斯，一名印度人……如今，印度还有体形惊人、外貌怪异的野兽"。

8.32.5 在麦加罗波利斯，"敬献给幼年阿斯克勒庇俄斯神殿的骨骼看上去比人类的要大得多；有个故事称这些骨骼属于一位名叫霍普拉达莫斯（Hopladamos）的巨人，他被召来，被要求在瑞亚怀着宙斯的时候保护她"。

8.46.1，5 "卡吕冬野猪牙是罗马皇帝奥古斯都战胜安东尼后（从泰耶阿）带回来的……保存这个珍奇之物的人说其中一根长牙已经破碎了，幸存的那一根收藏在狄俄尼索斯神殿里（罗马台伯河的另一侧），这根獠牙有3英尺（约0.9米）长。"

8.54.4 "泰耶阿人说斯巴达人是在提里亚（Thyrea，泰耶阿以东）发现俄瑞斯忒斯的骸骨的。"

9.18.1—4 在去哈尔基斯的路上，"底比斯人指出（巨人）英雄墨拉尼波斯……和提丢斯的坟墓……他们还有赫克托耳（特洛伊战争的英雄）的坟墓……他们说赫克托耳的骸骨是按照神谕从特洛伊带来的"。

10.4.4 "在福基斯（Phokis）……一条激流旁边有一座坟丘，那里埋葬着（巨人）提堤俄斯（Tityos），坟墓的周长约为75码（约68.6米）[①]。人们说，《奥德赛》里的诗句提到，提堤俄斯四肢伸开趴在地上占地达9英亩（约3.6公顷）[②]，并不是指提堤俄斯的身量有那么大，而是指地名'9英亩地'……克莱昂（Kleon），一位乘坐过赫墨斯号（Hermos）的马格尼西亚人，曾说过那些一生没有遇到过难以描述的奇观的人会对任何奇迹都存有怀疑，但是他确信提堤俄斯和其他巨人曾经存在过，因为在加的斯的时候……他和他的伙伴们发现一个海中的巨人被海浪冲到了沙滩上（搁浅的鲸鱼尸体？）。这具尸体占据了5英亩（约2公顷）地。"那具尸体当时仍在燃烧，因为"尸体被众神的雷霆击中了"。

---

① 1码约等于0.91米。

② 1英亩约等于0.4公顷。

菲洛斯特拉托斯（约公元200—230年）

《泰耶阿的阿波罗尼奥斯传》(*Life of Apollonius of Tyana*)
3.6—9 北"印度到处都是巨大的龙"；"不只沼泽地充斥着巨龙，山里同样到处都是龙，没有一道山梁没有龙……山脚下的龙长着头冠，头冠在龙年幼的时候大小适中，但是会随着龙的成长一起生长，在龙达到成年体形后，头冠会长得非常高"。在平原上生活的龙的尸体有时会和大象的尸体一起被发现，这对猎人来说是极大的奖赏。它们的獠牙和猪的獠牙相似，但是更加弯曲，更加锋利。"人们说，那些生活在山里的龙的头骨里面有能够发出彩色光晕的石头。"他们告诉我们，在靠近大山的大城市帕拉卡（白沙瓦？）市中心，"大量龙头骨"被供奉在神龛里。

5.16 阿波罗尼奥斯说，"我同意巨人曾经存在过"，因为"当那些大山崩裂以后，可以在各处发现巨大的尸体"。但是"相信巨人曾经和众神对战那就是发疯了"。

《论英雄》7.9 面对一位腓尼基商人对古代英雄"有15英尺（约4.6米）高"一说的怀疑，加利波利半岛的一位种植葡萄的农夫是这样回答的："我的祖父曾说过，埃阿斯的坟墓被大海（靠近累提安）破坏了，他的骸骨暴露出来，足足有16英尺（约4.9米）高。他说哈德良皇帝曾拥抱并亲吻了其中一些骸骨，然后在特洛伊为埃阿斯修了一座坟墓。"

8.3—14 "斯巴达人在泰耶阿发现了俄瑞斯忒斯的遗体——足足有10英尺（约3米）高。"这具巨大的骨架"被装在一匹青铜马里，埋葬了吕底亚，大小远超人的想象，在一次地震后奇迹般地被一位牧羊人发现"。"不过即使你由于年代的久远而怀疑这些故事的真实性，还有发生在我们这个时代的更难反驳的例子。不久之前，奥龙特斯河河岸上的一次挖掘活动让阿里亚德斯的尸骨重见天日，这个巨人有45英尺（约13.7米）高。”

“不到50年前，穿过赫勒斯滂海峡，在西革昂的一个海岬发现了一具巨人的尸体……我亲自乘船去西革昂看到底发生了什么，看一看这个巨人的体形究竟多大。还有其他很多人也乘船赶到了那里，他们来自赫勒斯滂、伊奥尼亚和其他一些岛屿以及埃俄利亚（Aeolia）。这具巨大的尸体在岬角上放了两个月，人们一直可以看到。在一道神谕解释了所有的疑惑之前，每个人对此都有自己的解释。”尸体“有33英尺（约10米）长，放在一个岩洞里”，“尸体的头朝向内陆，身躯从岩洞伸出直到岬角的边缘……这是一具人类的骨架”。

“大约4年前，我的朋友海姆尼奥斯（来自斯科派洛斯岛）”和他的儿子“在埃科斯岛（今阿洛尼索斯岛）发现了类似的奇迹。当时他们正在挖葡萄藤，地面在铁锹下发出声响，他们清理了泥土以后，发现土地里躺着一具18英尺（约5.5米）高的骨架”。一道神谕说那是一位阵亡巨人的骸骨，于是他们重新埋葬了它。

“体形最大的巨人位于利姆诺斯，是由斯泰拉的梅涅格拉底发现的。去年我亲自乘船从伊姆罗兹岛赶去看它。不过再也看不到完整的骸骨了，我想是因为地震，椎骨四分五裂，肋骨也被从脊椎上扭了下来。但是，当我检查整副骨架和单块的骨头时，我发现这副骨骼大得吓人，简直难以言喻。仅仅是头骨就比两个克里特双耳瓶的容量都大！”

“伊姆罗兹岛的西南部有一个岬角，名叫瑙洛科斯（Naulochos）……一块陆地从那个地方崩落、脱离，中间还夹带有一具巨人的骨架。如果你不相信我，我们可以开船到那里看看。这具骸骨现在还暴露在那里，而且航程也不远。"

"但是，你一定不会完全相信这一切，直到你航行到科斯岛，那里埋藏着最早生于土地的梅洛普（Meropes，巨人之女），直到你……在弗里吉亚看到许罗斯的骨骼，或是在色萨利看到阿洛伊代（被众神杀死的年轻巨人）的骨骼——它们其实都有54英尺（约16.5米）长。"在意大利的佛勒格拉，"人们将阿尔库俄纽斯（Alkyoneus）和其他被埋在维苏威山下的巨人的骸骨视为奇迹"。

"帕勒涅被诗人们称为佛勒格拉（哈尔基季基），那里的泥土中仍然掩埋着很多巨人的骸骨，因为那里曾是他们的营地。雷电和地震仍然会把这些骸骨带到地面……当赫拉克勒斯在厄律忒亚（Erythia，西班牙的塔提苏斯）杀死革律翁——他遇到的最大的生物——以后，他把巨人的骸骨敬献到了奥林匹亚，这样他的壮举就不会被认为是不可信的。"[2]

特拉勒斯的弗勒干（约公元130年）

《奇闻集》11—19（发现巨人骸骨）"距今没有多少年，在麦西尼……一个石制的储物罐在狂风暴雨的冲击下破裂了。"罐中是巨大的骸骨，其中有三个头骨、两个带有牙齿的下颌骨。储物罐上镌刻着"Idas"这几个字母。"麦西尼亚人动用公款另买了一个储物罐，然后把英雄的骸骨放了进去"，并仔细照看这些遗骨。"他们认为骸骨的主人是荷马笔下"的"当时地球上最强壮的人"。

"在达尔马提亚（前南斯拉夫）的那个所谓的阿尔忒弥斯岩洞中，人们能够看到很多骸骨，这些骸骨的肋骨长度都超过了11腕尺（约15英尺，约4.6米）。"

"提比略在位期间，发生了一次地震，小亚细亚的很多著名城市在地震中消失了，提比略自费重建了这些城市。"同时，地震还袭击了西西里岛和意大利南部的其他地方，黑海南部的"本都也有很多居民受到了影响"。"地面的裂缝中出现了巨大的骸髅。当地人并不想移动这些骸骨，但是他们让人带着其中一具骸骨的牙齿赶往罗马。这颗牙齿比人的脚还要长。被派去的代表向提比略展示这颗牙齿，并且询问他是否需要把英雄的骸骨送来。提比略制定了一个精明的计划，这样他既能够了解这位英雄的体形大小，又能够避免掠夺这些遗骨而亵渎逝者。他找来一位名叫普尔喀的几何学者，让他制作一个和那颗牙齿成比例的模型。这位几何学者根据牙齿的重量估算了英雄全身和面孔的大小，然后立刻制作了一个模型呈送给皇帝。提比略说看到模型就足够了，然后让人把牙齿送回了发现它的地方。"

"人们不应该怀疑以上所述的故事，因为在埃及的尼特里亚（瓦迪纳特闰）"展出过一些巨大的骸骨，"这些骸骨并不是埋在地下的，而是暴露在地面，可以直接看到。而且这些骸骨并不是胡乱堆在一起，而是分类摆放着的，参观者可以认出哪些骨头是股骨，哪些是胫骨，哪些是臂骨，等等。人们不该怀疑这些骨头，因为自然在它最繁盛的时期"，创造了体形巨大的生物，但是"随着时间的流逝，生物的体形逐渐缩小"。

"我也曾听说过关于罗得岛上的骨骼的报告，这些骨骼非常庞大，相较而言现在人类的骨骼则小得多。"

雅典人曾在"雅典附近的某座岛屿上挖掘围墙的地基时，发现了一个长达100腕尺的棺椁"。棺椁里面的尸体和棺椁大小相仿。棺椁上的铭文是这样写的："我，玛可洛希斯，在活了5000岁以后，被埋葬在一座小岛上。"

"攸马卡斯在他所著的《地理介绍》(*Geographical Description*)中写道,当年迦太基人在领土周围挖掘壕沟时,发现了"两具巨大的尸体,一具有24腕尺长,另一具23腕尺长。

"锡诺普的塞奥彭普斯在他的著作《论地震》中写到博斯普鲁斯王国(Cimmerian Bosporus,位于塔曼半岛)突然发生的一场地震","地震撕开了一道山岭,露出一些巨大的骸骨。这具骨架有24腕尺长"。当地人"把这些骨骼都扔到了迈俄提斯海(亚速海)里"。[3]

柏拉图(约公元前429—前347年)

《理想国》2. 378d—e "故事是这样的……曾经在一次猛烈的暴风雨中,地震撕开了地面。地面上出现了一个裂口,恰好有一位牧羊人在那里放羊……这位牧羊人进入那个裂口里,作为我们已经听说的奇迹的补充,他看到了一匹内部中空的青铜马,青铜马上有一个像窗户一样的开口。在马的肚子里面,牧羊人看到了一具比人类还要大的尸体。"

老普林尼(约公元77年)

《自然史》2. 226 色雷斯的奇科涅斯河(the River of the Cicones)里的树木已经化石化("覆盖了一层石质层")。在意大利皮希努姆(Picenum)萨宾(Sabine)地区的威澜(Veline)湖,也可以看到同样的树木。在科尔基斯(Colchis,位于黑海以东)的苏瑞斯(Surius)河里也能看到带外皮的化石化木桩。在"索伦托(Sorrento)附近的瑟勒(Sele)河里,树枝和树叶也同样化石化了"。

7. 73—75 "据观察,整个人类物种的体格正在变得越来小……克里特岛的山脉在地震中裂开了，出现了一具长46腕尺的骸骨，有些人认为那一定是（巨人猎人）俄里翁的骸骨，还有一些人认为那是（年轻巨人）俄托斯的骸骨。按照神谕挖出的俄瑞斯忒斯骸骨长达7腕尺。此外，1000年前，著名的吟游诗人荷马从未停止过关于凡人的体格比古时候更小的哀歌。"奥古斯都保存在罗马萨鲁斯特花园里的两具巨人尸体（瑟昆迪拉和普西奥）都超过了10英尺（约3米）。

8.31　"在各个神庙里能见到特别大的长牙标本。"

9.7　"亚历山大大帝的海军将军说过，住在阿拉比斯河（巴基斯坦的俾路支）畔的格德罗西（Gedrosi）人使用怪物的下颌骨来建造他们的门廊，用巨人的骨头充当他们的房梁，其中很多骸骨长达40腕尺。"[4]

9.9　"里斯本的大使向提比略汇报称，有人在某个石洞里看到特里同在玩一枚海螺……在同一片海岸上还有人看到了海仙女……高卢总督在给奥古斯都的信中说，在海岸上发现了大量死去的海仙女。"

9.10—11　"在提比略统治时期，里昂（法国北部）海岸附近的一座岛屿上，在海水退去以后，露出了300多具怪物的骸骨，它们的种类不同，大小各异。"在这些骸骨中有大象、奇怪的公羊，还有海仙女。"玛尔库斯·司考路斯（约公元前58年）把安德洛美达的故事里提到的那个巨大怪物的骸骨从犹地亚的约帕城带到了罗马，将它和自己当行政官时收集的其他奇异物件一起展出。这具骸骨有40英尺（约12.2米）长，其肋骨比印度象的肋骨还大，椎骨有1.5英寸（约3.8厘米）厚。"

28.34　"厄利斯城邦曾经展示过一块珀罗普斯的肩胛骨，曾经有人说这块骨头是象牙做的"，并且拥有治愈疾病的力量。

31. 29—30 在埃维亚岛、歌罗西（Colossae，迈安德河以南）和欧律墨奈（Eurymenae，希腊北部）有能够产生化石化作用的泉水。"在斯基罗斯岛的矿井里，有树木连枝带叶变成了岩石。"

35. 36 在帕拉托里厄姆（Paraetonium，位于利比亚海岸）有一块名为"帕拉托厄姆"的白色石头，"据说这块石头是由海里的泡沫和淤泥变硬形成的，这也是为什么在石头里可以找到小贝壳。在昔兰尼（利比亚海岸）和克里特岛也发现过同样的东西"。

36. 14 在帕罗斯岛"曾经有一个不同寻常的传说，据说有一次，石匠用楔子把一块石头分成两半，一幅西勒诺斯的肖像出现在了石头里"。

36. 81 "在（埃及金字塔）周围，远近的砂砾形状都像小扁豆（货币虫化石）；在尼罗河沿岸的非洲的大部分地区都能找到这样的砂砾。"

36. 134 "泰奥弗拉斯特说发现了带有黑白杂色的象牙化石，骨骼是从土里长出来的，还说出土了很像骨骼的石头。"

36. 134—35 在西班牙南部的"蒙达各处"，"有的石头劈开来就可以看到里面有类似棕榈树枝的图案"。

36. 161 在西班牙的塞哥布里加，"野生动物在开采透明石膏的深深的竖井里变成了化石。只要一个冬天，动物的骨髓就会被闪亮的透明石膏晶体取代"。透明石膏（石膏的一种形态）"是由泥土散发的气体化石化形成的"。

37. 42—46 "琥珀是由松树内部渗出的树脂形成的……这些渗出的树脂是在冷、热或海水的作用下硬化的，然后被海水冲到北海的海岸上……其中困住的那些小虫子、蚂蚁和蜥蜴证明了琥珀是由树的汁液变成的。"

37.150 "牛心石的样子和公牛的心脏很像，这种石头只在巴比伦才能找到。（*Protocardia*，一种外形像巨大的公牛心脏的贝类化石，后来欧洲化石学界称之为'牛心'）。"

37.167 "阿蒙之角（Hammonis cornu 或 horn of Ammon，菊石）是埃塞俄比亚最神圣的石头，这种石头是金黄色的，形状像公羊的角。"

37.170 "伊达山的达克堤利（Idaian Dactyloi）或伊达的手指（Fingers of Ida，神话中特洛德伊达山的铁器守护灵）是人类大拇指状的铁色石头（可能是箭石，一种已经灭绝的乌贼的硬骨形成的化石，骨头是一端尖锐的圆柱形）。"

37.175 "有一种被称作'尼帕勒涅'（nipparene）的石头，它得名于波斯的一座城市。这种石头就像河马的牙齿一样（河马牙齿化石？）。"

37.177 有种"被称作'俄斯特里蒂斯'（ostritis）或'牡蛎石'的石头，这种石头之所以得到这个名字，是因为它的样子和牡蛎的外壳十分相似"。

37.182 有一种"被称作'斯庞吉蒂斯'（spongitis）或'海绵石'的石头，绝对是物如其名……'赛林吉蒂斯'（syringitis）或'管石'则是中空的管子，像植物的两段枝杈之间的茎（可能是海百合的茎形成的化石）"。[5]

37.187—93 有很多石头的外形类似于橡树树干，或者看上去含有谷粒、鱼骨、常青藤叶子、蝎子和树根。

普鲁塔克（约公元50—120年）

《希腊掌故》56 为什么帕拉伊玛（萨摩斯岛）被称作血红之

地？"因为亚马孙族女战士们为逃离狄俄尼索斯，要穿过以弗所到达萨摩斯岛。但是狄俄尼索斯追到这里与她们交战，杀死了很多女战士，使这里血流遍地，见到此地之景的人们大为震惊，称这个地方为血红之地。据说狄俄尼索斯的不少大象死在了弗洛伊昂（大地的硬壳）附近，它们的尸骨在那里显露。但是，也有些人说弗洛伊昂的地面曾经裂开（并坍塌），埋葬了当时生存在那里的很多叫声巨大而又刺耳的大型生物（内阿德斯？）。"

《伊希斯和奥西里斯》（*Isis and Osiris*）40　"埃及以前全部是一片大海，所以直到现在人们还能在那里的矿场和山里找到大量软体动物贝壳化石。"

《河流和山脉的名称以及那里的东西》（*The Names of Rivers and Mountains and the Things Therein*，伪作）"迈安德河（位于土耳其）附近的山上有一些圆柱形的石头（海百合化石），孩子们……收集这些石头敬献给众神之母的神庙。""欧罗塔斯河（位于斯巴达）中有一种外形像头盔的石头（头盔海胆？或是双壳类卷嘴蛎？）……很多这种石头都被敬献到了雅典的青铜神庙。"

《客蒙》8　"客蒙了解到，古代英雄忒修斯……在斯基罗斯岛被背叛并杀害了。""雅典人接到一个神谕，命令他们带回忒修斯的骸骨"，但是斯基罗斯岛上的人们"拒绝了雅典人的要求，并且禁止雅典人搜寻忒修斯的骸骨。客蒙为此事大费周章，最终克服重重阻碍确定了骸骨所在的位置。他把骸骨装到自己的三列划桨战船上，带回雅典，并且举办了盛况空前的欢迎仪式"。

《忒修斯》6　在遥远的英雄时代"出现了一个纯粹讲求体力的人类种族……他们不知疲倦，体形远远超过我们……这个种族中有些人被赫拉克勒斯消灭了"。其他的则被忒修斯所杀，其中包括克罗米翁牝猪和巨人食人魔斯喀戎。

　　36　大约在公元前475年，"雅典人请示了德尔斐神谕，得到的指示是把忒修斯的骸骨带回来，在雅典举行盛大的安葬仪式，还要像守护神圣古迹一样守护这些骸骨……客蒙占领了斯基罗斯岛，并把找到忒修斯骸骨当作一件关乎荣誉的大事。一次，客蒙看到一只雄鹰在用喙啄食并用爪子抓挠一块土丘"，他便命令手下在那里挖掘，然后他们发现了"一副巨大的人类骸骨，骸骨旁边放着青铜长矛和一柄青铜剑。客蒙用自己的三列划桨战船把这些神圣遗物带回雅典的时候，雅典人都欣喜若狂，并以华美的仪仗和丰富的献祭来欢迎这些圣物的到来……现在，这位英雄的骸骨就埋葬在城市的中心"。

　　《塞多留》9　罗马统帅塞多留占领了丹吉尔（摩洛哥），他了解到"这座城市是巨人安泰俄斯的埋葬之地"。"因为对坟丘的大小感到匪夷所思，他命令手下开始挖掘。据说挖出的骸骨有60腕尺长。塞多留惊呆了，在祭祀这具骸骨之后，他将其又埋了回去。他亲自证实了当地的传闻，并向安泰俄斯表达了敬意。"

普罗柯比（约公元540年）

　　《哥特战记》（*De Bello Gothico*）5.15.8　意大利贝内文托的卡吕冬野猪牙"值得一看，其圆周长不小于3拃，呈新月形"。

伪亚里士多德（年代存在争议）

　　《论奇闻异事》834a23—32　帕加马(位于土耳其)附近的矿场里，骸骨变成了石头。

　　838a11—14，29—35　"在意大利的库迈，骸骨变成了石头。

在雅庇吉亚（Iapygia，位于意大利的"脚后跟"处）的传说中，赫拉克勒斯和巨人们曾在此交战，大量脓水（燃烧的挥发油或石油）流到这个地方……在潘多西亚（Pandosia）附近可以看到赫拉克勒斯的脚印。"

846b3—6，21—25　"人们说西皮洛斯山上有一种圆柱形的石头（海百合的茎），孩子们会把这种石头摆放在供奉众神之母的神庙里。""据说，在尼罗河里能找到像豆子一样的石头（货币虫）"，这种石头具有魔法和医疗用途。

士麦那的昆图斯（公元3世纪）

《特洛伊的陷落》3. 724—25 英雄阿喀琉斯的"骸骨就像古代巨人的骸骨"。

12. 444—97 在特洛伊战争期间，特内多斯岛的悬崖中出现了一对"令人恐惧的怪物，它们是提丰的后代"，这座小岛在特洛伊的对面（今土耳其的博兹贾阿达岛）。这两头怪物毁灭了城市，最后"消失在泥土里"。

索里努斯（约公元200年）

《百事集》（*Collectanea rerum memorabilium*）1. 90—91 "谈到旧时人们的巨大体形，俄瑞斯忒斯的骸骨就是证据。斯巴达人根据神谕，在泰耶阿发现了他的骸骨，而我们很确定，他的骸骨有7腕尺长。"古代的文献记载了类似事件。（例如，约公元前106—前70年，罗马军队与海盗在克里特岛交战期间），河水暴涨，冲开了土地。洪水退却后，在地面的那些裂缝中，人们发现了一具长达33腕尺的骸骨。（罗马部队的指挥官）卢修斯·弗拉库斯和梅特鲁斯都被他们曾以为是戏说的东西惊呆了，所以他们亲自去看了这个大水冲出来的奇迹。

9.6 "在佛勒格拉（古帕勒涅，位于哈尔基季基的卡桑德拉半岛）有人类出现之前，传说众神和巨人之间爆发了一场战争……直到今天，那次战争的重要证据和遗物还会不时出现。人们说，每当暴风雨让河流的水位升高，水流溢出河岸，就会淹没附近的田地。大水退去后，就能在土地里发现看起来像是人类尸骸的骨骼，只是比正常人类的骨骼大得多。由于骨骼大得无法测量，报告中推测这些骨骼是巨人军队的尸体。"在色萨利，还存在丢卡利翁遭遇的那场大洪水的证据："在山里挖空的洞穴中，（退却的洪水）留下了贝壳和鱼类以及其他东西——这些东西是被汹涌的海水带到这里的。尽管这些地方都在内陆，却和海岸相似。"

斯特拉波（生于公元前64年）

《地理学》（*Geography*）1.3.4 "埃拉托斯尼（Eratosthenes，来自利比亚的昔兰尼）指出，在距离大海2000—3000斯塔德（stadia）的内陆地区有大量鸟蛤壳、牡蛎壳和扇贝壳……在阿蒙神庙（锡瓦神谕所，位于埃及的尼特里亚西南部）附近，沿着这条路大约3000斯塔德远的地方有大量牡蛎壳（阿蒙和菊石化石有关）……吕底亚的赞瑟斯（土耳其）也在离海很远的地方看到了很多海贝壳、鸟蛤壳、扇贝壳……这让他得出结论，这片土地以前是大海。"

5.4.6 在普泰奥利（Puteoli）、巴亚（Baiae）和库迈（位于意大利），水"有一股难闻的味道，因为水中充满了硫黄和火焰。有些人相信就是因为这个，库迈的乡村被称作'佛勒格拉'（燃烧的土地），他们相信是宙斯的雷霆给战死的巨人们造成的伤口喷涌出了那一道道火焰和热水"。

6.3.5 在意大利的莱乌卡附近有一座喷泉，它会"喷出臭气熏天的水；神话故事说那些在坎帕尼亚的佛勒格拉幸存下来的巨人——'莱乌特尼安巨人'被赫拉克勒斯驱赶，藏到了土地里面，从这些巨人身体里流出的脓水让喷泉散发出了恶臭的味道（这些地区有硫黄火山现象，还有大型化石遗迹）"。

7.25，27 在哈尔基季基的古帕勒涅，即后来被称作卡桑德拉（Cassandreia，卡桑德拉半岛）的地方，"作家们说过去的巨人们就生活在这里，所以这个国家名叫佛勒格拉。有些故事是神话传说，但是其他的一些说法听起来则更为可信，因为这些故事讲述了有个野蛮人部族占领了这个地方，但是后来被赫拉克勒斯杀光了"。

11.2.10 塔曼半岛的法那果里亚古城位于黑海东部和亚速海之间，那里"有一座阿佛洛狄忒神庙"。传说中，巨人们曾在那里袭击了这位女神。但是，女神叫来了赫拉克勒斯帮忙。后者藏在那里的一座洞穴里，女神把巨人们赶进了洞穴，让赫拉克勒斯把他们尽数杀死。

13.1.30—32 埃阿斯的坟墓位于累提安，"在低洼的海岸附近"，西革昂海岬旁边的河沙淤塞处。坟墓就在英雄普洛忒西拉俄斯（Protesilaus）的神庙所在的埃莱欧斯的对面。在阿加弥亚斯海岬（Agameias，西革昂海岬附近）有一头巨大的海怪（特洛伊怪物）。

16.2.7 奥龙特斯河"以前被称作提丰，也就是神话中的一条巨龙。这条叫提丰的巨龙被闪电击中，逃到地下，形成了河床"。

16.2.17 "波塞多纽说，在玛卡拉斯（叙利亚的吕克斯河附近）的平原上出现过一条死去的巨龙（搁浅的鲸鱼？）。那尸体有接近1普勒特鲁姆（plethrum，约30米）长，而且身形粗壮，两个骑在马背上的人分别立于巨龙两边，视线无法越过巨龙看到对方。张开的颌骨能吞没一个骑马的人，鳞片比盾牌还大。"

17.1.34 "埃及金字塔的地基处，堆积着很多形状、大小都像小扁豆一样的石头（货币虫）。人们说这是当年修建金字塔的工人剩下的食物形成的化石……我曾在我的家乡（黑海沿岸的本都）见过这种小扁豆形状的多孔卵石。"

17.3.8 "罗马的历史学家盖比尼乌斯……曾讲述过一些关于毛鲁西亚（Maurisia，摩洛哥）的精彩故事。比如：他在一个故事中讲到安泰俄斯的坟墓在林克斯（Lynx，又名利克苏斯，今丹吉尔南部的拉腊什），里面的骸骨有60英尺（约18.3米）长；他还说，塞多留曾把骸骨挖出来查看，然后重新用泥土盖上了。"

17.3.11 在利比亚，"有些沙漠里有大量牡蛎壳和贻贝壳"。

《苏达辞书》（Suda，编纂于约公元10世纪的古代学术书籍）

见词条"米纳斯"（Menas）"在君士坦丁堡（今伊斯坦布尔）圣米纳斯教堂的地基下面发现了大量巨型骨骼。"拜占庭皇帝阿纳斯塔修斯（Anastasius，公元491—518年）把这些骨头存放在了自己的宫殿里。[6]

苏维托尼乌斯（生于公元70年）

《奥古斯都》（Augustus）72 "在卡普里，奥古斯都收集了陆上和海中的怪物的骸骨，即通常所说的'巨人之骨'，他还收集了古代英雄的武器。"

塔西佗（Tacitus，生于公元56年）

《日耳曼尼亚志》（*Germania*）45 "日耳曼人收集琥珀，但是并没有调查琥珀形成的自然原因和过程……琥珀是树木分泌的汁液，你可以从琥珀里的爬虫或带翅小虫得出这一结论，它们都是在树汁逐渐硬化的过程中被困在里面的。"

维吉尔（生于公元前70年）

《埃涅阿斯纪》（*Aeneid*）12. 899—900 关于埋葬在土中的巨人："六个好汉也仅能把那块石头（巨大的界碑石）举起两次 / 然后现在就能看到泥土里面的尸体。"

《农事诗》（*Georgics*）1. 494—97 "当农夫在田间辛苦犁地的时候，他会发现生锈的标枪，用锄头刨地的时候，会遇到空空如也的头盔，也会对刨开的坟墓里存放着的巨大的骸骨感到惊讶。"

克塞诺芬尼（公元前6世纪）

希波吕托斯（Hippolytus）残卷 为了说明地球曾经被海水覆盖，克塞诺芬尼说道："在山里和内陆能发现贝壳，在锡拉库萨的采石场的石头里能找到鱼类和海草的印痕，在帕罗斯岛的岩石内部也能找到鱼类的印痕，在马耳他的石头里能找到很多海洋生物的印痕。"克塞诺芬尼还说："这些是在很久以前，所有的东西都被淤泥覆盖的时候，生物的印痕在泥土中逐渐变干而形成的。"[7]

注　释

2011年新版序

1　《古代怪物猎人》的DVD可以在历史频道和亚马逊网站上购买。我的格里芬/原角龙假说和这本书中的其他材料可见于下列书中：D. Fastovsky and D. Weishampel, *Dinosaurs: A Concise Natural History* (Cambridge University Press, 2009); David Norman, *Dinosaurs: A Very Short Introduction* (Oxford University Press, 2010, 2005); Douglas Palmer, *Fossil Revolutions* (HarperCollins, 2004); and Bruce Lieberman and Roger Kaesler, *Prehistoric Life: Evolution and the Fossil Record* (Wiley–Blackwell, 2010)。不是每个人都接受我的格里芬/恐龙假说，如 S. L. Lyons, *Species, Serpents, Spirits, and Skulls: Science at the Margins in the Victorian Age* (State University of New York Press, 2009)。美国国家地理协会即将出版的由马克·阿龙松（Marc Aronson）构思的儿童读物，是继美国国家地理协会关于《最初的化石猎人》的其他几期专题作品后的又一部作品，包括 "They Might Not Be Giants: Reading the Bones of a Mythic Race," *National Geographic*, Geographica Section (August 2004), and "Dino-Era Fossils Inspired Monster Myths," news. nationalgeographic. com/news/2005/06/0617_050617_monsters.html。

2　见我在《中世纪民间传说：神话、传说、故事、信仰和习俗百科全书》（ABC-Clio，2000年）中的条目"化石"和"格里芬"；"Dragons," *New Book of Knowledge* (Grolier, 2004); "Geomythology," *Encyclopedia of Geology* (Elsevier, 2004); "Fossils," *Wiley-Blackwell's Encyclopedia of Ancient History* (Blackwell, 2010); and "Ancient Fossil Discoveries and Interpretations," *Oxford Handbook of Animals in Classical Thought* (Oxford University Press, 2012)。2007年，M.A.S. 麦克梅肯发现了有关钱币上的化石的最早描述。M.A.S. McMenamin, "Ammonite Fossil Portrayed on an Ancient Greek Countermarked Coin," *Antiquity* 81 (2007): 944–48。 *Myth and Geology*, ed. L. Piccardi and W. B. Masse (Geological Society of London, 2007). Christopher Duffin, "Fossils as Drugs: Pharmaceutical Paleontology," *Ferrantia* 54 (2008); "Fish Otoliths and Folklore," *Folklore* 118 (2007)。

3   得益于克劳迪娅·瓦格纳博士（Dr. Claudia Wagner）、苏珊·沃克博士（Dr. Susan Walker）、迈克尔·维克斯教授（Professor Michael Vickers）和约翰·博德曼爵士的努力，学者们才得以对尼科利亚化石开展研究，我们和后世的人们也能在牛津大学阿什莫尔博物馆古代希腊和罗马部希腊展厅观赏它。博物馆地址：英国牛津 OX1 2PH 博蒙特大街。这块深棕（或黑色）的化石是一头大型哺乳动物的股骨末端，带有尖利的断裂棱角。1969—1975 年，明尼苏达麦西尼亚探索大发现活动在尼科利亚卫城（青铜时代中期到拜占庭时期）发现了这块化石，其塑料标本袋上的标签为"尼科利亚 KGp 股骨，来自上新世大象"。在 1998 年以前，人们都认为这块化石已经失踪。1998 年，人们在美国德卢斯明尼苏达大学考古实验室重新找到了这块化石。2001 年，这块脆弱的化石被蒙大拿州波兹曼市落基山脉博物馆的古生物修复部用溶于丙酮的Vinac B-15（聚乙烯醇）进行固定修复。

4   关于哈勒姆市泰勒斯博物馆的"化石和民俗传说、恐龙与龙"的展览，以及美国自然博物馆的"神话中的生物"展览，参见 Brian Beatty in "Monsters in Manhattan and Haarlem," *PalArch Foundation Newsletter* 5, 1 (January), PalArch .nl。参见我的介绍："Fossielenfolklore en wetenschap," to the catalog *Dino's en draken: Fossilien in mythen en volksgeloof* (Teylers Museum, 2006); and Edward Summer, "Mythic Creatures, Bigger than Life," *Skeptical Inquirer* 31, 5 (2007)。"神话中的生物"展览可在以下网站查阅：amnh.org/exhibitions/mythiccreatures。

5   Natural History Museum, London: nhm.ac.uk/nature-online/earth/fossils/fossil-folklore and nhm.ac.uk/business-centre/touring-exhibitions/exhibitions/myths-and-monsters/index.html. "Fascinating Fossil Folklore" show at Walter Rothschild Zoological Museum, Herefordshire: nhm.ac.uk/about-us/news/ 2007/february/news_10496.html. "Dragons Unearthed" and *Dracorex hogwartsia* skull at the Indianapolis Children's Museum: humanexperience.stanford.edu/feature–dragons. 罗杰·海菲尔德（Roger Highfield）在《哈利·波特丛书背后的科学》（企鹅出版社，2003 年）一书中解释了巨人、格里芬与化石的关系；同时参见 A. and

E. Kronzck, *The Sorcerer's Companion* (Broadway Books, 2004)。

6　关于龙、怪兽和化石，参见（例如）：David Gilmore, *Monsters* (University of Pennsylvania Press, 2003); and Stephen Asma, *On Monsters* (Oxford University Press, 2009)。歌剧中的"化石怪兽"法夫纳是木偶大师莉萨·艾梅·施图茨的作品，参见网站：redherringpuppets.com/theat_siegfried.html。

7　Nikos Solounias and Adrienne Mayor, "Ancient References to Fossils in the Land of Pythagoras," *Earth Sciences History* 23 (2005).

8　Daniel Loxton, "The Secret of the Griffin," *Junior Skeptic* 38, in *Skeptic* 16, 1 (2010). 大量儿童出版物中都有对化石与怪兽之间关系的描述，比如"Rampaging Reptiles," *Muse* 7, 9 (2003); "When Giants Walked the Earth," *Muse* 8, 6(2004); "Making Up Monstrous Myths," Calliope(2008); and *Fantastical Creatures and Magical Beasts* by Shannon Knudsen (Lerner, 2009)。

9　Hans-Dieter Sues and Alexander Averianov, "Turanoceratops tardabilis—the First Ceratopsid Dinosaur from Asia," *Naturwissenschaften* 96 (2009)。

10　关于董枝明近期在中国发现"龙骨"恐龙化石，参见 Kevin Holden Platt, "Dinosaur Fossils Part of Longtime Chinese Tonic," *National Geographic News*, news.nationalgeographic.com/news/2007/07/070713-china-dinos.html。关于中国农民与古生物学的历史，详见 Sigrid Schmalzer, *The People's Peking Man* (University of Chicago Press, 2008)。

11　"Giant 'Sea Monster' Fossil Discovered in Arctic," *National Geographic*, news.nationalgeographic.com/news/2008/02/080226-sea-monsters.html and news.nationalgeographic.com/news/2006/10/061006-arctic-reptiles.html. 古生物学家沃尔夫冈·H. 伯杰（Wolfgang H. Berger）在《现代地质学的争议》第7章"论猛犸象的灭绝：科学与神话"（On the Extinction of the Mammoth: Science and Myth）中认为，冰川时期的猛犸象可能对北欧民族的冰霜巨人和其他神话产生了影响，参见 *Controversies in Modern Geology*, ed. D. Muller et al.(Academic Press, 1991)。

12　关于萨尔金特的表述，见本书导言，注释2。Adrienne Mayor and W.A.S. Sarjeant, "The Folklore of Footprints in Stone: From Classical Antiquity to the Present," *Ichnos* 8 (2001):143–63. Andrea Baucon, "Leonardo da Vinci, Founding Father of Ichnology," *Palaios* 25 (2010):361–67. 鲍肯对意大利化石足迹的重新评估基于2005年的新发现，这些发现发布在《古代》（*Palaios*）杂志上：palaios.sepmonline.org/cgi/content/abstract/20/6/534。

另一种可能性是石器时代的人类足迹，就像 2003 年在意大利发现的那样。参见 P. Mietto, M. Avanzini, and G. Rolandi, "Human Footprints in Pleistocene Volcanic Ash," *Nature* 422 (March 2003)。我与鲍肯合著的"民间传说中的痕迹化石"（Trace Fossils in Folklore）一章即将出版，参见 *Trace Fossils* volume of *Developments in Sedimentology*, ed. D. Knaust and R. G. Bromley (Elsevier)。

13　Claudia Dreifus, interview with Ana Pinto, "Think Like a Neanderthal," *New York Times*, Science section, June 7, 2005.

14　"论英雄"：见 Jeffrey Rusten, "Living in the Past," and other essays in *Philostratus's Heroikos*, ed. E. B. Aitken and J.K.B. Maclean. (Brill, 2004)。2003 年，巨大的乳齿象化石在克里特岛一座橄榄园里被发现，参见 Hillary Mayell, "Cyclops Spurred by 'One-Eyed' Fossils?" news. nationalgeographic.com/news/2003/02/0205_030205_ cyclops.html。

15　关于印度的古生物学和神话，参见 Alexandra Van der Geer, Michael Dermitzakis, and John de Vos, "Fossil Folklore from India: The Siwalik Hills and the *Mahabharata*," *Folklore* 119 (April 2008)。沙利格雷姆菊石是神圣的菊石化石，与印度神毗湿奴有关，参见 D. Messerschmidt and J. Sharma, "Hindu Pilgrimage in the Nepal Himalayas," *Current Anthropology* 22 (1981); H. Hagen, "On Saligrams—Holy Stones of India," *Contributions to Himalayan Geology* 4 (1988); and R. Rao, *Salagram Kosha* (Kalpatharu Research Academy, Bangalore, 1996), salagram.net/sstp–salkosh1ch.html。

16　想要了解考古文献中的化石，可参阅 H. A. Raymond, "Fossils as Votive Offerings in the Greco-Roman World," *Preliminary Report from the BYU Wadi Mataha Expedition* (Brigham Young University, 2004)。

17　若想了解关于博尔顿博物馆"装骨包的秘密"竞赛的结果和化石在过去被放置在埃及神庙的原因，请访问 www.boltonmuseums.org.uk/news/bonebundlemystery and www.boltonmuseums.org.uk/news/mystery-bones-identified。

18　我在第 5 章探讨的问题也是迈克尔·赖得拉（Michael Leddra）所著书籍的主要内容，参见 *Time Matters: Geology's Legacy to Scientific Thought* (Wiley-Blackwell,2010)。

19　关于伊拉克所谓的"盐人"和青铜时代的木乃伊化挖盐工被当作萨蒂尔在古安条克展示的可能性，参见 "Mythic *Bio-Techné* in Classical Antiquity: Desire and Dread," *BioTechnique Exhibit Catalog*

(Yerba Buena Center for the Arts, San Francisco, 2007)。同时参见 Dan Vergano, "Mythical Satyr May Be Preserved in Salt," usatoday.com/tech/science/columnist/vergano/2007-07-22-satyr-salt-man_N.htm。得克萨斯大学的艺术和生物学系保留了一份"当代半人马学者档案"。关于神话里的复合生物和富有想象力的标本制作，参见 customcreaturetaxidermy.com/Site/FANTASY_WORKS.html。

导 言

1　关于古典学家对古典文献中蕴含的自然知识的长期忽视，参见 Greene 1992, xvii–xviii。关于前科学时代无文字文明的自然知识，参见"Digging into Natural World Insights" 1996。一些古典学家认为大型化石骨骼和神话巨人、怪物之间有某种关系，例如 Frazer 1898, commentary at Pausanias 1.35.7; Pfister 1909–12; H. Rackham (Loeb),n.b at Pliny *Natural History* 7.73; Levi 1979, n. 241 at Pausanias 8.32.5; Huxley 1979; and Hansen 1996, 137–38。地中海地区大型已灭绝哺乳动物化石鲜为人知的原因之一是，自 20 世纪中期起，古生物学家将研究重点放在了小型哺乳动物化石遗迹上。小型物种化石能比大型物种化石揭示出更多进化线索（Bernor, Fahlbusch, and Mittman 1996, 135）。同样，比弗托、屈尼和勒夫（Buffetaut, Cuny, and Le Loeff, 1995）发现，正是因为现代进化论学者们对小型哺乳动物的关注，人们对法国丰富的化石资源知之甚少。

2　William A. S. Sarjeant in Currie and Padian 1997, 340. "令现代人震惊的大型椎骨、肋骨和肢骨在古代因为其体积太大而无法获得人们的关注——即便人们发现了它们，也不会认为这些东西是动物骨骼"：Sarjeant in Farlow and Brett-Surman 1997，4。在《脊椎动物古生物学简史》（*A Short History of Vertebrate Paleontology*，1987 年，第 3—5 页）中，比弗托承认大型骨骼化石在古代能够引起人们的注意，同时还引用了古代文献。研究古希腊–罗马时代科学的权威人士一般认为，当时的人们没有意识到大型骨骼化石的存在，仅仅注意到了小型海洋生物化石，参见 Sarton 1964, 180, 560; Kirk, Raven, and Schofield 1983, 168–79。

3　1806 年居维叶三段专题中的第一部分是关于脊椎动物古生物学史（公元前 4 世纪—公元 1802 年）的内容，同时还探讨了古人关于当时存活的大象的知识。在第 4—5 页、第 14 页、第 54 页，居维叶引用了泰奥弗拉斯托斯、老普林尼、希罗多德、苏维托尼乌斯、斯特拉波、圣奥古斯丁等作家和《苏达辞书》等文献记录的发现，并指出古人常把大象骨骼化石错认为古代巨人遗骸。亨利·费尔菲尔德·奥斯本（1936—1942，2:1147）简要提到了居维叶对古代化石发现的兴趣。1997年，马丁·路德维克出版了居维叶著作的第一版现代译作，同时附有评论。但该书仅翻译了1806年居维叶专著的地质学结论（专著的最后5页），没有提及居维叶的历史研究（路德维克将其称为关于"大象化石发现的地理学分布地"的一节，第91—94页，第92页注释1）。关于居维叶对古代发现巨型骨骼的其他记录，参见第46、216页。

4　彼得·多德森是首位使用"现代古生物学的制度神话"一词的人。1985年，路德维克用不到一页的内容解释了古典时代，但并未提及脊椎动物化石发现：第24—25页、第39页。

5　Russell 1981, 80。我自己曾经在一本出版物（Mayor and Heaney 1993, 7）中提到过这个错误的"事实"，下同。Thenius and Vávra 1996, 15, 20："恩培多克勒曾经记录过西西里岛已灭绝的巨人人种的存在。"Novacek 1996, 141："恩培多克勒在公元前400年曾经记录过，地中海地区常见的大象头骨化石可以和荷马史诗中的独眼巨人联系在一起。"Dominique Lecourt, introduction to Tassy 1993, 10：恩培多克勒"描述了发现于西西里岛的巨型骨骼，将其视为神话中的那些特征最早被荷马勾勒出来的巨人人种的遗骨"。Burgio 1989, 72："恩培多克勒……发现在西西里海岸的洞穴里，确实有证据证明存在巨人的族群血统。"Buffetaut 1987, 5, and 1991, 19：恩培多克勒熟悉"人们在西西里岛发现的大型骨骼，并且认为这些骨骼属于巨人人种"。Reese 1976, 93："人们最早注意到西西里岛的化石——以矮象化石为例——是因为……恩培多克勒认为这些骨骼属于荷马曾经提及的波吕斐摩斯。"Wendt 1968, 18–19："恩培多克勒认为，他在矮象骨骼化石中辨认出了荷马曾经提及的（独眼巨人）波吕斐摩斯的遗骨。（薄伽丘）在14世纪也有相似的描述。在薄伽丘《异教诸神谱系》第4册中，他提及了'独眼巨人的遗骨'，并引用恩培多克勒的话作为依据。"Swinton 1966, 21：恩培多克勒"早在（薄伽丘时代）的近2000年前就将这种东西（大象化石）称为'波吕斐摩斯的骨头'"。Matthews, 1962, 145："恩培多克勒……注意到了西西里岛丰富的贝壳和骨骼化石，并认为这些化石都属于动物化石。恩培多克勒通过他的研究得出了植物的出现时间早于动物的假设。"同时参见 Ley 1948，引用见下文。

6　Boccaccio *Genealogy of the Gods* 4.68. 薄伽丘的确未曾提过大象。当地

数学家计算出，"巨人"的高度约有200腕尺（约300英尺或86米）。感谢普林斯顿大学研究薄伽丘的学者罗伯特·奥朗代（Robert Hollander）为我提供薄伽丘著作的翻译和解析。17世纪，德国学者阿萨纳修斯·基歇尔（Athanasius Kircher）到西西里岛研究洞穴中的化石，其中就包括薄伽丘的巨人。他将骨骼长度修正为30英尺（约9.1米），并认为洞穴中的一些骨骼属于大象，而这些大象是被古代非洲或亚洲侵略者带至此地的。基歇尔的解释自17世纪成为解释欧洲猛犸象遗迹的主流观点。基歇尔测量的骨骼尺寸也有夸大之嫌，因为这种"巨人"骨骼基本可以被认定为一头更新世矮象的遗骸，现已知此类化石常见于地中海地区，特别是西西里岛的海边洞穴之中（见本书第2章）。恩培多克勒可能曾经在西西里岛见过类似的骨骼，但在他传世的著作中并未见相关内容。Inwood, 1992; Wright, 1995.布拉德·因伍德是多伦多大学古典文学教授兼恩培多克勒文集的译者。他表示："据我所知，没有证据能够表明恩培多克勒了解西西里岛的史前动物遗骸，也没有证据表明恩培多克勒认为这些遗骸是巨人的遗骨。"Personal communication, October 16, 1997.本书将在第5章探讨恩培多克勒和其他古希腊、古罗马自然哲学家的理论，在第2章探讨古希腊人对大象的了解程度。

7　Abel 1914, 32; 1939, 40. 埃布尔并未列出来源，但可以参见 Zittel 1899, 6. Ley 1948, 47–51。根据莱的说法，薄伽丘表示，自己在洞中发现了独眼巨人的骨骼，"证明了恩培多克勒曾经在公元前440年发表的西西里岛是残暴巨人的居住地的说法"（第49页）。感谢大卫·拉奇（David Large）为我翻译了埃布尔关于恩培多克勒的文献。法国国家科学研究中心的埃里克·比弗托协助我把恩培多克勒神话追溯到埃布尔的作品。"埃布尔对于化石的民俗传说、古生物学的早期历史有很多独到见解，但他太容易在事实以外夹带自己的解释。"Personal communication, December 1997–January 1998.

8　例如 Wendt 1968, 76："亚里士多德给自然哲学中的演化观点带来了致命打击。物种不变论成为金科玉律。该理论认为，所有生物的现有形态都是一次性创造而成的。"Horner and Dobb, 1997, 24："自人类文明伊始，人们就普遍认为世界上所有的动植物都是一次单独的创造行为的产物，这些生物将以同样的方式一直生存下去。"感谢戴尔·罗素建议我对这个问题进行探索，我将在本书第5章对该问题进行讨论。

9　关于民间流行信仰和科学之间的隔阂，参见侯世达的文章《流行文化和对理性质疑的威胁》（"Popular Culture and the Threat to Rational Inquiry", 1998）。迈克尔·舍默在《人类为何相信奇异事件》（*Why people Believe Weird Things*）中表示："把神话变成科学，或是把科学变成神话的尝试，既是对神话的侮辱……也是对科学的侮辱。"（1997年，第130页）

10 Tassy 1993, 30–31. 居维叶还将古生物学与考古学进行了比较：Rudwick 1997, 34–35, 174。

1 守卫黄金的格里芬

1 托马斯·布朗爵士（Sir Thomas Browne）是质疑古代旅行家记述的传说这一"科学"运动的最早倡导者。他认为格里芬是一种神秘的符号［见其著作《常见错误》（*Vulgar Errors*），1646年］。1652年，安德鲁·罗斯（Andrew Ross）提出反对观点，认为古代人实际上是在描绘一种罕见但真实存在的动物。不过在当时，布朗的观点占据了主导地位。我认为格里芬的出现受到了人们对史前化石的观察的影响，参见梅厄在1989年、1990年、1991年、1994年发表的作品。关于古今全部参考文献，参见梅厄1991年的作品和梅厄与希尼1993年共同出版的作品。

2 "神话""传说""民俗"和"民间信仰"这些词常常被人们交叉使用。它们的特征多有重合，但是一种文化的"神话"通常通过描述神祇的行为以解释天地之初自然世界的起源。"传说"是一种民间叙事，其特征是主角多为参与到非凡事件中的动物或人类，故事背景常常是历史上的时间地点。这些故事标榜真实，但是并不是所有人都会相信。传说和民间信仰通常围绕真实发生的事件或者自然现象展开，通过口头或书写传播，其故事会积累越来越多的细节。关于民俗体裁的标准定义，参见Bascom, 1965。传统民俗通常通过神话和传说故事传播，但也存在于没有完整故事的信仰观念中。我们对于古代格里芬传说的了解就源于信仰观念中对格里芬外形和习性的描述。

3 本书第2章将会详细探讨古代人发现萨摩斯岛化石的过程。虽然萨摩斯岛考古博物馆经历了扩建，但1978年我在旧馆看到的很多青铜格里芬雕像目前还没有对外展出。20世纪80年代，米蒂利尼邮局二层的房间被改造成了萨摩斯古生物学博物馆，对外出售明信片和萨摩麟钥匙链。1988年，我注意到地上放着一枚沾满泥土的大型头骨化石。馆长向我解释称，这枚头骨化石刚刚被发掘于附近的伊卡利亚岛（Ikaria），后用船运送到萨摩斯。1992年，萨摩斯新建了爱琴海自然历史博物馆。

4 Erman 1848, 1:87–89, 380–82, 163–64, 250–51, 2:377–82; Erman 1834,

9–11. 19世纪40年代，埃尔曼出版了北亚、西班牙和德国古生物学研究著作。西伯利亚人也将这些巨型肢骨视为鸟类的"大翎毛"。1865年，爱德华·伯内特·泰勒（Edward Burnet Tylor）提出，犀牛化石中"被部分头骨连接在一起的成对的獠牙"也可能被西伯利亚人视作鸟类的爪子，1964年，第179页。

5　Horner and Dobb 1997, 18, 26, 165. Cf. Lanham 1973, 168–67.

6　Erman 1848, 1:88. Bolton 1962, 84, 93, 101, 176.

7　Aristeas and his epic poem *The Arimaspea*: Bolton 1962 and Phillips 1955.

8　斯基泰艺术和考古学：Rolle 1989; Mayor and Heaney 1993。最近发现的阿尔泰文身木乃伊：Bahn 1996。

9　Aeschylus *Prometheus Bound* 790–805. 埃斯库罗斯（根据某些学者的观点，也可能是其子）可能借鉴了关于斯基泰的其他民俗故事。Griffith 1983, 230, 266. 埃斯库罗斯在《被缚的普罗米修斯》中为我们描绘了一幅化石化的地质进程的诗意图景，详见本书第2章。

10　Grene 1987, 1–32. Ascherson 1996, 78.

11　Herodotus *The Histories*, 2.44, 3.116, and bk. 4, esp. 4.13–27. 在伊赛多涅斯人生活的区域以外，生活着与格里芬斗争的游牧民族，他们被称为阿里玛斯波伊人，这是一个来自斯基泰的单词，被古希腊人误译为"独眼的"。这个单词很可能意为"沙漠地区马匹的主人"。Mayor and Heaney 1993, 10–16; Mayor 1994, 55. Vases: Bolton 1962, 37; Mayor and Heaney 1993, 47, fig. 6. 未有其他标注的情况下，译文出自《洛布古典丛书》。

12　Photius *Bibliotheca* 72.46b30; Ctesias *De Rebus Indicis* 12.

13　Pomponius Mela 2.1. Pliny *Natural History* 10.136, 7.10. Philostratus *Life of Apollonius of Tyana* 3.48.

14　Pausanias 1.24.6, 8.2.7. Aelian *On Animals* 4.27; see also Bolton 1962, 65–72. 在中世纪，格里芬被基督教寓言确立为符号性的动物。格里芬的历史：Armour, 1995。

15　中世纪的巨人论和关于龙和怪物的传说中与化石相关的内容可参见 Stephens 1989; Sutcliffe 1985, chap.3; Buffetaut 1987, chap.1; Wendt 1968, 18–25; Thenius and Vávra 1996。克拉根福龙：Abel 1939, 82–83; Buffetaut 1987, 13; Thenius 1973, 37–38; Thenius and Vávra 1996, 23–24。独眼巨人：Abel 1914 and 1939; Thenius and Vávra 1996, 19–21; Homer *Odyssey* 9; Hesiod *Theogony* 139–46, 501–6。矮象（实际上是微型猛犸象）：Shoshani and Tassy 1996, chap. 22。特奥多罗（Theodorou）在其

1990 年出版的著作中写道，锡拉岛火山爆发时，蒂洛斯岛（Tilos）的矮象在寻找庇护所的过程中死掉了（见第 2 章）。戴维斯 1987 年的著作的第 119 页对比了侏儒象（*E. mnaidrensis*，肩高 6 英尺，约 1.8 米）和欧洲矮象（*E. falconeri*，肩高 3 英尺，约 0.9 米）与古菱齿象（肩高 13 英尺，约 4 米）。矮象重约 1.5 吨：Lister and Bahn 1994, 149。关于独眼巨人传说的解读史，参见 Glenn, 1978。

16 掘金矿者的骸骨：Rolle 1989, 52。中亚和中国的罗马人：Dubs, 1941。

17 吐鲁番和罗布泊：Mayor and Heaney 1993, 25 n. 39。运河里的龙骨：Joseph Needham cited in Oakley 1975, 40; Lanham 1973, 6。

18 《易经》：Crump and Crump 1963, 14–17; Bassett 1982, 25; Canby 1995, 22–28。起源：Osborn 1921, 332–34; Buffetaut 1987, 17。同时参见 Andrews 1926, chap. 2; Sutcliffe 1985, 30–32。使用化石入药十分流行，可以追溯到古典时代：Kennedy 1976。例如，古埃及人收集货币虫作为药材：见附录的伪亚里士多德文献。

19 中国的古生物学：Spalding 1993, chaps. 13–15; Crump and Crump 1963; Oakley 1975, 40–42; Oakley 1965, 123–24。关于中国古代海洋化石的收藏，参见 Rudkin and Barnett 1979,16。

20 Andrews 1926, 180, 222. See also Dodson 1996, 206–9 ; Spalding 1993, chap. 13.

21 Andrews 1926. Dodson 1996, 206–39, 260. Norman 1985, 128–33. Novacek 1996, 10.

22 Dodson 1996, 180, 217, 232–40; Spalding 1993, 211; Norman 1985, 13–14. Uzbekistan: Dodson 1996, 239; Dale Russell, personal communication, April 1991; Philip Currie, personal communication, May 1991.

23 Russell, personal communications, April–May 1991, March 1992. Currie, personal communication, May 1991. Taquet 1998, 142–46. Glut 1997, 741. Dodson 1996, 209, and personal communication, July 1995.

24 Theophrastus *On Stones* 6.35. Pliny *Natural History* 37.65, 37.112, 37.146. 迈克尔·诺瓦切克记录了金沙被吹到化石上的可能性（1996 年，第 141 页），关于近期对戈壁沙漠化石遗址风积和崩积的沉积学研究，参见 Monastersky 1998 and Wilford 1998。恐龙的巢穴可能成为金沙的分样器，"化石"黄金可能自白垩纪起就通过古代径流沉积于此：Higgins and Higgins 1996, 108; Currie, personal communication, May 1991。中亚沙漠中的古河床：Brice 1978, 319–34。

25 Horner and Dobb 1997, 21, 28, 37, 164, 176.

26 Aristotle *Parts of Animals* 697b14–26. Lloyd 1996, 80 n.13. 古代人已经
对其他不能飞行、只能生活于陆地的鸟类有所了解；例如 Herodotus
8.250–60。鸵鸟：Bodenheimer 1960,132。亚里士多德在《动物志》
532b19–29 中讨论了各种"不可归类"的海怪的外形，详见本书第
5 章。

27 Wendt 1968, 230–31. Hecht 1997; Browne 1997. Ostrom, personal
communication, August 1997. Currie quoted in Spalding 1993, 207. 关于
飞行的起源和"过渡型"恐龙的争论：Norman 1985, 191–94; Shipman
1998; Horner and Dobb 1997, 27–28, 165。

28 站立姿势：Glut 1997, 741. Dodson 1996 , 225–26, 221, 214, 215, 209.
Horner and Dobb 1997, 21–24; Taquet 1998, 143–44 (standing positions,
clavicles)。细长的肩骨是鸟类的典型特征：Spalding 1993, 182。

29 爪：Russell, personal communication, May 1991; Mayor and Heaney 1993,
63 n. 34. Norman 1985, 48– 49。现代恐龙修复中有许多错误和意外组合
的例子。

30 Horner and Dobb 1997, 160–62, 7–8 .

31 Homer and Dobb 1997, 24. 根据恐龙发现史学家威廉·萨尔金特的观
点，仅有一个传说与恐龙骨骼化石直接相关——19 世纪印度皮根人
（Piegan）的传说。大多数其他传说中的怪物都产生于对大型哺乳动物
的化石的观察。Sarjeant in Currie and Padian 1997, 340; and in Farlow
and Brett-Surman 1997, 4.

32 Ostrom, personal communication, August 1997. Horner and Dobb 1997,
12, 232, 101–2, 224–25. 在第 226—227 页，霍纳用游牧民族诗人一样的
口吻写道，"我一生都在游荡……穿过光秃的山丘和石滩……让我的
想象力尽情地释放"，并在不断变化的证据面前检验种种观点。塔凯
（Taquet, 1998, ix）也将古生物学家和游牧民进行了比较。化石对人类
的意义：Horner and Dobb, 101–2, 203, 218, 225; Spalding 1993, 294–97;
Norman 1985, 8–9。

2 地震和大象

1 Plutarch *Greek Question* 56. 普鲁塔克的记载合并了两个独立的神话传
说，其一是关于亚马孙女战士和狄俄尼索斯的印度战象的希腊故事
（约公元前 325—前 30 年），另一个故事的产生年代更早一些（约公元
前 5 世纪），是关于内阿德斯怪物的故事。1928 年，韩礼德在其著作的

第210—211页揭示了这两个故事的起源。狄俄尼索斯也与亚马孙女战士、泰坦巨人和一头北非的巨型怪物战斗过。根据西西里的狄奥多罗斯的作品中第3章第71—72页的记载，狄俄尼索斯把这头北非怪兽埋在巨大的土堆下，生活在罗马时代的人们还曾见过这个巨型坟冢。狄俄尼索斯对战巨人：Rose 1959,180 n.36。弗洛伊昂的"坚硬的地壳"：Solounias 1981a, 18。土耳其海岸线沿岸所谓的亚马孙女战士坟冢可能是露出地表的巨型史前动物骨架，和萨摩斯岛出土的那些骨架极其相似。其他亚马孙女战士的坟冢位于希腊迈加拉、喀罗尼亚和色萨利。黑海的卢克岛是传说中亚马孙女战士和战马交战的战场：详见本书第3章。公元前331年亚历山大大帝出兵印度时，希腊人才通过亚洲战象第一次认识了大象。Scullard 1974, 32–33 ,37–52 , chap. 2. 古代的景点和游客指南：Friedländer 1979, 373–74; Pausanias 5.20.4。萨摩斯岛的化石床埋藏有巨型长颈鹿、乳齿象和其他中新世大型哺乳动物的化石，我将在本章对此展开具体讨论。

2　普鲁塔克将巨骨与导致这些动物"在其生活的年代"——遥远的过去——灭亡的地质活动联系了起来。我们尚不了解是不是埋在地下的内阿德斯导致地面开裂，以及它们是否在地壳上升时嚎叫。参见 Halliday 1928, 207 and 208. Euagon in *Fragmente der griechischen Historiker (FGrHist)* 535 F 1. Huxley 1973, 273。公元前4世纪的哲学家赫拉克利德斯·彭提乌斯也曾经提到过内阿德斯：frag. X, *Fragmenta Historicorum Graecorum (FHG)* Müller, ii, p. 215, cited in Halliday 1928, 208。

3　Aristotle (or one of his students) *Constitutions,* in Heraclides Lembos *Excerpta Politiarum* 30 (p.24 Dilts *GRBS* monograph 5; Müller iii, p.167) cited by Huxley 1973, 273.

4　Aelian (ca. A.D. 170–230) *On Animals* 17.28. 关于欧福里翁和其他提及内阿德斯的作者，参见Huxley 1973, 273 n. 6; fragment in *FHG* Müller, iii, p.72, cited by Halliday 1928, 208; Shipley 1987, 281。关于1988年在赫拉神庙发现的巨型股骨化石和在考古点发现的其他化石，参见本书第4章。1996年，古生物学家雷蒙德·贝纳（Raymond Bernor）及其同事称萨摩斯岛化石床为"亚欧大陆西部乃至全世界范围内已知的最古老的化石床"，第138页。

5　Erol 1985, 491. Ager 1980, 441, 437, 447. Tziavos and Kraft 1985, 445. 关于土耳其地质学，参见Brinkmann 1976。关于希腊、土耳其以及近东、中东地区的更新世环境，参见Brice 1978。关于中新世—上新世地质和

动物群，参见 Bernor, Fahlbusch, and Mittman 1996。

6　海岸线变迁：Vitaliano 1973, 32–34; Erol 1985; Higgins and Higgins 1996, 116, 125–27（加利波利和特洛伊）；142–43（以弗所），140–41（伊兹密尔和萨迪斯），147–50（普里埃内、米利都、赫拉克利亚）；Brinkmann 1976, 82–83; Brice 1978, chap. 6; Tziavos and Kraft 1985; Gore 1982, 727; Attenborough 1987, 118。Pliny *Natural History* 2.87–96; 2.191–210. 古代作家的地质学知识：Bromehead 1945。希罗多德：Lloyd 1976, 2:36–35,66–67。

7　Philostratus *Life of Apollonius of Tyana* 4.34. Pausanias 7.24–25, with Levi's nn.129–33. 公元 1 世纪克里特岛的强烈地震和海岸线变迁，以及赫里克城和西皮洛斯山的自然灾害：Higgins and Higgins 1996, 69–70, 199, 205–6, 213。黑海：Ascherson 1996, 79。美国自然历史博物馆的史蒂夫·索特尔博士（Dr. Steve Soter）目前正在利用地质考古学技术搜寻赫里克城遗址。

8　Pliny *Natural History* 2.200–206. Pindar, Pliny, Plato, Aristotle, Strabo, Ovid, and Philo discussed in Bromehead 1945, 93–97, 98–102; Brinkmann 1976, 2. 西西里的狄奥多罗斯论罗得岛的出现：5.56。奥维德论地貌变化：*Metamorphoses* 15.252–306。希腊和爱琴海的地质史：Higgins and Higgins 1996。同时参见 Huxley 1973, 273–74; Vitaliano 1973; Greene 1992, 46–88。

9　在古希腊-罗马世界，某些地区还有更古老的脊椎动物化石。例如，葡萄牙和法国有侏罗纪化石床，埃及有始新世—渐新世遗迹。1983 年，一位业余化石猎人在那不勒斯东北方向 30 英里（约 48.3 千米）处的白垩纪石灰岩中，发现了一具长 9 英寸（约 22.9 厘米）的保存完好的恐龙幼崽遗骸（那不勒斯此前因保存完好的鱼类化石而闻名）。这块已知的意大利仅有的恐龙化石在 15 年后的 1998 年于萨勒诺的一个积了灰的抽屉里被重新发现，它被命名为棒爪龙（*Scipionyx samniticus*）。这具化石的发现使人们对恐龙是否属于温血动物及其与鸟类的关系展开了争论。*New York Times*, March 26, 1998, A24; January 26, 1999, F5.

10　伯罗奔尼撒地区保存完好的古奥林匹亚建筑是贝壳石灰岩的优秀范例：Ager 1980, 445. Higgins and Higgins 1996, 68. Pausanias 1.44.9; cf. Pliny *Natural History* 35.36。关于环地中海地区的古生物地质学有很多争议。本章的主要依据来自 Melentis 1974, 18–24; Ager 1980, 354, 435–517; Higgins and Higgins 1996, esp. 1–25（关于他们对爱琴海未来严重地质运动的预测，参见第 210—214 页）；Bernor, Fahlbusch, and

Mittman 1996; Jameson, Runnels, and van Andel 1994, 154–57; Embleton 1984, 341, 380–81; Bird and Schwartz 1985, 445; Maglio 1973, 111–19; Vitaliano 1987; Bodenheimer 1960, 13–21; Gore 1982; Stanley 1989, esp. 551–608, with maps of Tethys; Attenborough 1987, 10–15; and Carrington 1971, chap. 2。

11　我们尚不清楚在更新世互相连在一起的具体是哪些岛屿，但是动物骨骼化石的差异是古地理学的重要证据。关于史前动物的游动迁徙也有争议。Dermatzakis and Sondaar 1978; Theodorou 1990. 莱斯沃斯岛的化石化森林是希腊国家历史纪念物：Higgins and Higgins 1996, 135, 133, 187–95。锡拉岛火山爆发，比1883年印度尼西亚加尔各答岛的火山爆发规模大10倍。锡拉岛的火山灰从天而降，覆盖了西西里、克里特、尼罗河三角洲以及土耳其西部。Melentis 1974, 21–22.关于地中海地区火山爆发的生动描绘，参见 Vitaliano 1973, and Greene 1992, 46–88。

12　Higgins and Higgins 1996, 213; Gore 1982, 713–15. Vitaliano 1987, 13–14, 16; Phillips 1964, 177; Sondaar 1971, 419; Klein and Cruz-Uribe 1984. 大象头骨因其结构而破碎：Shoshani and Tassy 1996, 9, 68; Lister and Bahn 1994, 60; Harris 1978, 338。肢骨、肩胛骨和膝盖骨则保存了下来：Attenborough 1987, 29. Italy: Lister and Bahn 1994, 24, 58。对比萨摩斯岛的破碎骨骼：Nikos Solounias, personal communication, September 23, 1998; George Koufos, personal communication, October1997. Bernor, Fahlbusch, and Mittman 1996, quote 416。

13　化石：Bromehead 1945, 104; Eichholz 1965, 4, 17, 39, 42–47, 71, 86, 113（注意到希腊的化石确实呈斑驳的棕色和白色），121, 71。荷马时代的象科动物、象牙化石以及古人关于大象的知识：Scullard 1974, chap. 2 and 260–61。地中海地区的猛犸象牙：Barnett 1982, 8, 70 n. 68, 74 n. 46; Krzyszkowska 1990, 12, 22, 37–38; Lapatin 1997 and 2001, chap.2. Theophrastus *On Stones* 37; Philostratus *Life of Apollonius of Tyana* 2.13; Pliny *Natural History* 8.7, 36.134。老普林尼曾经提到过非洲和亚洲埋藏在地里的象牙。

14　Pliny *Natural History* 36.161. 感谢脊椎动物古生物学网络讨论小组对透明石膏层的形成进行的澄清。丹佛自然历史博物馆的肯尼思·卡朋特这样写道："透明石膏是一种硫酸钙（石膏）长晶形沉淀。这种物质微溶于水，因此，透明石膏矿中的积水中出现这种物质很可能表明此矿为湿矿。在溶液中，它可以从掉入矿井的动物的骨骼中析出。"但是骨髓要在一个冬天的时间内完成矿化（如老普林尼假设的那样），"尸体腐败的速度必须足够快，分解所有软组织，保证溶液能够进入骨髓"。卡朋特认为，"这些骨骼属于更新世动物，主要是啮齿类动物和肉食性动物"。"矿井中的骨骼化石属于掉入井中的现存动物，这是一种常见的误解。"石膏能够迅速附着在物体表面，但我们尚不清楚骨髓完全被晶体替代要耗费多少时间。印第安纳大学的人类学家黛拉·科林斯·库克在1999年1月18日指出，"深矿井会导致分解尸体的微生物和昆虫无法生存"，所以动物骨骼的骨髓很可能是在几个世纪的时间里逐渐矿化的。透明石膏矿址位于西班牙中部的古塞哥布里加，今西班牙托莱多东部。托莱多的确有更新世动物化石：ShoShani and Tassy 1996, chap. 14, 138 map; Lister and Bahn 1994, 160 and map; Bromehead 1943, 326。其中包括乳齿象和猛犸象，但是矿井中的骨骼化石体积较小，其骨架看上去属于较为常见的动物。化石通常出现在透明石膏采石场：Rudwick 1997, 133, 146–47; Wendt 1968, 24。

15 脚印：Diodorus of Sicily 4.24.1–4; Philostratus *On Heroes* 13.3。赫拉克勒斯3英尺（约0.9米）长的脚印出现在斯基泰的提拉斯河（即德涅斯特河）：Herodotus 4.82。据推测，赫拉克勒斯的足印长12.6英寸（约32厘米）；赫拉克勒斯儿童时期高4.5腕尺（6—7英尺，即1.8—2.1米）。Apollodorus 2.4.9 with Frazer's n. 3. 罗马帝国时期，岩石中的巨大足印因过于常见而遭到蔑视：Lucian *A True Story* 1.7。现代关于蹄印/双壳类化石的民间传说：Ager 1980, 524; Thenius 1973, 32–34, figs. 22–23; Thenius and Vávra 1996, 35–36。我们尚不清楚古代人把什么生物的脚印当作赫拉克勒斯的足迹：德涅斯特河流域有新近纪晚期和更新世化石，但是并没有已知的足印化石。personal communication, January 19, 1999. 在全球范围内都有石块中藏有人类足迹的民间传说；Krishtalka 1989, 230, 239, 242, 247–48。马耳他的足印传说：Zammit-Maempel 1989, 12, 22。阿尔及利亚：Buffetaut 1987, 180–81。美洲：Spalding 1993, 5, 6, 79–83。土耳其的更新世人类足印：Brinkmann 1976, 81。古生物学史学家威廉·萨尔金特认为，人类早在注意到骨骼化石之前，就已注意到了足印化石：Farlow and Brett-Surman 1997, 3–4。

16 描写琥珀、菊石、货币虫、骨骼、牙齿、贝壳、植物和其他化石的古代文献，详见附录。琥珀：Aristotle *Meteorology* 388b19–21; Pliny *Natural History* 37.42–46 (cf. Hesiod frag. 311 MW). Strabo 17.1. 关于老普林尼在其著作37.164中对"舌石"（tongue-stones，鲨鱼牙齿化石）的记录，参见Bromehead 1945, 105。埃及始新世货币虫石灰岩：Stanley 1989, 551。新近纪植物：Brice 1978, 40–44（地中海地区东部）；

Bernor, Fahlbusch, and Mittman 1996, chap. 30（欧洲）。

17 化石化过程和埋藏学：Savage and Long 1986, 1–7; Lister and Bahn 1994, 141, 142, 144, 145–46; Higgins and Higgins 1996, 8. Aeschylus *Prometheus Bound* 1015–25. Griffith 1983, 265–66。

18 Pausanias 8.29.2–4, 6.5.1. 1腕尺约等于17英寸（约43.2厘米）。菲洛斯特拉托斯《论英雄》8.3中记载，奥龙特斯河出土的巨人约45英尺（约13.7米）高，人们认为这是来自亚述的阿里亚德斯（详见本书第3章）。提丰：Strabo 16.2.5. 提比略（生于公元前42年）可能就是下令开展奥龙特斯河改道工程的罗马皇帝：Levi 1979, n. 217 at Pausanias 8.29; Bodenheimer 1960, 140。英文译本中记载，人们在精致的石棺中发现了奥龙特斯骨架，但是帕萨尼亚斯的原文 *"keramea soros"* 意为"黏土中的墓地"，这可能意味着这些骨骼出现在陶土沉积岩中，而非人工制作的棺材中。对比在岩石的"气泡"拱形中发现的骨架化石，Carrington 1971, 78。奥龙特斯河沿岸的乳齿象、河马和草原猛犸象遗迹：Adam 1988, 2。股骨尺寸：Osborn 1936–42, 2:1251。早期欧洲旅行者从黎凡特地区带回了一些化石，比如1714年保罗·卢卡斯在叙利亚西北部阿勒颇地区搜集的"化石化巨人的巨型臼齿"：Halliday 1928, 208。本书第3章和第4章讨论了埋葬在棺材中的巨型骨骼的例子，埋葬时间早至公元前7世纪，后世的人们可能重新发现了这些英雄墓葬。对比古埃及石棺中埋藏的巨型野牛遗骨，Attenborough 1987, 77–80。古代巨型棺材：Wood 1868, 22–23。关于巨人-神祇之战和众多战场，参见 Vian 1952。

19 阿斯泰里奥、革律翁、许罗斯和克罗索斯：Pausanias 1.35.4–6; 7.2.4, with Frazer's notes。柏拉图提及了吕底亚的另一具巨型骨架：*Republic* 2.359c–e（详见本书第5章）。奥林匹亚和底比斯也供奉有革律翁的骨骼。直布罗陀西部的加的斯曾经是一座小岛。帕萨尼亚斯结识了一位名为克莱昂的马格尼西亚人，此人曾经航行到加的斯，并在海滩上发现了一具巨型骨架：这具骨架"占地5英亩（约2公顷），因曾被闪电击中而正在熊熊燃烧"。Pausanias 10.4.4. 老普林尼在《自然史》9.11中提到，在加的斯海岸有一具巨型海怪骨架。这些骨架是否属于当时搁浅的鲸鱼或始新世鲸鱼化石呢？西班牙存有剑齿象、古菱齿象和乳齿象的遗迹，而加的斯附近的塔提苏斯拥有燃烧的褐煤土，这种土壤与其他的巨人埋骨地相关（详见本书第5章）。Shoshani and Tassy 1996, 138, 141–42.

20 Sevket Sen, personal communications, October–November 1997. William

Sanders, Museum of Paleontology, University of Michigan, personal communications, October–November 1997. Harris 1978. See also Christopoulos and Bastias 1974, 26–35. 土耳其西部拥有与萨摩斯岛、科斯岛、希俄斯岛以及莱斯沃斯岛一样的化石：Brinkmann 1976, esp. 60–73; Gates 1996, 281 (Ozluce)。关于长鼻目物种和地图，参见 Savage and Russell 1983, chaps. 6–8; Shoshani and Tassy 1996; Bernor, Fahlbusch, and Mittman 1996。

21　Lloyd 1979, 127. See also Greene 1992, 86.

22　想象命名法和神话历史科学命名法：Krishtalka 1989, chap. 2。王雷兽，巨雷兽（*Titanotherium*）：Wendt 1968, 277–81; Kindle 1935, 451。巨犀（也叫俾路支兽，即 *Baluchitherium*）：Andrews 1926, 192–93。风神翼龙：Norman 1985, 171。河神龙：Dodson 1996, 197。类似的例子不胜枚举。

23　圣人的遗骨：Bentley 1985; Ley 1948, 45; Sutcliffe 1985, chap. 3. Buffetaut 1987, 5–11, citing Ginsburg 1984。至 17、18 世纪，一些拥有历史视角的观察者认为，猛犸象骨架属于非洲象，而这些非洲象是汉尼拔在第二次布匿战争期间（公元前 3 世纪末）翻越阿尔卑斯山带来的。人们认为，在英国发现的第一具猛犸象化石属于罗马帝王克劳狄乌斯带到英国的大象；而彼得大帝认为，俄罗斯的猛犸象骨架属于亚历山大大帝丢失的战象。古人认为萨摩斯岛上的巨骨属于狄俄尼索斯的战象。本章伊始，作者就对这个观点进行了探究。这种观点是此类历史性思考的最早范例。

24　本书第 5 章将重点讨论古人对于英雄和巨人的身形的看法。我听说在现今的希腊乡村地区，仍然有人认为古希腊人的身材十分高大；Hansen 1996, 138。卢卡之骨（the Luka bone）是一块股骨的末端（约 15 厘米宽），由诺丁汉大学考古学毕业生克里赞迪·加卢（Chrysanthi Gallou）的表亲和一位卢卡当地人发现。personal communications, November 1997-February 1998. 当地村民不允许加卢为化石和其他物品拍照（鉴于希腊人长期以来尊重、珍视化石的历史，这并不令人意外）。"所有哺乳动物的骨架似乎都由同样种类的部分组成，并按照同样的解剖顺序进行排列。" Klein and Cruz-Uribe 1984, 11. Ubelaker and Scammell 1992, 76–85；大腿骨可用于计算总身高，见第 88 和 45 页。

25　感谢威廉·汉森推荐格思里 1993 年的著作：详见第 4 章，第 90 页 "作为感知的拟人化" 和第 63 页（克塞诺芬尼）。感知到的图示程度越高，认知的效率就越高：第 101—103 页。甚至连达尔文的自然选择理论也是拟人化的：第173—174页。克塞诺芬尼的拟人理论：Kirk, Raven, and Schofield 1983, 168–69。拟人化倾向也能帮助我们理解今天人们普遍认同的外星人形象，解释人们曾把最早在北美发现的恐龙（1820年）当作人类的原因（Spalding 1993, 80），以及为什么直到1982年人们仍认为一块鲸鱼肋骨化石是原始人类的锁骨（Krishtalka 1989, 66）。古生物学文献中有许多猛犸象和犀牛的骨骼在中世纪乃至现代被错认为人类骨骼的案例：Ley 1948, chap. 2; Buffetaut, 1987. Krishtalka 1989, 64 (quote), 63–71。1989年斯蒂斯认为，文艺复兴时期的"巨人学"和对巨型祖先的搜寻助长了当时的民族主义。现代对人类–灵长类动物关系链中缺失的环节的搜寻：Carrington 1971, 65–66。古生物学骗局通常涉及类人怪物，详见本书第6章。

26 派克米化石热潮：Buffetaut 1987, 114–17; Wendt 1968, 237–44; Woodward 1901; Gaudry 1862–67; Osborn 1921, 267–71; Melentis 1974, 22–23, 392; Solounias 1981a, 1981b, 232–33; Rudwick 1985, 244–46; Bernor, Fahlbusch, and Mittman 1996, 138–39。派克米化石的发掘者包括瓦格纳、奥赛尼尔·埃布尔、艾伯特·戈德里、阿瑟·史密斯·伍德沃德、爱德华·拉泰、赫拉克勒斯·米佐普洛斯和西奥多·斯科福斯等。一些派克米化石陈列在雅典大学古生物博物馆和希腊古兰德里斯（Goulandris）自然历史博物馆。巴黎自然历史博物馆旧馆的古生物展厅陈列了戈德里收集的派克米样本。

27 派克米的巨型肢骨：Osborn 1921, 268; Osborn 1936–42, 1:93。戈德里曾经见过很多恐象肢骨。伍德沃德在其1901年出版的著作的第484页标注出许多单独出现的犀牛骨骼、"长颈鹿肢骨……和一些乳齿象的巨型肢骨"。这些骨头腐化严重，通常从根部就开始破碎（第483页）。Buffetaut 1987, 114–17. Gaudry 1862–67。梅连提丝1974年著作的第22—23页总结了派克米理论；Bernor, Fahlbusch, and Mittman 1996, 138; Solounias 1981a, 242–45。

28 Buffetaut 1987, 114–17; Wendt 1968, 241; Brown 1927, 32. Osborn 1921, esp.270–71, 323–336; Van Couvering and Miller 1971, 560; Lister and Bahn 1994, 140; Symeonidis and Tataris 1982, 148, 182; Bernor, Fahlbusch, and Mittman 1996, esp. chap. 6. 派克米和西瓦利克的长鼻目动物：Shoshani and Tassy 1996, 340。中新世动物群：Savage and Russell 1983, chap. 6。关于希腊、爱琴海岛屿和土耳其西部的中新世和其他地质沉积物的优秀地图，参见Higgins and Higgins 1996。

29 萨摩斯岛上的中新世晚期化石对理解地中海地区东部和小亚细亚地

区的史前动物地理学和古年代学具有重要意义。Major 1887, 1891, 1894; Solounias 1981b and 1981a, 19, 210; Melentis and Psilovikos 1982; Brown 1927; Higgins and Higgins 1996, 144–46 and n. 286; Weidmann et al. 1984, 488; Sondaar 1971, 419; Buffetaut 1987, 4. 梅杰的收藏分散在洛桑、日内瓦、巴塞尔以及英国自然历史博物馆。洛桑拥有仅次于美国自然历史博物馆的第二大萨摩斯化石收藏。Dr.Aymon Baud, director, Musée Géologique Cantonal, Lausanne, Personal communications, August 1997.

30 帕拉伊玛和弗洛伊昂：Shipley 1987, 281 nn. 24, 29。人们此前认为"弗洛伊昂"是狄俄尼索斯的祭祀名，或是带有地震特征的地点：Halliday1928, 209。布朗在其1927年出版的著作的第25页认为弗洛伊昂是一处山体滑坡地。Solounias, personal communications, September–November 1998; Solounias and Mayor, in preparation.

31 美洲原住民勘探者：Kindle 1935, 449–51. Theophrastus *On Stones* 63–64, and commentary by Eichholz 1965, 129–32. 泰奥弗拉斯托斯并没有在对"土地"(earths)的讨论中提到萨摩斯化石，但他可能在已佚的著作《论化石化》中提到过萨摩斯化石。Pliny *Natural History* 35.19. Cf. Buffetaut 1987, 181：在北非进行的矿产勘探工作引领人们发现了化石。石匠也可能在萨摩斯岛发现了化石。公元前575年，工人们利用开采自岛屿南部新近纪沉积岩的石料建造了赫拉神庙（以代替旧神庙），同样类型的石头也出现在米蒂利尼。Higgins and Higgins 1996, 146–47, 186.

32 斯图加特国家自然历史博物馆的海茨曼博士（Dr. Elmar P. J. Heizmann）告诉我，他们在20世纪初获得了萨摩斯岛、埃维亚岛、科斯岛和派克米的化石，却不能解释如此大量的来自希腊的骨骼"是如何被纳入我们的收藏的"。Personal communication, July 28, 1997. 波恩的化石交易人仍然供应"大量来自萨摩斯岛的骨骼"，但这些化石的来源是一个谜。Renate Krantz, for Dr. F. Krantz, fossil dealer, Bonn, to David S. Reese, July 7, 1992. 在希腊，萨摩斯化石在凯菲西斯区的古兰德里斯自然历史博物馆、雅典大学博物馆、塞萨洛尼基亚里士多德大学和萨摩斯岛米蒂利尼的爱琴海博物馆进行展出。塞萨洛尼基亚里士多德大学的乔治·库弗斯是目前萨摩斯化石的挖掘者。关于萨摩斯化石的博物馆馆藏清单，参见Solounias 1981b, 234–35。卡尔·阿克也曾是德国领事。Solounias 1981a, 19-26; Bernor, Fahlbusch, and Mittman 1996, 138. 尼科斯·索罗尼阿亚斯于1976年开始在萨摩斯岛进行考古发掘。感谢索罗尼阿亚斯在美国自然历史博物馆向我展示布朗在萨摩斯岛发掘出的化石。

33 Simpson 1942, 133. 关于存在争议的化石所有权：Horner and Dobb 1997, 27, 233–44 。沧龙：Simons 1996; Taquet 1998, 170–74。

34 Brown 1927, 19–20. Solounias 1981a, 211（"里面卷着化石"），第24页。布朗声称斯科福斯想要"强占"他在美国自然历史博物馆的藏品。经过协商，布朗向希腊官方提供了免费照相机、美国自然历史博物馆的终身会员资格以及一些"常见的美国化石"。Brown Papers, Osborn Library, AMNH, cited in Solounias 1981a, 211–18. 作为美国自然历史博物馆馆长，布朗代表了当时最好的科研机构，他对此前由英国、德国、希腊来到萨摩斯岛的发掘者们的水平颇有微词。但是，如今我们则会把布朗的方法称为"刨土"，他的"战利品"并不具有科学价值。布朗（正如他的外号，P. T. 巴纳姆。编者注：P. T. 巴纳姆是美国一位著名的马戏团老板）沉迷于搜罗可以向公众展出的奇异骨架，而不重视系统性的研究。科学回顾：Horner and Dobb 1997, 18–19, 32, 163。

35 即便在本应包含相关信息的材料中，依旧很少有人关注希腊和爱琴海地区的主要化石沉积层。例如《希腊和爱琴海地质指南》（*A Geological Companion to Greece and the Aegean*，1996年），其作者为两位希金斯，一位是地质学家，一位是古典考古学家，他们对新近纪和更新世沉积岩地图进行了详细的描绘，但除了简略地提及萨摩斯岛以外，并没有提及任何脊椎动物遗迹。《猛犸象》（*Mammoths*，1994年）由猛犸象研究的领军人物阿德里安·利斯特和动物考古学家保罗·巴恩（Paul Bahn）合著，该书的欧洲和亚洲猛犸象分布地图（第152—155页）略过了希腊和土耳其。利斯特承认，在地中海地区东部，大象化石遗迹十分常见，但是他认为这些材料"知名度不高，也没有成层"：personal communications, July 22–25, 1997. 亨利·费尔菲尔德·奥斯本的专著《长鼻目动物》（*Proboscidea*，1936—1942年）内容详尽，但也没有提及麦加罗波利斯的猛犸象。邵沙尼和陶希合著的《长鼻目动物》（*Proboscidea*，1996年）是继奥斯本的著作以来最为综合详尽的史前象科动物研究著作，该书也没有提及麦加罗波利斯，同时给读者带来了希腊象科动物化石仅有矮象一种的印象。尽管一系列演化中的象科动物先后在环地中海地区留下了丰富的遗迹，贝尔纳、法尔布施和米特曼合著的《亚欧大陆西部新近纪哺乳动物进化史》（*The Evolution of Western Eurasian Neogene Mammal Faunas*，1996年）的第418、431、463页也没有提及长鼻目动物。甘茨（Gantz）的《早期希腊神话》(*Early Greek Myth*，1993 年）是最新的关于希腊神话发展历程的手册，其中也没有提及那些把神话中的巨人和怪物与特定地点的巨骨发现相联系的古代作者。巴瑟（Bather）和约克（Yorke）、弗雷泽（Frazer）和莱维等早期评论家曾将那些古代文献与已知的古生物学发现相联系，他们颇有裨益的脚注在将古典学术研究现代化的努力中被丢弃了。Levi 1979, n. 241 at Pausanias 8.32.5. 新建的雅典大学古生物博物馆仅能通过预约参观。

36 Melentis 1974, 23; Huxley 1979, 147. 1890—1893 年，英国考古学家威廉・洛林（William Loring）在麦加罗波利斯的一处公元前 4 世纪的遗址进行发掘工作。蒂米萨那（Dimitsana）博物馆馆长是一位名叫耶罗尼米斯（Hieronymus）的老教师，他向洛林展示了一件"大型半化石化骨骼，并称这块骨头是大象的肩胛骨"。洛林在发掘报告中嘲笑了这位教师："他的解释可不能让一位地质学家买账"，但这"至少离帕萨尼亚斯给出的真实情况不远了"。根据帕萨尼亚斯和希罗多德的记载，自特洛伊战争以来，人们就在此地发现了巨人的骨骼（详见本书第 3 章和第 5 章）。Loring in Gardner et al. 1892, 121. Pausanias 5.13.4–7, 8.32.5, 8.36.2–3. Herodotus 1.68. 实际上，地质学家很有可能证实这位教师的看法。其实洛林本可以咨询著名的德国地质学家艾尔弗雷德・菲利普森（Alfred Philippson），当时这位地质学家正在探索麦加罗波利斯盆地，并报告称"在地壳运动活跃的麦加罗波利斯西北部地区"发现了"许多骨骼化石"。Pritchett 1982, 46 (quote), 45, n.49. Frazer 1898, 4:352：蒂米萨那博物馆馆长耶罗尼米斯的见解"可能比洛林先生认为的更接近真相"。参见 Bather and Yorke 1892–93。感谢乔治・赫胥黎为我提供古典研究中麦加罗波利斯化石的相关材料，personal communication, May 9, 1997。

37 麦加罗波利斯的长毛象、南方猛犸象和古菱齿象：Melentis 1974, 23–25; Symeonidis and Tataris 1982, 182; Dermitzakis and Sondaar 1978, 815–16. 阿尔斐俄斯河沿岸地区和麦加罗波利斯、特拉布宗、巴托斯、奥林匹亚、泰耶阿、戈提那、曼提尼亚、阿匹德赫斯塔和卡拉玛塔周边地区有大量大型骨骼。Pritchett 1982, 45–46. 伯罗奔尼撒地质：Brice 1978, 54–66; Higgins and Higgins 1996, chaps.5–7. 波士顿大学的古典考古学家肯尼思・拉帕廷曾研究过发现于希腊埃利斯的瓦尔达（Varda）和希米扎（Simiza）的道路施工处的两根巨型象牙。Personal communication, December 5, 1997; Lapatin 2001, chap.2. 感谢诺丁汉大学古典学系的詹姆斯・罗伊博士提供的阿卡迪亚附近含有化石的褐煤矿和古典时代矿井的信息，personal communications, October 10–16, 1997。本书第5章将重点讨论褐煤矿层和巨人-神祇之战之间的关联。关于埃利斯和阿卡迪亚地区的新近纪和更新世沉积岩，参见 Higgins and Higgins 1996, chap.7；关于褐煤形态，参见第84页。帕萨尼亚斯对此的记录，参见第3章。

38 人们目前已经对希腊70多处发掘点的史前象科动物遗迹进行了研究：Symeonidis and Theodorou 1990。股骨长度：Osborn 1936–42, 2:1251。马其顿的长鼻目动物遗迹：Solounias 1981a, 218。Evangelia Tsoukala, personal communications, August–November 1998. 此处的"乳齿象"一词内涵广阔，包含了玛姆象（mammutids）、嵌齿象（gomphotheriids）和在中新世出现的剑齿象。乳齿象的牙齿较尖，而猛犸象和大象的牙齿则较平（见图 3.12）。大象和猛犸象在几百万年间各自进化；猛犸象于一两万年前灭绝的原因未明。Carrington 1958, chaps. 6–8; Savage and Long 1986, 143–59; Maglio 1973; Lister and Bahn 1994, 19–21 and glossary.

39 环地中海地区和亚欧大陆的长鼻目动物：Savage and Long 1986, chap. 10; Shoshani and Tassy 1996, 44, 43, 58–74, 84, 90, 122, 136–42, 184, 188, 196, 205–11, 215, 219, 225–39, 259, 274, 340, 361, 364, 383, passim; Maglio 1973; Dermitzakis and Theodorou 1980; Melentis 1974, 25; Lister and Bahn 1994, 152, 157, 160, passim; Lister, personal communications, July 22–25, 1997. 1825年，F. 内斯蒂（F. Nesti）最先在意大利辨认出了始祖猛犸象；近期，一具巨大的始祖猛犸象遗骸被发现于意大利中部的斯科皮托，人们在罗马和佛罗伦萨附近以及阿尔诺河谷也发现了众多猛犸象骨架。20世纪80年代，人们在意大利皮耶特拉菲塔（Pietrafitta）的一座褐煤矿中发现了几具猛犸象骨架。Lister and Bahn 1994, 24, 159, 160, 161; Osborn 1921, 311, 320, 398; Osborn 1936–42, 1:1240–51. 近日，人们在阿涅内河谷（Aniene Valley）中的雷比比亚（Rebibbia）发现了大型更新世大象的象牙，目前该象牙存于泰尔梅国家博物馆（National Museum at Terme）: Lapatin, personal communication, December 5, 1997。非洲史前大象：Maglio 1973, and Shoshani and Tassy 1996；关于肩高和"测量"，参见第208页。股骨、肩胛骨和象牙尺寸：Haynes 1991, chap. 1; Osborn 1936–42, 2:1251 with photo, 1602–5. 人们对于伯罗奔尼撒和亚欧大陆其他地区的大型象科动物遗迹的种类和出现时间仍有争议。人们对已灭绝的长鼻目动物的命名方式有所改变，这反映出了新的分类学特征。例如：南方猛犸象的拉丁学名为 M. meridionalis，又名

Archidiskodon meridionalis；长毛象的拉丁学名为 M. primigenius，也被称作 Elephas primigenius。出土于土耳其埃尔祖鲁姆的巨型草原猛犸象的拉丁学名为 M. trogontherii，也被叫作 Mammuthus armeniacus，这是一种生活于更新世中期的长毛象祖先，但有人把这种动物归类到 *Elephas* 名下，即现代亚洲象属。感谢阿德里安·利斯特和我讨论命名法以及土耳其西部的古象与南方猛犸象的相似性，personal communication, July 22, 1997。分类学和争议：Lister and Bahn 1994; Shoshani and Tassy 1996。

40　犀牛、河马、洞熊：Osborn 1921, 272, 309, 313, 390, 505。牛科动物：Attenborough 1987, 64; Bodenheimer 1960, 51; Rapp and Aschenbrenner 1978, 64。巨型犀牛种类：Savage and Long 1986, 139–40, 194–98。大象和牛科动物的范围：Clutton-Brock 1987, chaps. 6, 11。冰川时期：Brice 1978。Higgins and Higgins 1996, 65–73. Dermitzakis and Sondaar 1978, 815–16. Melentis 1974, 23–25. Aelian *On Animals* 12.11.

3　古代的巨骨发现

1　珀罗普斯的骨骼：Pindar *Olympian* 1.90–93 (fifth century B.C.); Ps.-Lykophron 52–55 (third century B.C.?); Apollodorus 5.10–11 (first century A.D.); Pausanias 5.13.1–7, 6.22.1 (second century A.D.)。在神话中，女神德墨忒尔无意中吃掉了珀罗普斯的肩部。Gantz 1993, 2:532–34, 646; Huxley 1975, 15–16, 45; Burkert 1983, 99–101; Schmidt 1951.

2　Burkert 1983, 6–7, 13–14, 98–101。在希腊乡村，人们仍使用肩胛骨进行占卜：Nikos Solounias, personal communication, September 1998。珀罗普斯的骨骼来自比萨，即奥林匹亚所在的地区。关于伯罗奔尼撒的化石和人们把哺乳动物骨骼错认成人类骨骼的案例，详见本书第 2 章。在古代，骨头是象牙的替代品（案例参见 Pliny *Natural History* 8.7），且常常被考古学家混淆：Kenneth Lapatin, personal communications, December 2 and 5, 1997。类似象牙的古老骨骼：Scullard 1974, 260–61; Barnett 1982, 74 n. 45。1890 年，威廉·洛林在阿卡迪亚看到过半化石化的猛犸象肩胛骨：Gardner et al. 1892, 121。伯罗奔尼撒出土的化石通常呈深棕色；我认为，珀罗普斯之骨很像古代的象牙。就像奥林匹亚的其他圣物一样，肩胛骨化石的表面可能覆盖着一层象牙制的饰面。Lapatin 1997. 目前人们对于古人对猛犸象牙的使用还存在争议：Lapatin 2001, chap. 2; Krzyszkowska 1990, 22, 37–38。

3 尺寸与重量：Aymon Baud, Musée Géologique Cantonal, Lausanne, personal communication, August 12, 1997. Adrian Lister, personal communication, November 20, 1997。感谢蒙大拿州的利斯顿自然历史展览馆（Natural History Exhibit Hall）的休·弗拉里帮我测量剑齿象和猛犸象的股骨与肩胛骨尺寸。肩胛骨尺寸与以下材料进行对比：Osborn 1936–42, 1:1225, 1249。在埃维亚岛附近航行是一件极其危险的事，例如：Strabo 10; Herodotus 8.13; Philostratos *Life of Apollonius* 4.15。爱琴海海域的航行：Casson 1974, esp. chap. 9; Herodotus 4.86–87。康奈尔大学的巴里·斯特劳斯帮助我构思这些英雄遗骨是如何通过海路运输的。关于在古代沉船中发现的化石和大型象牙：详见本书第4章。

4 Pausanias 5.13。渔民从海里打捞上来的显然是一块肩胛骨，正好和在埃维亚岛附近海域丢失的骨骼相吻合。赫胥黎认为这块骨头可能是鲸鱼骨骼，参见 Huxley 1975, 45, and 1979, 147。公元前9世纪，雅典收藏有一块巨型肩胛骨，近期人们辨认出这块骨头属于鲸目动物：详见本书第4章。希腊时代的短诗描述了渔民把从海中打捞上来的巨型骨骼献祭给圣殿的故事（公元前3世纪和前2世纪）：*Greek Anthology* 206, 243 (6.222, 223)。关于渔民从海洋中打捞圣物或罕见物件的母题，参见 Buxton 1994, 101。埃维亚岛的新近纪地垫受到地质运动的挤压：Higgins and Higgins 1996, 84。英吉利海峡和北海的渔民不时会打捞出猛犸象和白垩纪恐龙的遗骸："Fishing for Mammoth", Lister and Bahn 1994, 60–61; Buffetaut, personal communications, March 10 and 30, 1997。

5 公元前10世纪就出现了英雄葬礼传统，而对巨型英雄遗骨的"祖先向往"则在公元前8世纪晚期才广泛存在。英雄崇拜：Antonaccio 1995, 5, 247, 250–54。

6 建造于公元前7世纪的珀罗普斯陵，坐落于一座可追溯至公元前10世纪的宗教遗址（这座遗址可能曾供奉最初的珀罗普斯遗骨）。在公元前4世纪和罗马时代，人们几次重建了珀罗普斯陵。Levi 1979, n. 116 at Pausanias 5.13, and n. 192 at Pausanias 6.22. See Antonaccio 1995, 170–76。在帕萨尼亚斯所处年代的一个世纪之前，老普林尼在其著作28.34中表明珀罗普斯的象牙肩胛骨已经不再对外展示。Clement of Alexandria *Exhortation to the Greeks* 4.

7 Herodotus 1.66–68; Pausanias 3.3.5–6, 3.11.10, 8.54.4. Pliny *Natural History* 7.74："记录表明俄瑞斯忒斯身高7腕尺"。Huxley 1979, 147–48. See Pritchett 1982, 45–46; Parke and Wormell 1956, 1:96; Boedeker 1993. 英雄崇拜：Antonaccio 1995。钻探深入地层，通常会发现化石。在伯罗奔

尼撒地区，青铜时代早期、古典时代和希腊化时期，人们挖掘的水井深达更新世化石层。Jameson, Runnels, and van Andel 1994, 157, 171. 关于褐煤矿工近期在麦加罗波利斯附近发现了古典时代的水井和更新世化石，以及泰耶阿附近的卢卡的挖井人发现象牙的内容，详见本书第2章。泰耶阿的地质情况：Higgins and Higgins 1996, 70–72.

8　"原始人热潮"（第2章）；拥有祖先的化石让城邦"感觉自己在某种程度上是被神选中的"：Krishtalka 1989, 64。

9　普鲁塔克在《忒修斯》第36章和《客蒙》第8章中记录了埋藏学细节、动物（鹰）的干扰、人类的挖掘、人造手工艺品的出现；同时参见Pausanias 3.3.7, 1.17。斯基罗斯岛的考古学和地质情况：Higgins and Higgins 1996, 93–95。关于在欧洲发现的埋在棺材中，同时随葬有盔甲、武器和铭文的巨型骨骼，参见Wood 1868。

10　神谕和遗骨：Parke and Wormell 1956, vol. 1. Huxley 1979; Pritchett 1982, 45–46; Rose 1959。涉及遗骨的英雄崇拜：Pfister 1909–12, 1:196–208, 223–38。赫西俄德：Antonaccio 1995, 128–30. Pausanias 1.28.7(俄狄浦斯), 9.29.8 (利诺斯), 9.18.2–5 (墨兰尼波斯、赫克托耳和巨人提丢斯), 7.1.3 (提撒美诺斯), 6.20.7 (希波达弥亚), 6.21.3 (俄诺玛俄斯, 蜥蜴), 9.38.3 (赫西俄德), 8.9.3–4 and Levi n. 67, 8.36.8 (阿卡斯), 4.32.3 (阿里斯多美农斯), 2.22.4 (坦塔罗斯). Herodotus 5.66 (墨兰尼波斯). 对英雄遗骨的获取"直到我们当今时代仍有丰富的意义"：Boedeker 1993, 171。关于圣人遗骨，参见 Bentley 1985。也可对比现代的获取恐龙和哺乳动物骨架及原始人类遗迹的热潮。

11　Pausanias 1.35.3（埃阿斯），6.19.4（铁饼）。埃阿斯：Homer *Iliad* 3.226–32（巨人英雄），Pliny *Natural History* 5.125, Strabo 13.1.30–32（埃阿斯的坟冢位于累提安海岸，靠近西革昂的阿喀琉斯墓，位于因河流"冲刷带来大量沉积土壤并淤塞海岸"的地方），Quintus Smyrnaeus *Fall of Troy* 5. 650–56。菲洛斯特拉托斯《论英雄》8.1中写到骨架约有16英尺（约4.9米）长。其他神话称，埃阿斯的尸体位于海岸边风化的岩石里，或埃维亚岛边缘，又或是在特诺斯（Tenos）或米克诺斯（Mykonos）岛上。*Lemprière's Classical Dictionary* (1978 ed.), s.v. Ajax; Apollodorus Epitome 6.6.

12　Pausanias 3.22.9（阿索波斯），8.32.5（麦加罗波利斯），8.36.2–3（克洛诺斯），5.12.3（大象头骨）。帕萨尼亚斯对解剖学术语的使用及其对阿斯克勒庇俄斯的执着让人猜测他可能是一位从医人士：Levi 1979, 1:2。帕萨尼亚斯还在西锡安的阿斯克勒庇俄斯神庙看到了一枚怪异的头骨（2.10.2）。巴纳姆·布朗（1926）找到了人们曾在科斯岛的阿斯克勒庇俄斯神庙存放化石的证据（一枚古菱齿象臼齿，详见本书第4章）。神庙"解读人"和管理员：Friedländer 1979, 373–74。关于古代医学中骨骼的相关术语，参见 Lloyd 1983, 153–56。

13　Harris 1964, 86. 现代化石历史中充满对比测量的记录。例如，1888年，在怀俄明州东部的河沟中，一群牛仔用套索套住了一块突出地表的巨型三角龙头骨化石。他们说那块化石的"角有锄头柄那么长，眼窝有帽子那么大"。Spalding 1993, 121. 在古代，埃里亚努斯（《论动物》16.14）把巨大的印度龟甲比作"小艇"，1993年的一份雅典报纸则把派克米出土的中新世龟类化石比作小汽车。关于特洛伊古代海岸线剧烈变化的记录，参见 Higgins and Higgins 1996（参阅 Pliny *Natural History* 5.23），关于特洛伊的新近纪—更新世沉积岩的记录，参见 Higgins and Higgins 1996, 114–115, 127。达达尼尔海峡沿岸的大型已灭绝哺乳动物遗迹，包括乳齿象、犀牛和长颈鹿：Sevket Sen, personal communications, October–November 1997。关于海因里希·施里曼（1880年，第323页）在对古特洛伊进行发掘时发现了一块中新世骨骼化石一事，详见本书第4章。

14　精妙的《论英雄》和《泰耶阿的阿波罗尼奥斯传》是第二次智者运动的代表作品，这场运动在公元60—230年催生了沙龙文学。这两部著作长期以来被人们视作非原创的演义文学，但它们的价值正逐渐获得应有的肯定。Drew 1987, chap. 3; Flinterman 1995. 巨人：*Life of Apollonius* 5.16；参见下文中阿波罗尼奥斯谈及印度北部藏有化石层的群山中的龙的记载。本书第1章探讨了他对于格里芬的看法。《论英雄》以虚构的背景记录了古代关于特洛伊战争的纷争和传说，其对于英雄骨骼的记录似乎为我们呈现了公元2世纪真实的最新化石发现。菲洛斯特拉托斯记录的具体细节与地中海地区东部化石露出的方式是相符合的。康奈尔大学的杰弗里·拉斯顿对其文献进行了翻译，并曾把尚未出版的译本和注释借我参考（修改）。

15　Philostratus *On Heroes* 8.1–8. 菲洛斯特拉托斯给出的部分数据与其他文献相符（例如俄瑞斯忒斯遗骨），但却夸大了某些由先代作家证实的尺寸，例如：根据帕萨尼亚斯（8.29.3）的记载，发现于奥龙特斯河的骨架仅有16英尺（约4.9米）长，而菲洛斯特拉托斯所记录的长度为45英尺（约13.7米）。

16　神谕宣称，阿波罗在守护特洛伊的时候杀死了西革昂巨人；有些传统说法称，阿波罗指引帕里斯向阿喀琉斯的踵部射出了致命一箭。阿喀琉斯被葬在西革昂：Apollodorus 5.5–6 with Frazer's n.1; Quintus Smyrnaeus *Fall of Troy* 3. 724–26; Strabo 13.1.33–31。在菲洛斯特拉托斯的《泰耶阿的阿波罗尼奥斯传》4.16 中，阿喀琉斯的身高为 12 腕尺。公元前 334 年，亚历山大大帝曾造访阿喀琉斯冢；罗马皇帝卡拉卡拉（Caracalla）在公元 200 年曾经造访此地；甚至在公元 1453 年，苏丹穆罕默德二世（"征服者"穆罕默德）也来祭拜参观。特洛伊的地质情况：Higgins and Higgins 1996, 115, 126–27。西革昂还是荷马神话中的特洛伊怪物的现身之处，详见本书第 4 章。

17　Philostratus *On Heroes* 8.8. 地质学：Higgins and Higgins 1996, 93–95。有一座庞大的古城被淹没在阿洛尼索斯北部的岩石小岛间。巨人-神祇之战，详见本书第 5 章。

18　Philostratus *On Heroes* 8.8. 菲洛斯特拉斯生于利姆诺斯岛：Flinterman 1995, 15。在地中海地区，虽然保存完好的长鼻目动物头骨较少，但人们也曾在此发现过这类遗迹：例如 Osborn 1936–42, 2: 1240–41，其中展示了 1926 年一位意大利农民发现的完整的大象头骨的照片。很多古代文献都有测量动物遗迹的相关记录。例如，埃里亚努斯《论动物》16.14 和 17.3 测算了巨龟背甲的容量为 "10 *medimnoi*" 和 "6 Attic *medimnoi*"（分别约为 120 加仑[①]和 72 加仑，即约 454.8 升和 272.9 升）。老普林尼《自然史》9.93 中写到一枚海怪头骨（约公元前 151 年发现于西班牙）的容量约等于 15 个罗马双耳壶，即约 90 加仑（约 341.1 升）。伪亚里士多德作品《论奇闻异事》842b（129）中提到了可容纳 3 品脱（约 1.41 升）[②]和 2 加仑（约 7.6 升）的兽角。斯特拉波（16.2.13, 15.2.13）记录了巨型海胆的容量约为 1 品脱（约 0.47 升）。还有一起类似的事件发生在殖民地时期的美洲，1705 年，一群荷兰裔农民在纽约的克拉韦拉克（Claverack）发现了一具巨型史前动物骨架——其中的一只"尖牙"可容纳"半品脱（约 0.24 升）酒"！Levin 1988, 767. 关于对克里特双耳壶的研究，参见 Marangou-Lerat 1995, 25, 68, 77, 82, 158。William Sanders, personal communication, March 10, 1998. Adrian Lister, personal communication, March 18, 1998. 重约 260 磅（约 117.9 千克）的猛犸象头骨需要 4 个成年男子才能抬动：感谢利比·考德威尔（Libby Caldwell）对蒙大拿州利文斯顿自然历史展览馆的猛犸象和乳齿象的骨架组合的描述。利姆诺斯地质学情况：Higgins and Higgins

①　1 加仑约等于 3.79 升。

②　1 品脱约等于 0.47 升。

1996, 115, 123–25。

19 Philostratus *On Heroes* 8.8. 伊姆罗兹岛上的新近纪沉积岩：Higgins and Higgins 1996, 115。Sevket Sen, personal communication, October 22, 1997. 忒涅多斯岛（古称Calydna，今土耳其的博兹加岛）有着类似的沉积岩，根据某个古代传说，该岛的石缝中出现了怪物。详见本书第4章对特洛伊怪物的讨论。

20 Philostratus *On Heroes* 8.14, 9.1, 13.3, 54–57. 这位农民还提到，岛上还有按比例推算身高有15英尺（约4.6米）的人的脚印，还有英雄普洛忒西拉俄斯的坟冢。斯特拉波（13.1.32）也提到了位于埃莱欧斯的普洛忒西拉俄斯墓。加利波利半岛拥有新近纪沉积岩：Ager 1980, 438。Higgins and Higgins 1996, 107, 112（帕勒涅地区的沉积岩）；125–29（加利波利和特洛伊）。色萨利、马其顿和卡桑德拉半岛的史前哺乳动物遗迹包括恐象、乳齿象、洞熊和披毛犀：Melentis 1974; Tsoukala and Melentis 1994; Tsoukala, personal communication, January 4, 1999。据菲洛斯特拉托斯的描述，卢克岛的成因是河流淤塞。卢克岛（罗马尼亚语中的"Insula Sharpelor"）：Roman Croitor, Department of Paleontology, Kishinau, Moldova, personal communication, January 20, 1999。

21 Lloyd, personal communication, January 21, 1997. "Holy Dacian" 1979; see also Buffetaut 1987, 16.

22 我们也应当注意到，人们对一副骨架中的破碎骨骼的长度之感知是有所夸大的。即便对专业人士而言，要把成堆的骨骼重组成已灭绝动物的解剖结构也是非常困难的，参见 Dodson 1996, 33–55。关于古代人在献祭和狩猎之后按照"正确的次序"组合动物骨骼的证据，参见 Burkert 1983, 6, 15, 99（珀罗普斯）。生存在异域的动物的尺寸常常被夸大，例如：老普林尼在《自然史》8.35中记录，埃塞俄比亚大象的尺寸为20腕尺（28英尺，约8.5米）。

23 Plutarch *Sertorius* 9. Strabo 17.3.8. 安泰俄斯：Pindar *Isthmian* 4; Apollodorus 2.5.11; Diodorus of Sicily 4.17.4，关于尼罗河沿岸以安泰俄斯命名的古代城市，参见 Diodorus of Sicily 1.21.4; Pliny *Natural History* 5.1–4。Konrad 1994, 113–14. 居维叶（1806年，第5页）提出骨架可能属于鲸类。摩洛哥的哺乳动物化石遗迹：Lister and Bahn 1994, 23–24, 142; Maglio and Cooke 1978, 345, 353–54, 358, 516, 522; Shoshani and Tassy 1996, 83, 196, 233, 338n; Osborn 1936–42, 1:232。在利克苏斯东南的阿特拉斯山脉的确有巨型恐龙化石遗迹，但是并不像是在古代就被人运送至海边的。Taquet 1998, 95–121.

24　Solinus 1.90–91. 据说，索里努斯仿照了老普林尼的《自然史》7.73（见 Hansen 1996, 142），但老普林尼描述的是一副不同的骨架，约69英尺（约21米）长，因地震而非洪水导致的山体崩裂而露出地表。这副骨架被人们视作巨人俄里翁或奥托的遗骨（详见本书第5章）。Philodemos of Gadara *On Signs* 4 De Lacy, cited in Hansen 1996, 142.

25　如果我们运用居维叶提到的公式（即将古代文献中夸张的数据除以8或10），那么克里特巨人的尺寸就会变为5—8英尺（1.5—2.4米）。早期旅行家，如理查德·波卡克（Richard Pococke），曾于1745年在洞穴中见到过"尺寸非同寻常的化石化骨骼"，V. 西莫内利（V. Simonelli）曾于1883年在罗希姆诺（Rethymno）附近的洞穴中发现了巨型大象和已灭绝的鹿的遗骸。在克里特岛，人类的手工艺品（有些年代十分久远）通常和已灭绝的大象、河马、鹿和巨牛的遗骸一同出土。Bate 1913, 241, 240–49. 贝特在1905年报告称发现了古菱齿象；在20世纪60年代和70年代，还有大型和中型象科动物遗骸被发现，但还是有人对克里特岛是否曾存在过大型象科动物抱有疑问。Shoshani and Tassy 1996, 237–39. 托马斯·斯特拉瑟（Thomas Strasser）是一位在克里特岛工作的动物考古学家，他认为大型象科动物遗骸的出现"令人很惊讶，因为克里特岛的大型陆生动物都是矮化的"。老普林尼、菲洛得摩斯和索里努斯所记录的遗迹"可能指的是最早到达克里特岛的那批动物，即在矮化之前出现在克里特岛的动物，这就十分有趣了"。Personal communications, November 14–17, 1997. 矮象由猛犸象进化而来；Lister and Bahn 1994, 34–35。克里特岛的更新世遗迹包括古象：Reese 1996.

26　Solinus 9.6–7. 帕萨尼亚斯（1.25.2）曾在雅典卫城看到过代表着"曾经居住在色雷斯和帕勒涅的巨人的传奇之战"的雕塑群；参见8.29.1 and Apollodorus 1.6。关于其他古代参考文献，参见本书第5章巨人–神祇之战的相关内容。帕勒涅的化石：Tsoukala and Melentis 1994。乳齿象的具体种类尚未确定；1998年秋，化石材料仍在清理过程中：Evangelia Tsoukala, personal communication, January 4, 1999。

27　Philostratus *Life of Apollonius* 3.6–9 (route from Taxila, 2.42–3.9). Eusebius *Treatise against Apollonius of Tyana* 17. 菲洛斯特拉托斯可能给阿波罗尼奥斯的记录增补了当时关于印度的某些内容。Drew 1987, chap. 3; Flinterman 1995, 83–86（他把 drakontes 译成"蛇"，但是这个词也指异常的怪物）。传说供奉着一千枚佛首的浮屠塔（每一个佛首都代表佛的一个化身）：Cunningham 1963, 91–94；白沙瓦也被称作"Parasha"或"Parashawar"，见第40页，第66页；塔克西拉

（Takshasila, Takshasira）意为"砍石头"或"断头"，第91—92页。感谢蒙大拿州立大学的米歇尔·马斯克尔让我参考古代塔克西拉的发现者坎宁安的文献；感谢普林斯顿大学的乔舒亚·卡茨（Joshua Katz）提供的语言学建议。

28 默奇森（Murchison）于1868年重印了福尔克纳的完整注释，连同对西瓦利克地区的地形和上新世—更新世化石的详细解读。关于西瓦利克岩层中的透明石膏、云母、石英、结晶碳酸盐、黄铁矿（愚者的黄金）和煤精，参见第15页，第17—18页，第33—34页，第36页，第191页；关于富含"黄铁矿"的黑色化石，参见第34页；关于"雷霆之骨"，参见第4页。福尔克纳把西瓦利克地区的化石所属的物种与印度神话中的神奇生物联系在一起：第43页，第367—369页，第376—377页。肯尼思·卡朋特（personal communication, January 7, 1999）和哈佛大学的约翰·C. 巴里（personal communications, November 12, 1998; January 27, 1999）表示，黄铁矿可能生成于西瓦利克潮湿的沼泽地，而那些"宝石"则最有可能是方解石和透明石膏。巴里还发现"骨髓腔里有大型方解石结晶体"，安娜·K. 贝伦斯梅耶尔（Anna K. Behrensmeyer, personal communication, January 11, 1999）曾提到塔克西拉地区的化石"伴有亮方解石晶体，闪烁着彩虹般的光芒"。她表示人们展示的"龙头"最有可能的是"石炭兽、犀牛、猪、巨型鳄鱼以及西瓦兽的头骨"。关于龙与大象搏斗的记录，参见Pliny *Natural History* 8.32；见36.161（透明石膏代替化石化动物的骨髓，详见本书第2章和第5章）。西瓦利克地区的化石：Ghosh 1989, 164, 205–13,307–14. Buffetaut 1987, 169–70, and personal communication, September 12–15, 1998. Savage and Long 1986, 210–11, 226–29; Maglio and Cooke 1978, 509, 524, also s.v. "Siwalik Series"; Osborn 1921, 323–32; Osborn 1936–42, s.v.; and Shoshani and Tassy 1996, 113, 117, 120, 125, 188, 340。埃里亚努斯曾描述过印度巨龟（《论动物》16.14），据说其龟甲"大如小船"，容量达120加仑（约454.8升）——这是不是关于西瓦利克地区的巨龟的记录呢？近期发现于尼泊尔西瓦利克山脉的现存巨象显然是已灭绝的古亚洲象的"返祖"物种，详见本书第6章。

29 Herodotus 2.75. How and Wells 1967, 1:203–4, 246, 将布托城定位至大苦湖附近（苏伊士地区）。西奈半岛拥有白垩纪地质构造：Norman 1985, 62–67；埃及的侏罗纪和白垩纪化石床，参见第199页。David Weishampel, Johns Hopkins University, personal communication, March 22, 1998. 博登海默（1960年，第17页）探讨了埃及的白垩纪爬行动物

和平胸鸟类遗迹。人们通常认为是蝗虫（但是希罗多德对蝗虫非常熟悉）和飞蜥（在埃及尚未发现）。希罗多德没有告诉我们他所见到的这些骨骼是否符合会飞的爬行类动物的形象。奥克利（1975年，第42—44页）探讨了艾斯尤特附近的赛特神庙中保存的成吨的化石；详见本书第4章。

30　Aelian *On Animals* 16.39. 希俄斯岛和帕罗斯岛的地质情况与古代矿洞：Higgins and Higgins 1996, 136–38, 180–82。希俄斯岛北部大多是古生代页岩、砂岩以及三叠纪—侏罗纪石灰岩；南部则拥有化石床。希俄斯岛的化石：Tobien 1980，同时参见本书第5章。西塞罗（公元43年逝世）记录了希俄斯岛采石场的怪物，但在《论占卜》第13章中怀疑其是否形似潘神。帕罗斯岛：Pliny *Natural History* 36.14。Bromehead 1945, 105–6，认为克塞诺芬尼在帕罗斯岛见到的鱼类化石类似"多毛的西勒诺斯"。关于萨蒂尔目击事件，详见本书第6章。

31　Pliny *Natural History* 9.8–15（约帕怪兽和奥斯蒂亚鲸鱼奇观）；也许海怪就在罗马最大的建筑司考路斯剧院（最多能同时容纳8万人）进行展示，参见36.114–17。Friedländer 1979, 1:373, 4:6–8（鲸鱼模型）. 安德洛美达：Apollodorus 2.4; Ovid *Metamorphoses* 4.660–736; Strabo 16.2.28, 16.3.7（波斯湾搁浅的约30米长的鲸鱼），4.4（剧院中的动物学骗局）; Pausanias 4.35.6 with Levi's n. 190。古人对约帕怪兽的图像描绘，参见图4.4。关于"血海"和土地的民俗故事：Halliday 1928, 208。约帕的铁链：Josephus *Bellum Judaicum* 2.9.2, 3.9.3；船只运输：Casson 1974, chap. 9。搁浅在地中海东部的鲸鱼：Posidonius quoted by Strabo 16.2.17; Arrian *Indica* 30.8–10（约23米长的搁浅鲸鱼）; Reese, personal communications and unpublished bibliography on whales in the Mediterranean, September 1989, December 27, 1997。科赫：Ley 1948, 105–6; Carrington 1971, 62。人们在古奥斯蒂亚发现了巨大的大象骨骼：de Angelis d'Ossat 1942, 6–7。更多罗马骗局的相关内容，详见本书第6章。

32　Fossil remains of the Levant: Bodenheimer 1960, 13–21, 52; Shoshani and Tassy 1996, 225–33, 340; Reese 1985a, 393–96. Josephus *Jewish Antiquities* 5.2.3.

33　古代展示的遗迹：Friedländer 1979, 1:367–94；"我们面临危险"，1:378。Rouse 1902, 318–21; Pfister 1909–12. "人们认为古人看到遗迹就应该感到十分震惊，不会对此有任何特殊的理解"，Casson 1974, 251。关于欧洲藏珍阁，参见Weschler 1995, 75–90 , esp. 82–83; Purcell 1997, 21–40。

Humphreys 1997, 216–17, 220. Diodorus of Sicily 4.8.2–5. Kuhn 1970. Fisher 1998；关于神话会增加奇迹的历史性和意义，参见第38—39页。

34 根据老普林尼在《自然史》8.31中的观察，"在神庙里确实可以看到超乎寻常的巨大象牙"。马耳他：Cicero *Against Verres* 4.46。关于卡吕冬野猪牙，详见本书第5章。Pausanias 8.46.1–5, 8.47.2, 2.7.9（杀死卡吕冬野猪的那柄长矛被保存在科林斯神庙）。Procopius *De Bello Gothico* 5.15.8. 1作为手的大拇指和小指之间的距离，约23厘米。感谢肯尼思·拉帕廷对于卡吕冬战利品的评论，personal communications, August 17–18, 1998。

35 Suetonius *Augustus* 72.3. 自1889年起，古代英雄的武器和巨人骨骼一起被发现的现象令众多评论家迷惑不已；有些人认为苏维托尼乌斯想要说的是英雄的"骨骼"而不是武器。参见 Leighton 1989, 184–85。但拉丁语内容明确表明苏维托尼乌斯所说的是武器：普林斯顿大学的罗伯特·卡斯特帮助我明确了这句话的翻译。随着卡普里岛特殊化石床的发现，这个疑问也消散了，本书将在第4章探讨这个问题。安杰利斯·德奥萨特（De Angelis d'Ossat，1942年，第7页）谈道，古生物学家在罗马港口奥斯蒂亚发现的那些大象骨骼是因奥古斯都对巨骨的兴趣而从非洲或黎凡特地区运送至此的。

36 Virgil *Georgics* 1.494–97. 关于1926年意大利农民在土地里发现了巨型头骨和象牙的记录，参见 Osborn 1936–42, 2: 1240–51。德奥萨特（1942年，第3—6页）记录了从古罗马废墟中发掘出的大象化石遗迹。关于意大利的化石，参见 Osborn 1936–42, e.g., 1:263, 618–19, 2:941, 1137, 1240–51。卡普里岛的化石：Maiuri 1987, 9–10。一对巨人：Pliny *Natural History* 7.74–76。Manilius Cited in Friedländer 1979, 4:9. 伍德（1868年，第22—23页）最先提出这一对在古罗马展出的巨人是人工拼凑的伪品。Aelian *On Animals* 17.9. Diodorus of Sicily 4.8.4–5.本书第6章将具体探讨动物学上的造假问题。

37 关于提比略对古希腊神话的兴趣，参见Suetonius *Tiberius*, 70. "东方的恶魔"：Diodorus of Sicily 5.55.5–6, Pliny *Natural History* 9.9–10。泽西岛又名凯撒利亚（Caesarea），表明这座岛与帝王有着特殊的关系。泽西岛拉科特德圣布雷拉德（La Cotte de St. Brelade）的猛犸象：Lister and Bahn 1994, 129, 158。法国的中生代和第三纪遗存：Buffetaut, personal communications, March 8–11, 1997; August–September 1998; Norman 1985, 198–99; Oakley 1975, 42。本书将在第6章探讨特里同和海仙女的目击事件。

38 文中翻译选自汉森对特拉勒斯的弗勒干《奇闻集》第13—14页的翻译。本都地震时，西西里也遭遇了地震。Hansen 1996, 43-44, 141-43. Pliny *Natural History* 2.200；关于老普林尼前往一位艺术家的工作室观赏应尼禄皇帝的命令而造的巨型雕塑的陶土模型和木制盔甲，参见34.46。弗勒干记录的工匠受命依据化石遗迹重塑半身像的故事，和1996年人们在华盛顿的哥伦比亚河发现肯纳威克人（Kennewick Man，一副保存了9300年的完整骨架）这一事件颇为相似。尤马蒂拉县（Umatilla）的印第安人要求为其"祖先"重新举行葬礼，而学术界和联邦政府坚持认为这些骨骼应当被用于科学研究。最早分析骨架的人类学家创造了一个饱受争议的带有高加索人特征的男性头部陶制模型。Timothy Egan, "Old Skull Gets White Looks, Stirring Dispute," *New York Times*. April 2, 1998, A12.

39 塞奥彭普斯说，塔曼半岛上的巨骨因地震而露出地表后，"当地蛮族把骨骼扔进了亚速海"。Phlegon *Book of Marvels* 19. 人们在1910年才开始对这片区域进行科学探索，并认为位于塔曼半岛亚速海沿岸的该区域拥有丰富的蓝色峡谷化石。Alexey Tesakov, Moscow, personal communication, January 12, 1999 (see chapter 5). 黑海和土耳其北部地区的中新世—更新世的大型象科动物化石遗迹包括草原猛犸象、南方猛犸象、豕脊齿象属（Choerolophodon）、恐象、原齿象（Archidiskodon）、铲门齿象属（Ambelodon）和板齿犀等。其中，板齿犀是一种头骨约30英寸（约76.2厘米）长的巨型犀牛，其头部的角的长度超过6英尺（约1.8米）。Shoshani and Tassy 1996, 209–13, 340; Ann Forsten, Finnish Museum of Natural History, Helsinki, personal communication, January 8, 1999; Tesakov, personal communication, January 12, 1999. 猛犸象臼齿尺寸：Osborn 1936–42, 2:1061; Lister and Bahn 1994, 78–79。得克萨斯大学埃尔帕索分校的环境生物实验室主任阿瑟·H. 哈里斯发给我乳齿象、猛犸象和人类臼齿的扫描图。Suetonius *Tiberius* 8, 48. Hansen 1996, 9, 43–44, 45. 巨型雕塑在古罗马十分流行：Pliny *Natural History* 34.38–47。弗勒干所记载的有关提比略的故事可能源自阿波罗尼奥斯·安忒罗斯（Apollonius Anteros），一位生活于克劳狄乌斯执政时期的作家。Robert Kaster, personal communication, April 2, 1998.

40 Phlegon 11; Hansen 1996, 43, 139–41. 据说革律翁有三个头。民间传说中常常认为强者有多个头颅、多副手脚和多张嘴巴，就如文中提到的伊达斯：详见本书第5章。地质学：Higgins and Higgins 1996, 52, 63–

64。帕萨尼亚斯怀疑斯巴达是否拥有伊达斯的骨骼，并指出斯巴达人曾经在征服麦西尼亚时试图抹杀麦西尼亚人对其自身古史的认知。他认为伊达斯更有可能埋在麦西尼亚的某个地方。Pausanias 3.13.1-2；参见4.32.3（阿里斯多美奈斯）。公元前8—前7世纪，在麦西尼亚与斯巴达战争期间，麦西尼亚人很可能崇拜过当地英雄。后来，在麦西尼亚从斯巴达统治下重获自由后，崇拜英雄坟冢之风又席卷麦西尼亚。本书第4章将具体记叙有关麦西尼亚卫城的一个大罐中的英雄墓葬和一块大型股骨化石的内容。

41 Phlegon 15; Hansen 1996, 143–45. 瓦迪纳特闰的化石：personal communications, Sevket Sen, November 4, 1997; Eric Buffetaut, April 1998; William Sanders, April 7 and 13, 1998; and Elwyn Simons, Duke University, February 17, 1999。西蒙斯描述了他于20世纪60年代在瓦迪纳特闰看到的被称作"Garmaluk"（意为王丘）的化石露出地。这片区域大约有城市的一个街区那么大，但化石已经被移至开罗地质博物馆。Bodenheimer 1960, 17–18; Maglio and Cooke 1978, 35–36, 345–48 , 517, 525; Savage and Long 1986, 27, 226–29. Shoshani and Tassy 1996, 62（埃及法尤姆的清扫技术），70, 89, 233。

42 Diodorus of Sicily 1.26, 3.71–72（扎伯那的巨人和坟冢），1.21–24（赛特在一处以安泰俄斯命名的地方把奥西里斯肢解了）。沙漠是"提丰式"怪物的领地：Fischer 1987, esp. 16–17。化石崇拜：Ray 1998, 17。赛特神庙：Oakley 1975, 42–44; see chapter 5。Wendt 1959, 416–18. Hansen 1996, 146–47. Strabo 17.1.23, Plutarch *Isis and Osiris* 14–18. Kees 1961, 131, 224, 328.法尤姆洼地位于尼特里亚以南60英里（约96.6千米）处，拥有丰富的渐新世哺乳动物遗迹，其中某些动物外观奇异，比如长相丑陋、形似长角犀牛的埃及重脚兽。Eldredge 1991, 164–69. 根据《埃及学百科全书》（*Lexikon Agyptologie*，1986年），"人们认为瓦迪纳特闰是奥西里斯的秘密坟冢"，词条"瓦迪纳特闰"。斯坦福大学的约瑟夫·曼宁（Joseph Manning）在奥西里斯的"地理分布"上为我提供了帮助。

43 Phlegon 17; Hansen 1996, 145–47. Higgins and Higgins 1996, 27. 希腊化时期有众多巨型纪念碑。大至100腕尺的夸张圆形和传统葬礼风格的铭文似乎是受到了巨型遗迹的影响。

44 Phlegon 18; Hansen 1996, 147. Warmington 1964, 63, 140, 233, 235. Shoshani and Tassy 1996, 117, 121, 196, 233（乌提卡地区和突尼斯海岸其他地区的新近纪哺乳动物）。苏菲图拉（突尼斯的斯贝特拉）和特维斯特（阿尔及利亚的泰贝萨）。John Harris, personal communication,

May 12, 1998; Harris 1978, 315–16.

45 Augustine *City of God* 15.9, citing Virgil *Aeneid* 12.899–900; Pliny *Natural History* 7.73–75; and Homer *Iliad* 5.302–4. 由于淤塞，古乌提卡目前已经向内陆深入了7英里（约11.3千米）。古乌提卡附近的伊其克乌尔湖（Lake Ichkeul）地区拥有丰富的上新世大型哺乳动物化石遗迹：Shoshani and Tassy 1996, 233. 这颗牙可能属于乳齿象，但是斯温尼（Swiny）在其著作（1995年）的第1—2页及彩插a中表示，奥古斯丁发现的是河马的臼齿，这种牙齿体积巨大，形似人类臼齿。奥古斯丁想要证明大洪水确有其事，是大洪水毁灭了没有登上挪亚方舟的那些巨人，由此造成了关于物种不变的圣经教条在逻辑上的跳跃。约1500年后，巴纳姆·布朗在科斯岛神庙遗迹中发现象牙化石的时候，似乎也感受到了触摸时间所带来的兴奋（详见本书第5章）。

46 *Oxford Classical Dictionary* (1996), s.v. "Augustine"and "Claudian."Claudian *Rape of Persephone* 3.331–56, ca. A.D. 402–8. 奥古斯丁的《上帝之城》创作于公元413—426年。

4　化石发现的艺术与考古学证据

1 特洛伊怪物：Homer *Iliad* 20.146; Apollodorus 2.5.9; Diodorus of Sicily 4.42. Gantz 1993, 1:400–402。古代艺术中的典型海怪形象：Boardman 1987, 77（关于特洛伊怪物，他在注解中写道，"根据文献来看，这头怪物应当是两栖动物"，而且能够"在陆地上"进行攻击）; quote 79; 见plates 21–28（请注意在样品中，标号为10和11的样品顺序应当对调）。Schefold 1992, 150, 314. 古代艺术中的特洛伊怪物：Oakley 1997, quote 624; see also 628。截至公元前6世纪，科林斯陶瓶已经出口至整个希腊世界。Amyx, 1988. 波士顿博物馆于1963年获得此双耳喷口杯（有时也被称为赫西俄涅陶瓶），该瓶高13英寸（约33厘米）。根据时任馆长的介绍，此陶瓶"很久之前出土于卡西里（Caere，罗马北部的伊特鲁里亚人定居点）"，上面画的是一头海底洞穴中的海怪。Vermeule 1963, 162. See Mayor 2000.

2 关于出现在忒涅多斯岛（土耳其的博兹加岛）的一对巨龙的传说，参见 *Oxford Classical Dictionary*, 3d ed., s.v. "Laocoön," and Quintus Smyrnaeus *The Fall of Troy* 12.444–97。忒涅多斯岛和其北部几英里处的伊姆罗兹岛一样拥有新近纪沉积岩：Higgins and Higgins 1996, 115。Personal communications May–September 1998 with paleontologists

Eric Buffetaut (Centre National de la Recherche Scientifique, Paris); Christine Janis (Brown University); George Koufos (Aristotle University, Thessaloniki); Dale Russell (Museum of Natural Sciences, Raleigh, North Carolina); Sevket Sen (Laboratoire de Paléontologie du Muséum, Paris); Matt Smith (Natural History Exhibit Hall, Livingston, Montana); and Nikos Solounias (New York College of Osteopathic Medicine). 艺术家很可能曾经在科林斯、雅典、爱琴海上的阿卡迪亚岛或特罗德地区见到过新近纪头骨化石。科林斯地区的新近纪沉积岩：Higgins and Higgins 1996, 40–44。阿提卡、派克米和土耳其等地有中新世鸵鸟遗迹，人们曾在公元前7—前6世纪的古科林斯遗迹中发现了鸵鸟蛋壳：Reese, personal communication, October 24, 1998。鸵鸟化石遗迹：Bodenheimer 1960, 17; Melentis 1974, 22。古代遗址中的鸵鸟蛋壳：Poplin 1995, 130–34。关于萨摩麟、爪兽、古麟、马、长颈鹿、骆驼和其他动物头骨模型图，参见 Savage and Long 1986。除了用于游戏和装饰的小型动物指关节和带角牛头骨外，希腊艺术中很少出现动物骨架，例如：Boardman 1989a, fig. 350。John Boardman, Ashmolean Museum, Oxford, personal communication, June 30, 1998. 关于科林斯陶瓶上绘制的合成怪物，参见 Amyx 1988, 2:660–62。

3　绘有约帕怪物的科林斯黑像双耳瓶制作于公元前575—前550年，柏林，#1652；参见 Boardman 1987, 79 and plate 24, fig. 10 (mislabeled as 11); and Amyx 1988, 2:392–93, plate 123, fig. 2a。黑像双耳大饮杯描绘了赫拉克勒斯把巨人拖拽出洞穴的场景，约公元前500年，丹麦国家博物馆，#834；参见 Buxton 1994, 104–5, fig. 10b。

4　Andrews 1926, chap.15. William Sanders, personal communication, November 13–14 , 1998. Reese in Rothenberg 1988, 267. 大卫·里斯是考古学家和古生物学家，专长于研究无脊椎动物及象牙，他一直致力于搜集和研究考古发掘中所发现的化石，例如，Reese 1985b。里斯的众多出版物和关于地中海地区考古活动中发现的化石的已出版和未出版的作品，对本书有重要意义。Oakley 1965, 9–11 (quote 9). Oakley 1975, 15–19, 37. Kennedy 1976. Rudkin and Barnett 1979. 卷嘴蛎和骆驼骨骼：Jeannine Davis-Kimball, personal communications, March 9, 1996; October 21, 1997。

5　Antonaccio 1995, 75–98, 128, 246–47. 19世纪和20世纪早期的古动物学家和人类学家对发现于欧洲北部人类定居点的骨骼的描述，对比 Rackham 1994, chap. 2。动物考古学史：Davis 1987, esp. 20–21。坟冢和神庙中的大型的罕见的来自异域的鹿角化石：Reese 1992, 775–76；Rothenberg 1988, 267（克里特岛米诺斯神庙中的鹿角化石）；Rouse 1902（古代大型鹿角）。

6　Reese 1985b. Kos: Brown 1926. Buffetaut 1987, 4.

7　美国雅典古典研究学院的大卫·乔丹告诉我关于鲸鱼骨骼的信息，这些内容即将发表于约翰·帕帕多普洛斯（John Papadopoulos）和德博拉·鲁希洛（Deborah Ruscillo）正在筹备发表的《早期雅典的克托斯》（"A Ketos in Early Athens"）。

8　大卫·里斯是从美国大使馆的工作人员处听说这次发现的。科马基蒂角埋藏有大量侏儒河马和矮象的遗迹。Reese, unpublished memoirs of work in Cyprus, 1971–1973, Field Museum of Natural History, Chicago; personal communications, November 29, 1990; September 21, 1998.克里斯塔基斯·洛伊齐季斯（Christakis Loizides，现已去世）把那枚牙齿化石（现已丢失）给了埃米莉·弗穆尔，personal communications, October 31, 1978; October 9, 1985; October 25, 1991。瓦索斯·卡拉耶奥菲斯博士（Dr.Vassos Karageorghis，时任塞浦路斯文保部门主任）回忆说自己并未在1973年听说过发现古典时代沉船的相关情况。Personal communication, August 24, 1998. "北塞浦路斯土耳其共和国"政府对此也一无所知；personal communications, September–October 1998。

9　地中海地区东部的象牙货物：Krzyszkowska 1990, 20, 28–29 nn. 13, 22。从叙利亚出发，途经塞浦路斯，并最终到达希腊的象牙：Bass 1986; Reese and Krzyszkowska 1996, 325, 326。作为"能赚钱的压舱石"的象牙：Gill 1992, 235。卡斯：Cemal Pulak, Texas A&M University, personal communications, October 14 and 18, 1998。大卫·里斯计划对卡斯沉船上的众多贝壳化石进行辨认。感谢布兰登·麦克德莫特（Brendan McDermott）告诉我贝壳化石的相关信息。

10　Oakley 1975, 7, 18, and plates l.c and 3.c. Cycad fossil: Edwards 1967, 1, fig. 1. Pliny *Natural History* 36.29; Theophrastus *On Stones* 7.38.

11　复制品：Zammit-Maempel 1989, 2; Oakley 1975 and 1965, 17; Reese 1984, 189; Buffetaut 1987, 16。扎米特-门佩尔在其出版于1989年的作品中记录了马耳他丰富的第三纪化石、团队在几处考古遗址的发现，以及和化石有关的传说。参见 Leighton 1989。

12　瑰诗诺酒店位于特拉加拉峡谷（Tragara），在卡普里岛的西南部；我们现在还无法确定奥古斯都的博物馆的位置。1905年，挖掘地基的工人们发现的骨骼和武器位于第四纪黏土的火山层之下，因此这些特殊的遗迹未受到古代人的干扰，但是在古代，人们很有可能曾发现过类似的东西。目前，这些化石和武器被保存在卡普里镇的伊格纳西奥·塞里奥文化中心。根据那不勒斯的费德里科二世大学的古生物学家菲利波·巴拉托洛和塞里奥文化中心的说法，这次发现与奥古斯都博物馆的关联已出现在当地的意大利历史著作中，personal communication, October 14, 1998，例如马尤里于1956年出版的《卡普里指南》（1987年，第9—10页）。菲里德里克在其发表于1993年的文章《地中海文明》，也把化石和武器与奥古斯都的博物馆相联系。1989年，考古学家罗伯特·莱顿在古物研究领域发表的论文中提出，奥古斯都的博物馆中保存的是"英雄遗骨"，而非武器。莱顿引用了1906年意大利的一项卡普里岛化石研究，但他当时并不知道其中还涉及武器。感谢肯尼思·拉帕廷向我提供了此次重要发现的相关信息，感谢罗伯特·卡斯特与我探讨这一发现的意义。奥古斯都时代的诗人维吉尔曾经提到意大利农民在土地里发现了巨型骨骼和"生锈的矛"的事迹，参见 *Georgics* 1.494–97。

13 Rothenberg 1988, 266–68. Oakley 1975, 8, 18, and plate 3.b. 古埃及人使用化石化木材在沙子上修筑道路，但是我们不知道他们是否考虑过木材化石是怎么来的。Edwards 1967, 1. Plutarch *Isis and Osiris*. Fischer 1987, 25–26. Ray 1998, 16–17, citing Scamuzzi 1947. 提姆纳海胆目前保存在意大利都灵博物馆。其他海胆化石，有些为了便于悬挂而被钻了孔，出土于约旦的新石器和铁器时代遗址：Reese 1985b. 老普林尼将这种常见于巴勒斯坦的袋状海胆称为 *tecolithos*；根据老普林尼和其他古代作家的记载，人们认为这些海胆是能够治疗胆结石和肾结石的药物，此药方一直沿用至中世纪：Kennedy 1976, 51。

14 Brunton 1927, 1–3, 12; 1930, 15, 18, 20. Petrie 1925, 130. Sandford 1929, 541. Oakley 1975, 42–44. 位于旺兹沃思的盒子"特别重"，要打开这些盒子着实是一项"大工程"：Andrew Currant, personal communication, November 6, 1998. Angela P. Thomas to Reese, January 6, 1999。感谢大卫·里斯与我分享他和博尔顿博物馆的通信。Angela P. Thomas, personal communication, March 2, 1999. 大卫·里斯希望能够研究重见天日的大加乌化石。关于埃及各地神庙中的奥西里斯遗迹的文学依据，详见本书第3章。

15 Schliemann 1880, 323. 感谢大卫·里斯让我注意到施里曼的发现。Andrew Currant, personal communication, November 6, 1998.

16 Boessneck and von den Driesch 1981 and 1983; Marinatos and Hägg 1993,

138（尼罗河鳄）。萨摩斯岛的暴君波利克拉特斯（Polycrates，公元前6世纪）扩建了神庙；他与埃及法老阿玛西斯（Amasis）关系密切，这很可能就是鳄鱼、羚羊和其他北非物种的遗迹出现在赫拉神庙的原因。北非和古希腊的很多地方（克里特岛、科林斯、阿戈里德、德尔斐、罗得岛和希俄斯岛等）都出土过鸵鸟蛋壳，包括一些已经化石化的蛋壳：Poplin 1995; Reese 1985a, 403。

17　Kyrieleis 1988, 215. 古代人已经了解钟乳石的形成过程与原因：Pausanias 10.32, 4.36 and Frazer's notes, cited in Bromehead 1945, 95–96。海百合和头盔石：Bromehead 1945, 106; Ps.-Aristotle *On Marvelous Things Heard* 846b (162)。斯巴达卫城的青铜神庙发掘于1907年。关于渔民打捞上岸的骨骼，参见 *Greek Anthology* (ed. Beckby, 1957) 6.222, 223。

18　Reese 1985a, 403 (quoting Riis); 391–409; hippos, 392. 河马臼齿看起来像巨人臼齿：Swiny 1995, 2。目前，对于出土于古代遗址的象牙所属的物种以及象科动物的分布和灭绝情况，人们仍然各执一词。Reese and Krzyszkowska 1996, 324–26。

19　Kyrieleis 1988, 220–21; and personal communications, May 28, 1998, and March 2, 1999. 雅典大学的扎菲拉托斯（Zafiratos）教授对化石进行了初步鉴定。1988年，这块化石被送到雅典，随后就被人忘了。10年过去了，在1999年2月，基里雷斯才重新发现了这块骨头。如本书第2章所提及的那样，萨摩斯出产的化石外观呈白垩色。Solounias, personal communication, September 23, 1998. 神庙里的河马长牙：Boessneck and von den Driesch 1983。

20　股骨化石发现于尼科利亚卫城；目前我们无法得知古人于何时收集到了这块骨头。关于罗伯特·E. 斯隆和玛丽·安·邓肯的动物区系分析，参见 Rapp and Aschenbrenner 1978, 17, 65–73, 287, plates 6–2, 6–3, 6–8; and Reese 1992。目前，我们无法排除这块股骨化石属于爪兽的可能性，但它更可能属于犀牛。与麦加罗波利斯化石层相似的化石也存在于卡拉玛塔附近，那里距离尼科利亚较近。关于尼科利亚的英雄坟冢，参见 Antonaccio 1995, 87–94; and personal communication, September 27, 1998：英雄墓葬包括"通过碑文和其他文字证据证明是属于英雄的坟冢"，在祖先（英雄）崇拜活动中重复使用的坟冢，以及众多"勇士坟冢"。象牙：Reese and Krzyszkowska 1996, 325。尼科利亚和其他古代遗址中的鲨鱼牙齿化石：Reese 1984, 190。史密森学会的动物考古学家林·斯奈德（Lynn Snyder）正在重新评估尼科利亚的脊椎化石（personal communication, September 30, 1998）。她发现巨型马类牙齿发掘点和现场标签并不一致。截至1999年，牙齿的出土点尚未明确。公元前3世纪，巨型马来到希腊，其很可能产自高卢、利比亚或斯基泰：Clutton-Brock 1987, 88。麦加罗利斯的更新世大型马类：Melentis 1974, 25。若没有里普·拉普的努力，股骨化石遗迹很可能无法重见天日，personal communications, August–September 1998。

21 阿斯克勒庇俄斯神庙位于含有古菱齿象化石和其他遗迹的两处上新世化石床的中间：Brown 1926 (with photo of the tooth); Symeonidis and Tataris 1982; Buffetaut 1987, 4。在古代，其他阿斯克勒庇俄斯神庙也展示过化石（也许用于解剖研究）。帕萨尼亚斯造访过伯罗奔尼撒地区的几处阿斯克勒庇俄斯神庙，并对那里的巨型遗迹进行了检查（详见本书第2章）。大卫·里斯试图在美国自然历史博物馆寻找布朗在科斯岛发掘的样本，但未能成功。

5　神话、自然哲学和化石

1 Plato *Phaedrus* 229c–230a（苏格拉底既没有时间，也没有意愿对怪物神话进行理性分析）；*Republic* 2.378a–379b（巨人-神祇之战的故事都是虚构的且危险的）；*Laws* 663e–664a（上千个民间传说，比如播种龙牙的故事，说明大众轻信他人）。吕底亚逸闻：Plato *Republic* 2.359d–e。但是柏拉图也曾借苏格拉底之口说过"哲学始于惊异"：*Theaetetus* 155c。See Fisher 1998, 10–11, 41, 61。

2 Vitaliano 1973, 3, 1–7. Greene 1992, xi–xvii, 85–88. 古代神话的象征观念：Huxley 1975。古代的合理化运动：Sarton 1964, 310, 587–88; Stern 1996, 7–16。例如，维吉尔和老普林尼将独眼巨人视作火山的一种拟人化表现：Ley 1948, 48。格林在1992年发现赫西俄德也曾有相似的观点。克劳狄安（公元4世纪）在其未完成的作品《巨人-神祇之战》（*Gigantomachia*）中认为，巨人-神祇之战是地貌变化的隐喻，下文将讨论此问题。Pausanias 8.8.3. Strabo 10.3.23. 关于神话的历史来源的可信度，参见 Aristotle *Poetics* 25。

3 Hesiod's *Theogony*; Apollodorus 1–2; quote 1.6。西西里的狄奥多罗斯在《历史丛书》第1章第26节中记载，巨人是一种巨大的生物，他们在"生命刚刚起源"的时候就出现了。Greene 1992, chaps. 3 and 4; Gantz 1993, 1:1–56, 445–54。畸形胎：Hansen 1996, 148–50。在一篇有趣的残篇中，亚里士多德（F172 Rose, Schol.to Homer *Odyssey* 9.106）质疑了独眼巨人波吕斐摩斯的血统的纯正性。现代对于物种的一种定义是，

"任意两个能够交配并产生可存活且有繁衍能力的后代的有机体都属于同一物种"。参见 Horner and Dobb 1997, 168。

4 格林于1992年提出，赫西俄德所描述的事件构成了一份史前时期火山爆发的年代记录。Claudian *Gigantomachia* 60–65；也可参见第93—103页关于战败的巨人变成石头的记载。克里特巨人：Diodorus of Sicily 5.71。罗得岛：Strabo 5.55.4–7。埋在科斯岛的巨人：Gantz 1993, 1:446, 453。斯喀戎：Pausanias 1.44.8; Ovid *Metamorphoses* 7. 432–38; Apollodorus Epitome 1.1; Gantz 1993, 1:252。科林斯的地质情况：Higgins and Higgins, 1996, 40–43。根据阿波罗多罗斯的作品1.6的记载，宙斯用雷霆杀死了巨人，赫拉克勒斯用箭射杀巨人，雅典娜把巨人恩克拉多斯压在西西里岛下，波塞冬把科斯岛的一部分扔在巨人波吕玻忒斯身上。宙斯把提丰从叙利亚追击到色雷斯。根据某一版本的神话，宙斯最终把提丰埋在西西里岛的埃特纳火山下。1952年，维安（Vian）对古代艺术和文学中的巨人-神祇之战进行了研究；见第223—235页视巨人为自然力量标志的自然主义解读。

5 法那果里亚：Strabo 11.2.10。塔曼半岛的巨型板齿犀和南方猛犸象的遗迹：Lister and Bahn 1994, 160; and Tesakov, personal communication, January 12, 1999。关于复原板齿犀，参见 Savage and Long 1986, 195–96。安·福斯滕（Ann Forsten）表示，这一区域也有更新世洞熊遗迹，personal communications, January 1999。乳齿象和恐象遗迹出现在乌克兰南部：Shoshani and Tassy 1996, 340。

6 巨人"并不完全是人类"，参见 Rose 1959, 73 n. 720。四足巨人：Snodgrass, 1998 , 83–86, 154–55。帕萨尼亚斯认为，巨人有蛇足的艺术表现手法十分"荒谬"：Levi 1979, 2:446 n. 216. Manilius *Astronomy* 1.424–31。克劳狄安在《巨人-神祇之战》第60—65页中认为巨人的境况与大范围地质物理变迁相关。

7 希腊语中用于描述拥有多副手脚或多个头颅的术语，意在表明人类与动物杂交产生的奇形怪状的附加器官，参见 Guthrie 1965, 203 and n. 4。多副手脚或多排牙齿等特征在民俗中代表着超能力：Solmsen 1949, 23; Hansen 1996, 140。但早在公元前4世纪，人们就没有把这一母题当真：Stern 1996, 50, 54–55。本书第3章中提到，麦西尼亚人把同时出土的众多骨骼视作英雄伊达斯的遗骨。提丰的人类腿骨：Apollodorus 1.6.3，提丰"超过了大地所有的后裔，其腿骨形同人类腿骨，且无比粗壮"。关于早期艺术中拥有人类双腿的提丰，参见 Gantz 1993, 1:50。拟人化：本书第2章。

8 革律翁和牛群：chapter 2 and Herodotus 4.9; Livy 1.6; Philostratus *On Heroes* 8.14; Lucian *The Ignorant Book Collector* 13; Stern 1996, 55, 58–59（奇美拉）。根据赫西俄德《神谱》第820—1022页，在提丰倒下的地方，地缝中喷出了火焰，土壤因受到灼烧而融化。Apollodorus 1.6.3; Strabo 13.4.6 and 16; Diodorus of Sicily 5.71; Homer *Iliad* 2.783; Ovid *Metamorphoses* 1.1–140; Rose 1959, 58–60 ; Bodenheimer 1960, 140. 关于提丰为一座火山的解读，参见Greene 1992, chap. 3。

9 古典学家甘茨对众神与巨人、怪物之间的战争发生在那些特定地点（比如麦加罗波利斯、帕勒涅和科斯岛等地）的说法提出了疑问，参见Gantz 1993, 1:419, 445, 449。以上几处地点出土的巨型骨骼化石和燃烧的土地能够完美地解释它们与古代陨落的那些巨人、怪物之间的关系。这种观点由古典考古学家巴瑟和约克于1892—1893年在其著作的第231和227页提出。1898年，J. G. 弗雷泽在对帕萨尼亚斯作品8.29.1的评论中再次提出这种观点。燃烧的土地：Forbes 1936, 19。在塔提苏斯的加的斯燃烧的巨人遗骸：Pausanias 10.4.4。现在，在希腊和土耳其，人们大量开采褐煤并供应给发电厂。挖掘活动经常伴随大型深色化石的发现：see chapter 2。Higgins and Higgins 1996, 72, 84, 108, 132, 151.奇里乞亚：Brinkmann 1976, 2。关于巨人-神祇之战的战场上化石和火山活动现象同时存在的记录，参见Frazer n. 2 at Apollodorus 1.6。帕勒涅，也被称为"佛勒格拉"（"燃烧的土地"）: Pliny *Natural History* 2.110–11, 2.237; Strabo 5.4.6, 6.3.5, 7.25, 27; Diodorus of Sicily 5.7.1。可燃的天然沥青和挥发油被当作战败的巨人和怪物洒下的鲜血：Ley 1948, 54; e.g., Pseudo-Aristotle *On Marvelous Things Heard* 838a; Strabo 5.4.6, 6.3.5。

10 斯科福斯：本书第2章。Pausanias 8.29.1. Appian *Syr.* 58. 帕勒涅（卡桑德拉半岛，哈尔基季基）几乎完全由新近纪沉积岩构成：Higgins and Higgins 1996, 112, map 107。化石遗迹所属的动物包括披毛犀（Melentis 1974, 25）和乳齿象（Tsoukala and Melentis 1994; cf. Shoshani and Tassy 1996, 340）。西瓦利克山脉：本书第3章。美洲原住民关于闪电的构想：Wendt 1968, 277–78; Kindle, 1935, 451。在达科他州和西瓦利克山区的地层中，可燃褐煤十分常见。请注意，萨摩斯岛和科斯岛的化石呈白色，这些化石与地震造成的生物毁灭有关，与闪电无关。

11 Herodotus 3.13, 9.83. See Burkert 1983. 公元前4世纪及以前，希腊人所知道的最大陆生动物是马。

12 人类体形缩小是宇宙能量衰退的表现：Hansen 1996, 137–39, 143–45, 147–48（关于传统上英雄的体形）。Homer *Iliad* 5.302–4; Herodotus

1.68, 2.91; Pliny *Natural History* 7. 73–75;Virgil *Aeneid* 12.899–900; Lucretius *On the Nature of Things* 5.26–30; Solinus 1.90–91. Pausanias 1.27.9, 6.5.1 (quote). Quintus Smyrnaeus *Fall of Troy* 3.24–26. 在远古时期，女性的身形也十分高大，例如：泰坦巨人皮拉（下文提及）、亚马孙女战士（本书第2章）、安泰俄斯的妻子廷加（本书第3章），以及埃里亚努斯《杂文轶事》（*Historical Miscellany*）13.1中提到的阿塔兰忒（Atalanta）。

13 Aristophanes *Frogs* 1014; Herodotus 1.60.4; How and Wells 1964–67,1:83, 2:170. Pliny *Natural History* 7.73. 感谢罗莎琳德·赫尔方（Rosalind Helfand）和卡图拉·雷诺兹（Katura Reynolds）利用法医人类学领域的知识帮助我想象古希腊人是如何通过比对猛犸象和人类的腿骨大小来估算巨人英雄的体形的。Personal communications, November 1998. 二人使用一个公式测定出了道格拉斯·于贝拉克在《人类骨骼遗迹》（*Human Skeletal Remains*, Washington, DC: Taraxacum, 1989）第61页记录的骨骼的主人生前的身高。

14 巨型生物因环境和其他因素而逐渐灭亡。体形较大的动物能够保存更多热量，而逐渐变暖的气候则对体形较小的动物更有利。参见Swinton 1966, 116–17。"物种体形越大，越容易灭绝"：Lister and Bahn 1994, 124–25；参考"巨型动物群"灭绝：Krishtalka 1989, 207–9, 165–67。岛屿动物群：Davis 1987, 118–19。原牛：Clutton-Brock 1987, chap.6。矮小物种：Shoshani and Tassy 1996, chap.22。美洲原住民部落在发现巨型猛犸象遗迹后也产生了相似的观念。1762年记录于今肯塔基州的一个肖尼族（Shawnee）传说，将一些骨架视作在远古时期被英勇的"伟大而强悍之人"猎杀的巨型动物的遗骸，而这些英雄的体形也与巨型动物相当。在这些超人类灭亡之后，神用闪电杀死了猛犸象。生活在今特拉华州的美洲原住民也有类似的观念。Simpson 1942, 140; Carrington 1958, 236–37.

15 巨人：Hansen 1996, 137–39; Herodotus 9.83（普拉提亚的巨型骨骼）。人们的怀疑围绕着巨人的体形，而非其存在，例如：Herodotus 1.68, Pausanias 1.35.3, 10.4.4, Philostratus *On Heroes* 7.9, Augustine *City of God* 15.9. 土地中的骨骼通常比预期的还要大：Leighton 1989, 185。神话中的巨人：Gantz 1993, 1:419–20, 445–53。独眼巨人墙位于西西里、意大利其他地区和希腊：Leighton 1989, 194–95。Thucydides *History of the Peloponnesian War* 6.2. Plato *Republic* 2.359; see note 1 above. 现存的巨型动物，例如：Pliny 7.73–75。形似神话生物的返祖人类和奇怪动物也

被记录：详见本书第6章。

16　Pausanias 1.38.7.2. Emil Dubois-Reymond quoted by Wendt 1968, 237.

17　Rudwick 1985, 186. 创生科学引用自：Goodstein, 1997。See also Krishtalka
　　1989, chap. 22. Horner and Dobb 1997, 24. Cf. Wendt 1968, 76. 有些学者在
　　《旧约》中找到证据，证明巨人和人类物种通过繁衍延续下来并不断进
　　化：DeLoach, 1995, 106–8。关于希伯来传统中早期以色列人消灭巨人的
　　传说，参见Josephus *Jewish Antiquities* 5.2.3。

18　现代进化论观点要求观察到当代有机体以及此前或此后的有机体的化
　　石遗迹之间的细微差异、相似性和变化。Horner and Dobb 1997, 49,
　　168–72, 197. 对于物种和“近裔共性”的定义：Krishtalka 1989, 191,
　　268–69, 279–81。神话中的怪物：Lloyd 1996, 113。神话中不断延续的
　　古代怪物家族：Solmsen 1949, 71, “怪物并不局限于最初的一代或两
　　代”。希腊艺术中的半人马家族：Gantz 1993, 1:143–47; Blanckenhagen
　　1987, 87–90。年轻的巨人俄托斯和厄菲阿尔忒斯身亡时只有九岁：
　　Pausanias 9.22 and 29, with Ievi's n.118。Shoshani and Tassy 1996, 238.

19　巨人–神祇之战是否有可能代表了古代民间传统中关于人类先祖在冰川
　　时期晚期将大型哺乳动物捕猎至灭绝的记忆？1964年，泰勒在其著作
　　的第172—175页提出了这种观点。现在，关于人类在猛犸象灭绝中所
　　起到的作用的新解释给泰勒的旧观点带来了新生。一些古生物学家提
　　出了“雷霆之战”假说（早期人类在短期内大量捕杀动物）以解释猛
　　犸象突然灭绝之谜。Lister and Bahn 1994, 129：“‘闪电战式灭绝’的
　　概念被提了出来——猛犸象被如此迅速地赶尽杀绝，以至于没有留存
　　下任何（关于人类捕猎的）证据。这个观点很独到，但也很难得到证
　　实。”See also Krishtalka 1989, 205–9. Cf. Cuvier's Theory of Cataclysms
　　in Ley 1948, 9–11; Rudwick 1997, ix–x, 261–62.

20　赫拉克勒斯杀光了克里特和利比亚境内所有的掠食动物：Diodorus
　　of Sicily 4.17.3。赫拉克勒斯杀死海怪：Boardman 1987, 77 and n. 26;
　　Boardman 1989b。半人马：参见本书第6章。俄里翁：*Lemprière's
　　Dictionary*, s.v.; Gantz 1993, 1:271–73; Hughes 1996, 91 and n. 1;
　　Bergman 1997, 73–79。希俄斯岛：Sen, personal communication,
　　November 4, 1997; Higgins and Higgins 1996, 137。Shoshani and Tassy
　　1996, 340. Pliny *Natural History* 7.73. 骨架长46腕尺可能意味着人们将
　　几只动物的骨架错认成了一副，或者人们曾将骨骼一块块拼接起来，
　　试图重组骨架。另一方面，这个长度与70英尺（约21.3米）长的始新
　　世鲸鱼骨架相符。黎凡特地区和北非曾经出土过始新世鲸鱼骨架（详

见本书第 2 章）。其他关于克里特巨人的内容见本书第 3 章。克里特地
质情况：Higgins and Higgins 1996, chap. 16。

21 尼米亚猛狮、厄律曼托斯山的野猪、卡吕冬野猪、克罗米翁牝猪、克
里特公牛、恶狐、斯廷法利斯湖的怪鸟和狼、革律翁：Apollodorus
2.4.5, 2.5.4, 1.8.2, 2.4.6–7, 2.5.6–7, 2.5.10; Epitome 1.1。Pausanias 1.27.8–
9, 8.22. 库迈城、泰耶阿、罗马的厄律曼托斯山野猪和卡吕冬野猪的獠
牙：Pausanias 8.24.5, 8.46.1–5; Ovid *Metamorphoses* 8. 287–89; and see
chapter 3。阿尔伯特·戈德里根据神话中的厄律曼托斯山野猪，把在派
克米发现的巨型中新世原猪命名为 *Sus erymanthius*。

22 Hughes 1996, 91, 105；历史性的灭绝，27，91，93，104–7，192。更
新世猛犸象和乳齿象的灭绝：Maglio 1973, 111, 117。鸵鸟：Xenophon
Anabasis 1.5; Ley 1968, 15–17。大象：Scullard 1974, 29–31。Pliny
Natural History 10.37（已灭绝的鸟类），9.1–11（巨型鲸鱼、鱿鱼、章
鱼、海龟）。Bodenheimer 1960; Clutton-Brock 1987, 62–65, 114; Brice
1978, chap.9. 一些更新世—全新世动物与早期人类在同一时期生活过：
Davis 1987; Vigne 1996; Bodenheimer 1960; Haynes 1991, 196, 263。

23 Pindar *Olympian* 9, Ovid *Metamorphoses* 1.140–443, Apollodorus 1.7,
Pausanias 1.10. Gantz 1993, 1:165–67. 根据品达的记录，当时的某些
人是英雄的后裔，而有些人则是丢卡利翁投掷石块产生的人的后裔：
Huxley 1975, 23。

24 Horner and Dobb 1997, 146. 将血肉与泥土、石头与骨骼进行对比，是
一种"朴实又广泛流行"的观念：Kirk, Raven, and Schofield 1983, 176,
178。奥维德的《变形记》在 3.397–99, 4 和 9.226–29 提到了一些科学
的化石化理论。塞里福斯岛：Gantz 1993, 1:309–10。塞里福斯岛拥有
更新世河马和大象的遗迹（Dermitzakis and Sondaar 1978, 827），考古
学家已经在那里发现了古代人类举行和化石相关的仪式的证据，参见
Higgins and Higgins 1996, 175。古代有关化石化的民间传说的细节，参
见 Felton 1990；也参见 Forbes Irving 1990。

25 关于亚里士多德的《天象论》（*Meteorologica*），参见 Eichholz 1965,
114, 38–40。Pseudo-Aristotle *Problems* 24.11; *On Marvelous Things
Heard* 834a27–28, 838a14. Rudwick 1985, 24–25. Aristotle *Parts of
Animals* 641a19–21. 老普林尼对化石化的讨论，参见 Pliny *Natural
History* 2.226, 31.29–30, 36.131, 36.161（透明石膏晶体替代了化石化动
物骨骼的骨髓）。克劳狄安在其未完成的《巨人-神祇之战》第 91—128
页描述了巨人的岩化现象。

26 古代伊勒苏斯附近的化石化树木（详见本书第2章）: Higgins and Higgins 1996, 133, 135。根据谢夫凯特·森的说法，莱斯沃斯岛也有大象化石遗迹。Theophrastus *On Stones* 1.4, 6.37–38. Eichholz 1965, 14–15, 91, 113–14. 泰奥弗拉斯托斯已经散佚的作品: Diogenes Laertius 5.36–57, esp.42–43; Edwards 1967, 2。鱼类化石: Sarton 1964, 559–61。古典时代的猛犸象牙: Lapatin 1997, 664 n. 9, and 2001, chap. 2。艾科尔兹（第113页）认为，"斑驳的象牙化石"指的是棕白相间的中新世化石，与派克米化石相似（详见本书第2章）；只要有史前象科动物生存，当地就有可能出土象牙化石。Pliny *Natural History* 36.134（象牙化石和泰奥弗拉斯托斯）。居维叶表示，泰奥弗拉斯托斯是最早了解象科动物化石的人，参见"Sur les éléphans vivans et fossiles," 1806, 4。

27 前苏格拉底哲学家的写作时间大致为公元前6世纪—前399年（苏格拉底去世）。神话与哲学: Guthrie 1962, 140–42; Sarton 1964, 587–88; Lloyd 1996, 111–12。亚里士多德和神话: Huxley 1973。

28 Solinus 9.6. Bromehead 1945, 102–4; Rudwick 1985, 36–38; Burnet 1948, 2, 26. Plato *Critias* 110e–112c. Guthrie 1962, 386–89; Sarton 1964, 179–80; Kirk, Raven, and Schofield 1983, 168–79; Lloyd 1979, 143; Osborn 1894, 36. 海岸线变化: 详见本书第2章。

29 Bromehead 1945, 104–5; Phillips 1964, 177; Herodotus 2.12; Strabo 1.3.4. Pliny *Natural History* 35.36. 埃及西部的沙漠"有许多海洋生物化石": Lloyd 1976, 2:36–37, 67。在利比亚东部，海胆和双壳贝化石覆盖了几百英里的地面: Ager 1980, 445. Kirk, Raven, and Schofield 1983, 177; Guthrie 1962, 388; Sarton 1964, 180, 558–59。

30 Rudwick 1985, 36–41, esp. 39. Buffetaut 1987, 1, 19. 有些古代海洋化石理论似乎认为，海洋化石是地球内部神秘的塑形之力造成的，这个观点在中世纪又有所回潮。此外，现代对于"fossil"（化石）一词在古代围绕"fossil fish"（鱼类化石）的讨论中所代表的含义有各种误解。由于鱼类活体有时在泥里被发现，泰奥弗拉斯托斯和亚里士多德认为，有些鱼卵可能被困在地下，然后化石化了。Bromehead 1945, 104; Ley 1968, 191–98.

31 Brad Inwood, personal communications, October 16, 20, 1997. Lloyd 1979, 142–43. Burnet 1948, 25–26. 经验主义研究: Guthrie 1962, 292; Lloyd 1979, 126–43。关于生物学家对正统科学使现实社会架构合理化这一现象的看法，参见 Ruth Hubbard in Harding and Hintikka 1979, 45–52。

32 Plato *Phaedrus* 229c–230a. Osborn 1921, 1, citing Cuvier 1826. 居维叶的

观点最先发表于1812年，当时指的是他的前辈，但是也可以用来形容古代自然历史学家。Rudwick 1997, 216–17. 关于哲学家不喜欢震撼的奇闻，参见 Fisher 1998, 46–48；关于哲学家和不可知的事物，见第9页和第67页。

33　在古生物学领域，树立"自然也拥有历史"的观念是最核心的：Horner and Dobb 1997, 21; Rudwick 1985, 69。例如，菲洛斯特拉托斯试图弥合哲学和巨型骨骼实物证据之间的鸿沟：详见下文及本书第3章讨论的《论英雄》。柏拉图《法律篇》（*Laws*）6.782中提到，环境中的渐进性变化会导致生命形式的"演化"。亚里士多德认为，地质形态的变迁有漫长的循环周期，参见 Aristotle *Meteorology* 1.14，351a–b。恐龙的灾难性灭绝和渐进性灭绝：Dodson 1996, 279–81; Farlow and Brett-Surman 1997, 662–72。

34　Guthrie 1962, 72–104；Sarton 1964, 176; Kirk, Raven, and Schofield 1983, 177–78; Osborn 1894, 33–35; Phillips 1964, 172; Loenen 1954. 时间尺度和对进化的定义：Horner and Dobb 1997, 33–38, 49, 168–72, 197。Pausanias 8.29.4："如果第一个人类是在地球还潮湿的时候由地球的热量创造而成的，那么与印度相比，还有哪个国家能够产生时间更早、体形更大的人呢？时至今日，印度（炎热且潮湿的国家）还能繁育出巨型野兽。"

35　有些人认为，恩培多克勒是在伯罗奔尼撒去世的。Inwood 1992; Guthrie 1965, 122–265; Sarton 1964, 246–50. 1999年，在斯特拉斯堡图书馆的纸莎草藏品中发现了新的恩培多克勒诗作残篇。奥林匹亚的珀罗普斯神龛可能设立于公元前7世纪或前6世纪：Pausanias 5.13.1–7. 俄瑞斯忒斯：Herodotus 1.67–68；详见本书第3章。

36　这些诞生于偶然的生命中，有少数最终成了能够自我维持的动物，并成功地存活了下来。目前我们尚不清楚，恩培多克勒的理论是否支持更高等的生命形式通过自然选择和生物基因迭代的持续修正等方式获得渐进性发展的观点。Blundell 1986, 40–41, 86–90. 艺术作品的证据表明，类似半人马的生物（半人半动物）意在代表各种原始的怪物，参见Gantz 1993, 1:50, 144。这种想象可能反映了解开化石证据之谜的一种拟人化思路：详见本书第2章和第6章。恩培多克勒的"适者生存"一说中的爱与争的概念，其本意是抗衡神话，这与19世纪调查派克米的阿尔伯特·戈德里的作品存在惊人的相似之处。戈德里试图弥合达尔文进化论与基督教信条之间的鸿沟。他使用了相似的术语"爱"与"联结"来推演其神话版的进化论。Buffetaut 1987, 117; Gaudry

1862–67.

37 Blundell 1986, 41. Guthrie 1965, 205.

38 Lucretius *On the Nature of Things* 4.726–43, 5.93–292, 5.787–933. Blundell 1986, 89–93. 卢克莱修声称，"与此同时，能够生存的生物出生"，而能适应环境的和不能适应环境的动物都还生活在地球上，"适者生存的光明面与阴暗面"依然并存。但他还声称物种从来没有变过。Blundell, 92. Osborn 1894, 61–64. Horner and Dobb 1997, 198, 203; cf. 218. 克里什塔卡表达了化石的类似含义：已灭绝的类人生物"预示了我们自己原始的生物学命运"：1989, 64。

39 Blundell 1986, 40, 86–88. Aristotle *Physics* 198b17–32. 在古典时代之后，亚里士多德的观点主宰了自中世纪到近代早期的基督教和穆斯林的"科学"。关注科学的思想家们只能被约束于对圣经创生论的冗长讨论之中；Osborn 1894, 39–57, 111–250。1985年，路德维克讨论了亚里士多德主义对欧洲古生物学的影响。

40 公元前347—前344年，亚里士多德居住在阿索斯和莱斯沃斯岛。Sarton 1964, 472–76, 529–45. Pliny *Natural History* 8.44. 亚里士多德的标准"可能是静态的，物种不变论与亚里士多德的观点并不相抵触"，参见Sarton 1964, 534–35。Lloyd 1996, 184.

41 "致命打击"：Wendt 1968, 76; cf. Ronan 1973, 77. Geoffrey Lloyd, personal communication, January 21, 1997. Lloyd 1996, 113, 122, 125, 164–65 and n. 4。

42 Brad Inwood, personal communication, October 20, 1997. 1973年，赫胥黎表示，亚里士多德经常在自己的论述中引用关于史前手工艺品的考古发现——其中可能涉及巨型骨骼发现。霍纳对林奈分类系统的严重弊端的批评：Horner and Dobb 1997, 166–65. Hubbard in Harding and Hintikka 1979, 48–49。错误和畸形：Aristotle *Physics* 198b17–199b32; *History of Animals* 496b18, 507a23, 544b21, 562b2, 575b13, 576a2; *Generation of Animals* 769b11–30; and see Lloyd 1996, esp. chap. 3。亚里士多德对海怪的目击和捕捞事件的探讨（《动物志》532b19–29）让人们注意到了他面对异常骨架发现时的沉默。德谟斯特拉托斯已经失传的关于海怪的著作可能包含对化石发现的洞见，参见Aelian *On Animals* 13.21, 15.19; Levi 1979 n. 105 at Pausanias 9.4; and see chapter 6。

43 Kuhn 1970, ix, 52–76 (quote 52). See also Eldredge 1991, 210; Vitaliano 1973, 7; Hubbard in Harding and Hintikka 1979, 47–49。从1565年到达尔文时代的古生物学进步，参见Rudwick 1985；关于古典时代后圣经洪

水论与自然规律之间的调和，见第36—38页。洪水论在古代仅用于解释地中海地区的土地，随着已知世界的扩大，洪水论已经不再适应人们的需要。物种多样性严重夸大了方舟的承载能力。随着人们在新的大陆上发现越来越多的"巨人之骨"，大洪水理论不得不以"淹没整个地球"来解释在西半球出现的巨人和未知物种。Cohn 1996, chap. 7.

44　Diogenes Laertius 5.22–27. 亚里士多德的作品中还有一些其他"空白"，例如：他在数学、医学和矿物学领域没有著述。Sarton 1964, 478, 559.

45　Pseudo-Aristotle *On Marvelous Things Heard* 839a5–11; 834a23–32; 838a11–14, 29–35; 842b26–27; 846b3–6, 21–25. Bromehead 1945, 106. 关于人们对罕见事物的好奇心和哲学探索之间的关系，见 Fisher 1998。

46　Stern 1996, 16–17, 22, 29–31, 33–35, 58–59. 本书第6章将探讨半人马目击事件。关于米诺斯文明、迈锡尼文明，以及希腊与爱琴海诸岛的古典神庙中保存的大象臼齿和河马门齿，详见本书第4章和 Reese 1985a, Reese and Krzyszkowska 1996。根据科学史学家萨顿1964年著作第588页的观点，合理化运动仅仅是"理性与迷信的永恒之战"的一个方面。Rose 1959, 4–5. 关于柏拉图对神话进行的合理化解读，参见 *Phaedrus* 229c–230a；关于半人马，参见 *Axiochus* 369c；关于卡德摩斯，参见 *Laws*，663e–664a。

47　Philostratus *Life of Apollonius of Tyana* 5.14, 5.16. 新柏拉图学派的阿波罗尼奥斯，作者身份与信息来源问题：Drew, 1987, 83–113; Flinterman 1995, chaps. 1–2. 感谢格兰特·帕克（Grant Parker）与我探讨阿波罗尼奥斯。菲洛斯特拉托斯在《论英雄》中探讨过巨型骨骼及其流行解读，详见本书第3章。

48　Dodson 1996, 225. Ronan 1973, 77. Plato *Laws* 6.782. Pausanias 9.21.4. 直到中世纪，古希腊关于自然变化的观点仍然与自然不可变的观点并行。Osborn 1894, 65–66. See Ovid *Metamorphoses* 15（"毕达哥拉斯的学说"），特别是第177—429页关于自然变化的广泛讨论。根据路德维克1985年出版的著作第39页的观点，"由于没有令人满意的对地理变化的解释"，人们对化石的解读被拖延了。但是本书第2章展示了古人对于过去和当时的地质变迁的理解程度。

49　古代神话与历史概念：Huxley 1975, 23–35. 对漫长的时间维度进行想象的困难之处：Horner and Dobb 1997, 34–35, 37, 167–69, 197–98, quotes 35 and 49–50. Phillips 1964, 177. 即便存在腐化或化石化的痕迹，人们也很难意识到，化石是来自过去的有机遗迹：Rudwick 1985, 50。

50　科学进步发生在其"和平的插曲"被互相矛盾的证据所引发的危机

打断时: Kuhn 1970, 52。后古典时代关于化石的观点: Buffetaut 1987, 6（堕天使），chaps. 1 and 2; Wendt 1968, 9; Ley 1968, 192–93; Oakley 1975, 20; Bassett 1982; Kennedy 1976, 51, 53; Rudwick 1985; Leighton 1989。关于现代的流行文化和科学家之间的矛盾，参见 Hofstadter, 1998。科学家面对着"不可知之物": Boxer 1998; and see Keller in Harding and Hintikka 1979, 190–91。1998年，菲利普·费舍尔表示，自柏拉图时代起，人们对难以解释的奇迹所抱有的好奇心一直对哲学和科学的思索起着重要作用。但是，当涉及巨型骨骼时，像泰耶阿的阿波罗尼奥斯这样的圈外思想家似乎更接近费舍尔的理想。古希腊人对科学的贡献目前仍受争议，参见 Lloyd 1979, 126，引用卡尔·波普尔（Karl Popper）的观点——最优秀的古代哲学观点"与观察无关"。而 G. S. 柯克（G. S. Kirk）则认为，古希腊人的观念以"常识"和"对观察与经验的尊重"为特点。用于"组织和分类"自然世界的神话材料: Greene 1992, 87–88. Eldredge 1991, 202。

6 半人马之骨

1 Pausanias 9.20–21, with Levi's n. 105. Aelian *On Animals* 13.21. 在维奥蒂亚，尤其是塔纳格拉地区，特里同艺术母题十分流行: Shepard, 1940, 14, 16, 17, fig. 12。特里同: Gantz 1993, 1:62, 263, 364（品达《皮托颂歌4》中记录了利比亚地区特里同尼斯湖中的特里同），405–6（对特里同和其他人与海怪的结合体的艺术表现），16–17（海仙女）。Blanckenhagen 1987, 90–91. 关于赫拉克勒斯屠杀海怪的记录，参见 Boardman 1989b and 1987, 77 and n. 26; see, e.g., Euripides *Heracles* 400–422。在自然哲学家中，恩培多克勒认为人兽混合体是远古时代的一些无法存续的生命形式，且早已灭绝: 详见本书第5章。古人将海洋视作充满着神秘与意外的地方: Buxton 1994, 100–103; King 1995, 159。1997年，美国国家地理协会资助的史密森学会的章鱼专家试图拍摄巨型章鱼照片，但未能成功; 参见 Ellis, 1998。

2 Pliny *Natural History* 9.9–11. Hansen 1996, 172–74；在第12—14页，汉森对比了古典神异学（paradoxography）与现代小报的异同。人们在里斯本附近发现了侏罗纪恐龙遗迹（Norman 1985, 198–99）。也许人们把出现在海蚀洞中的形状怪异的侏罗纪化石视作了特里同。一只身形类似妇女的海怪搁浅于高卢地区的海滩（约公元164—229年），参见 Dio Cassius 54.21.2。记录大西洋沿岸单独或大批搁浅的鲸鱼或海豹的文献，以及对吉伦特河口南部沙地上中新世儒艮化石或吉伦特河北部海岸地区中生代爬行动物遗迹的观察，很可能启发了人们对于搁浅的海仙女的联想。Buffetaut, personal communications, March 9 and September 13, 1998; and see chapter 3.

3　古动物学家赫伯特·温特注意到，远古时期，儒艮曾栖息在地中海、红海和印度洋，他认为水手们观察到的儒艮的类人形象影响了希腊神话中关于半人海洋生物的想象。Wendt 1959, 210–12. Levi n. 105 at Pausanias 9.20. 畸形动物与畸形人类的诞生在罗马时代引起了人们强烈的兴趣；其中的一些被解读成早已灭绝的神话生物的化身。Hansen 1996, 148–59, and Friedländer 1979, 1:6–7. Cf. Thompson 1968, 106–18（中世纪和现代的人鱼目击事件和被作为鱼人进行展示的畸形人）。斯塔鲁尼亚悬崖（Starunia steep）: Abel 1939, 88–89; Lister and Bahn 1994, 56–57; Savage and Long 1986, 3。

4　Thompson 1968, 110–15. 珍妮·汉尼维：莱于1948年出版的著作的第4章的插图67详细展示了其制作产物。See also Purcell 1997, 78–79（照片），81–38; King 1995, 162（附带照片）; Carrington 1957, 69–70。人造假冒人鱼保存在大英博物馆和哈佛大学的皮博迪博物馆（Peabody Museum）。"珍妮·汉尼维"可能指的是热那亚和安特卫普地区的制造传统（热那亚在航海领域的行话中被称为"珍妮"，而安特卫普则被称为"安维斯"）。马可·波罗记录了制作爪哇小型木乃伊的方法，这些木乃伊在意大利展出。这种制作方法要求拔除小猴子身上的毛发，并用樟脑对重组后的身体进行干燥处理。在当代美国西部地区，仍有异想天开的标本制作师制作传说中长角的鹿角兔（Jackalopes，一种长有角的长耳大野兔）纪念品来愚弄游客。

5　模糊或怪异的证据可能会让现代科学家将真正的古生物学证据当作骗局，例如：发现于1860年的始祖鸟曾被人视作粗劣的伪造品，直到1986年，英国自然历史博物馆才得出结论——这是一种生活在侏罗纪晚期（1.4亿年前）的带有羽毛的鸟。现代和中世纪的骗局已经得到了全面研究，但古代的动物学骗局还没有受到同等的重视。Vitaliano 1973, 6–7, 275–77; Ley 1948, 56–58, 61–69, 107–11; Krishtalka 1989, 67–71, 95–102; Tassy 1993, 31–32. 埃布尔对恩培多克勒的误读被现代的历史学家们延续下来。正如本书导言中所说的那样，这个案例展示了古生物学"骗局"是如何填补某种"值得"为真的缺失信息的。

6　Diodorus of Sicily 4.8.2–5; cf. 1.21（古埃及的祭司们被奥西里斯的蜡制尸体或身体部位愚弄了）。Manilius *Astronomy* 4.101. Pliny *Natural*

History 7.35, 10.5；关于使用不同技术制造的艺术品、欺诈品和仿品，参见 bks33–35。凤凰：Friedländer 1979, 1:7–9; Hansen, 1996, 171。感谢拉里·金（Larry Kim）让我参考了琉善《亚历山大》第12—16页及第25页中对长有人首的蛇的记述。帕萨尼亚斯对特里同的记述（9.20–21）是隐生动物学的一部分，包含了他对非洲犀牛、水牛、凯尔特麋鹿、印度骆驼和印度虎的了解。"如果你到利比亚、印度或阿拉伯的偏远地区搜寻我们在希腊所发现的野兽，你可能根本找不到它们，就算找到，也可能与我们所了解的那些完全不一样……动物在不同的气候与地区产生了不同的形态。"特里同：Aelian *On Animals* 13.21,17.9。在古代，人造事物和自然奇迹被放在一起进行展示；艺术、技术和自然历史之间的区分是十分现代的：Weschler 1995, 61。

7 Gantz 1993, 1:135–39, 146（半人马是西勒诺斯和某位宁芙仙女的后代）; and Apollodorus 2.5.4。

8 Pausanias 2.21.5–6, 1.23.7. Xenophon *Anabasis* 1.2.8. Plutarch *Isis and Osiris* 356; cf. Herodotus 2.91, 156, and Diodorus of Sicily 1.18.2. Pliny *Natural History* 7.24. 斯特拉波描述了底耳哈琴地区的一片名叫纽法昂（Nymphaeum）的草原上燃烧的沥青土，Strabo 7.316；参见 Forbes, 1936, 29。这个细节将这片草地与神话中巨人-神祇之战火光冲天的战场联系了起来，并强化了萨蒂尔以某种方法逃过一劫的观点。Plutarch *Sulla* 27; cf. Herodotus 8.138（国王迈达斯捉到了萨蒂尔），7.26（马耳叙阿斯）。Jerome cited in Friedländer 1979, 1:9–10；亚历山大大帝曾经幻想在提尔城（Tyre）捕捉一只萨蒂尔，参见第376页。根据居维叶的记录，圣奥古斯丁认为他曾亲眼见过萨蒂尔。Rudwick 1997, 213.

9 Pausanias 2.21.5–6, 1.23.7. Plutarch *Isis and Osiris* 356, *Sulla* 27. Herodotus 2.91 and 156, 8.138. Diodorus of Sicily 1.18.2. Seiterle 1988.关于艺术家对史前人类的构想，参见 e.g., Osborn 1921, 406。

10 Gantz 1993, 1:144–47, 390–91; King 1995, 141–42. 赫拉克勒斯在阿卡迪亚和色萨利消灭了半人马：Euripides *Heracles* 360–75. Blanckenhagen 1987, 87–89. Guthrie 1993。居维叶在对古代动物学知识和古代人的想象的讨论中，发现希腊神话中的那些虚构的动物"与理性不能相容"，却将其评为"优美的神秘"。Rudwick 1997, 212, 208–15.

11 Aelian *On Animals* 17.9. 他行文隐晦；我们根据字里行间推测，他似乎在描述一种古怪的半人半马的异域动物——一种名为欧诺半人马（Onocentaur）的动物。据说这种动物形似半人马，但这可能是人们对关于大猩猩的记录的歪曲。详见本书第5章中哲学界对半人马等人兽混合生物的回应。

12 Phlegon of Tralles *Book of Marvels* 34–35; Hansen 1996, 49, 170–71. Pliny *Natural History* 7.35. 索恩地区的具体位置已不可考。在古代，人们已经了解到蜂蜜的抗菌效果及厌氧特性。据说，亚历山大大帝的遗体被保存在用蜂蜜封存的棺材中：Statius *Silvae* 3.2.117。人们将来自索恩地区的半人马在埃及进行防腐处理后运送至罗马。这匹"半人马"很可能是由人类和马拼合而成的古代"珍妮·汉尼维"。根据琉善《亚历山大》第15—18页中的记载，人头蛇身的形象"在昏暗的小房间里展示在惊讶的众人面前"。参观者可以触摸蛇身，但"在能够看清楚前就被赶着迅速通过并离开房间"。

13 Pliny *Natural History* 7.35. 新生儿的返祖现象被视作一种凶兆。普鲁塔克和其他一些作家一样，注意到了哲学家们在异常现象讨论中的沉默，见Plutarch's "Feast of the Seven Sages," *Moralia* 149。

14 Williams 1994; Behrens 1997; Weschler 1995, 71–75, 157, 关于历史上藏珍阁所唤起的"摇摆不定"感觉，见第60页。

15 Willers, artistic statement and personal communications, October 1998. 互联网上有一个"沃洛斯的半人马"网站，网站上有其他骗局的链接。

16 Willers, personal communications, October 1998. 短语"古生物学虚构"来自艺术家博韦·莱昂斯，他是一位创造"考古学虚构"作品的专家。Hutcheon, 1994, 171. 用于解释人们实际观察到的巨型化石的希腊神话也是一种古生物学虚构。关于现代进化论是一幅用于解释化石的"图景"这一观点，参见Eldredge 1991, 202。

17 关于科林斯的波塞冬神庙中的特里同、海仙女和海怪的塑像，参见Pausanias 2.1.7–8。在西革昂，他曾看到"一枚巨大的海怪头骨，头骨后面立着梦之神的雕像"，参见2.10.2。Diodorus of Sicily 4.8.2–5。

18 莱昂斯：Behrens, 1997; Hutcheon, 1994, 166–174; and Williams 1994, B4–5。Beauvais Lyons, personal communication, October 1998. 莱昂斯的伪档案网站与半人马网站有互通链接。另一位藏珍阁的实践者是大卫·威尔森（David Wilson），他是洛杉矶侏罗纪科技博物馆馆长，也是韦施勒1995年著作的研究对象。其他从事这一类型工作的艺术家包括琼·冯库贝尔塔（Joan Fontcuberta，海尔格·德·阿尔维亚画廊，马德里）。他创作了模糊的摄影作品，用科学的标签记录了幻想出来的动物群（如一只有翼的角猴被标为 *Cercopithecus icarocornu*），标签上称这些照片来自神秘的德国档案。此外，还有简·普洛菲特（Jane Prophet）的网站装置艺术作品《技术领域》（*Technosphere*）和光盘《赛博格的体内器官图像》(*Imaginary Internal Organs of a Cyborg*, 1997)。关于体验瞬间的奇迹对心智的益处，参见 Fisher 1998, 21–31。20 世纪 90 年代，各学科的想象性叙述开始复兴，这可能是因为人们认识到故事"是知识的一种基本单位"，参见 Bill Buford 1996, 12。

19 露丝·哈伯德（Ruth Hubbard, in Harding and Hintikka 1979, 47）写道："为了构建一幅完整的、自洽的世界图景"，每个时代的科学家们"都依据他们对世界的过去、未来和可能性的认知，提出了许多问题和答案"。他们关于可能性的观念常常与大众观念相冲突。"完全与科学无关"：Shermer, 1997, 130。科学上的可知性的边界在科学家群体中仍有争议。1997 年，斯隆基金会（Sloan Foundation）捐助了 150 万美元，用以确立各学科的未知内容的边界：Boxer 1998。

20 Feynman, Einstein, Greenblatt, Eisner quoted in Weschler 1995, 90, 127, 78, 66. Fisher 1998, 61. Keller in Harding and Hintikka 1979, 194. Hofstadter 1998, 512.

21 Horner and Dobb 1997, 61. Kuhn 1970. 我借用了田纳西大学的生物神话学家尼尔·格林伯格的"一个骗局即一种假设"的说法。

22 Dodson 1996, 281. Horner and Dobb, 1997, 219, 232, 10–11；如果人们不把伪造的混合生物遗骸视作假的，那么这些伪造品有可能会危害科学的认知，参见第 242 页。关于描绘对巨型或微缩的世界和过去的奇幻生物的憧憬的文学作品，参见 Stewart 1984。人类试图寻找"只存在于叙事中的过去"，以此来重新赋予生命一种"抒情意味"，"消除自然与文化之间的隔阂，并由此重回生物与符号的乌托邦"（第 21—23 页）。一些好莱坞电影用电脑动画塑造恐龙，比如《侏罗纪公园》（1993 年）、《遗失的世界》（1997 年）以及 IMAX 电影《霸王龙：回到白垩纪》（1998 年）。这些影片满足了我们利用神奇的手段将远古时代的动物带到现代，并了解这些动物的真实长相和行为的愿望。恐龙模型史：Krishtalka, 1989, 253–263。世界各地流行文化中的已灭绝动物和化石：Thenius and Vávra 1996。

23 1988 年，法国古生物学家制造了一头栩栩如生的机器长毛猛犸象，它通过象鼻呼吸，能跺脚，还能发出象鸣。1993 年，在位于北极的弗兰格尔岛（Wrangel Island），俄罗斯的研究人员报告称，发现了逃过灭绝后继续繁衍了 6000 多年的矮猛犸象的遗骸。Lister and Bahn 1994, 9, 137–39（关于复原已灭绝猛犸象的 DNA）。"Expedition News," *Explorers Journal* 74 (Fall 1996): 7. Adrian Lister, personal communication, October 29, 1998. Blashford-Snell and Lenska 1996,

esp.193, 225–26. 法国艺术家、作家弗朗索瓦·普拉斯（François Place）创作的童书《最后的巨人》（*The Last Gaints*, 1993）表达了怀念远古过去的主题：一位探险家按照刻在巨型人类牙齿上的地图，在亚洲偏远山区发现了遗存下来的巨人后代。

24　隐生动物学家试图搜寻以某种方式在某些地方逃过了灭绝命运的史前生物。这种探索也会导致他们陷入骗局和误区。但在20世纪，人们的确发现现有一些被认为早已灭绝的未知生物其实仍然存活于世。例如，人们认为空棘鱼灭绝于8000万年前，但是在1938年和1998年，有人分别在南非和印度尼西亚发现了这一物种。*Science News* 154 (September 26, 1998): 196. 其他未知动物的案例尚未得到解决。例如，古动物学家认为神秘的肯尼亚纳迪熊（Nandi bear）与砂犷兽（*Chalicotherium*）骨架存在关联。砂犷兽生活在中新世，灭绝于更新世。Savage and Long 1986, 198–99. 关于隐生动物学家的希望与成就，参见 *Cryptozoology: Interdisciplinary Journal of the International Society of Cryptozoology*（1982–）; see also Mitchell and Rickard, 1982, 32–67。

25　塔克提到了叶夫列莫夫的小说《过去的阴影》（*Shadow of the Past*, 1953），参见 Taquet 1998, 127, 146。古生物学家威廉·A. S. 萨尔金特以安东尼·斯威森（Antony Swithin）为笔名，创作了一系列"蕴含第三纪哺乳动物存活至现代的想法"的作品：Sarjeant 1994, 324, 327。关于萨尔金特对描写存活在现代的恐龙、猛犸象等已灭绝生物的虚构作品的调研，参见第321—324页。康妮·巴洛（Connie Barlow）与保罗·马丁（Paul Martin）是猛犸象纪念活动的组织者，personal communication, February 26, 1999。其意图是将更新世巨型动物的现代近亲物种引入美国西部。Martin 1999.

26　恐龙人：Russell and Séguin 1982; Norman 1985, 54–55; Savage and Long 1986, 248; Horner and Dobb 1997, 100–102。

27　脊椎动物古生物学网的成员帮助我对罗素模型的历史进行了溯源。丹·舒尔（Dan Chure）提供了《每周世界新闻》（*Weekly World News*）中的内容（"震惊学界的……惊人发现——恐龙人""惊恐的园丁与外星人相遇"）以及《不明飞行物宇宙》（*UFO Universe*）中的内容（恐龙驾驶不明飞行物）。布鲁斯·汤斯利（Bruce Townsley）寄给我一份收藏卡复印品。也感谢达伦·纳什（Darren Naish）从奥尼尔1989年的著作的第24页摘取引文，感谢达伦·坦科（Darren Tanke）提供关于恐龙人博物馆吉祥物的信息和出现在《重金属》杂志中的信息。恐龙人活体出现在英国格拉纳达电视台的电视剧《恐龙！》的最后一集。见 Norman

1991, 187；其他动画机器人模型、模具和演员，参见第183—187页。

28 Horner and Dobb 1997, 218. See also Krishtalka 1989, 7.

附录　古代文献记录

1 扎伯那（位于西瓦地区）的确切位置已经不为人知，但是在西瓦的东北方（瓦迪纳特闰的西方），是瓦迪莫加拉（Wadi Moghara）中新世化石埋藏地，这些化石中有大量巨型哺乳动物骨骼，利比亚也有相似的遗迹。Fortau 1920. 阿蒙神与菊石化石存在关联。西瓦地区周围埋藏着大量海洋生物化石。

2 译文引用自杰弗里·拉斯顿正在翻译的译本。

3 达尔马提亚：人们认为阿尔忒弥斯的洞窟在斯普利特（Split）附近的海岸上。那片地区的沿海洞穴里充满了骨骼化石，参见 Cuvier in Rudwick 1997, 56。译文来自 William Hansen, *Phlegon of Tralles' Book of Marvels*（Exeter: University of Exeter Press, 1996）。经允许使用。

4 老普林尼表示，这些简陋的房子是用鲸鱼的下颌骨和肋骨制成的。但是，沙滩上搁浅的鲸鱼会多到足以建造一座村子吗？很有意思的是，阿拉比斯（普拉里或哈布）河一直穿过俾路支省，而后流入阿拉伯海，这一地区埋藏着大量巨犀和其他第三纪生物的化石。巨犀是曾经存在过的最大的陆生哺乳动物，站立时肩高达17英尺（约5.2米），头骨足足有4英尺长（约1.2米）。Savage and Long 1986, 193. 人们可能在河岸上收集到这种动物和其他动物的骨骼化石，用来修建住所，正如在1.5万年前，在今乌克兰、东欧其他地区和俄罗斯南部，猛犸象的下颌和肋骨曾被人用来修建复杂的房屋一样。考古学家已经发现了70多座这样的房屋：Lister and Bahn 1994, 104–9. Cf. Arrian, *Indica* 30.1–9。

5 关于后古典时代欧洲有关牛心石、菊石、箭石以及海百合的化石传说，参见 Bassett 1982。

6 1988—1990年，在伊斯坦布尔西部的亚林博加兹（Yarimburgaz）洞穴，人们发掘出了许多更新世熊的骸骨。还有一个有趣的巧合，人们还在这座充满了化石的洞穴中发现了一座拜占庭时期的教堂。拜占庭圣米纳斯教堂的建造者们可能也发现了这些化石。感谢锡南·基利奇（Sinan Kilic）推荐我参考斯蒂纳（Stiner）、阿斯布克（Arsebük）和豪厄尔（Howell）1996年的著作；关于教堂，参见第280页。

7 See Bromehead 1945,102–3; Guthrie 1962, 387 and nn. 2–4; Kirk, Raven, and Schofield 1983, 176–77; Lloyd 1979, 143 and n. 92.

引用文献

Abel, Othenio. 1914. *Die Tiere der Vorwelt.* Berlin: Teubner. Rpt. 1914 in *Abstammungslehre Systematik Paläontologie Biogeographie,* edited by R. Hertwig and R. von Wettstein. Berlin: Teubner.

——. 1939. *Das Reich der Tiere: Tiere der Vorzeit in ihrem Lebensraum.* Berlin: Deutscher Verlag.

Adam, Karl Dietrich. 1988. "On Finds of Pleistocene Elephants in the Environment of Erzurum in East Anatolia." [Summary]. *Stuttgarter Beiträge zur Naturkunde,* ser. B, 146:1–89.

Ager, Derek V. 1980. *The Geology of Europe.* New York: John Wiley and Sons.

Amyx, D. A. 1988. *Corinthian Vase-Painting of the Archaic Period.* 3 vols. Berkeley and Los Angeles: University of California Press.

Andrews, Roy Chapman. 1926. *On the Trail of Ancient Man.* New York: Garden City Publishing Co.

Antonaccio, Carla. 1995. *An Archaeology of Ancestors: Tomb Cult and Hero Cult in Early Greece.* Lanham, MD: Rowan and Littlefield.

Armour, Peter. 1995. "Griffins." In *Mythical Beasts*, edited by John Cherry, 72–103. London: British Museum Press.

Ascherson, Neal. 1996. *Black Sea.* New York: Hill and Wang.

Attenborough, David. 1987. *The First Eden: The Mediterranean World and Man.* London: Collins.

Bahn, Paul, ed. 1996. *Tombs, Graves and Mummies: Fifty Discoveries in World Archaeology.* London: Weidenfeld and Nicolson.

Barnett, Richard D. 1982. *Ancient Ivories in the Middle East.* Jerusalem: Institute of Archaeology, Hebrew University.

Bascom, William. 1965. "The Forms of Folklore: Prose Narratives." *Journal of American Folklore* 78:3–20.

Bass, George F. 1986. "A Bronze Age Shipwreck at Ulu Burun (Kas): 1984 Campaign." *American Journal of Archaeology* 90 (3): 269-96.

Bassett, Michael G. 1982. *Formed Stones, Folklore and Fossils.* Geological Series no. 1. Cardiff: National Museum of Wales.

Bate, Dorothea. 1913. "Notes and Observations [fossil remains in Crete]." In *Camping in Crete,* by Aubyn Trevor–Battye, 239–50. London: Witherby.

Bather, A. G., and V. W. Yorke. 1892–93. "The Probable Sites of Basilis and Bathos." *Journal of Hellenic Studies* 13:227–31.

Behrens, Roy R. 1997. "History in the Mocking." *Print,* May–June, 70–77.

Bentley, J. 1985. *Restless Bones: The Story of Relics.* London: Constable.

Bergman, Charles. 1997. *Orion's Legacy: A Cultural History of Man as Hunter.* New York: Penguin.

Bernor, Raymond L., Volker Fahlbusch, and Hans-Walter Mittman, eds. 1996. *The Evolution of Western Eurasian Neogene Mammal Faunas.* New York: Columbia University Press.

Bird, Eric. C. F., and Maurice L. Schwartz, eds. 1985. *The World's Coastline.* New York: Van Nostrand.

Blanckenhagen, Peter H. von. 1987. "Easy Monsters." In *Monsters and Demons in the Ancient and Medieval Worlds,* edited by Ann E. Farkas et al., 85–96. Mainz: Philipp von Zabern.

Blashford-Snell, John, and Rula Lenska. 1996. *Mammoth Hunt: In Search of the Giant Elephants of Nepal.* London: HarperCollins.

Blundell, Sue. 1986. *The Origins of Civilization in Greek and Roman Thought.* London: Croom Helm.

Boardman, John. 1987. "Very Like a Whale—Classical Sea Monsters." In *Monsters and Demons in the Ancient and Medieval Worlds,* edited by Ann E. Farkas et al., 73–84. Mainz: Philipp von Zabern.

——.1989a. *Athenian Red-Figure Vases: The Classical Period.* London: Thames and Hudson.

——.1989b. "Herakles at Sea." In *Festschrift für Nikolaus Himmelmann,* edited by Hans-Ulrich Cain et al., 191–95. Mainz: Philipp von Zabern.

Bodenheimer, F. S. 1960. *Animals and Man in Bible Lands.* Leiden: Brill.

Boedeker, Deborah. 1993. "Hero Cult and Politics in Herodotus: The Bones of Orestes." In *Cultural Poetics in Archaic Greece,* edited by Carol Dougherty and Leslie Kurke, 164–77. Cambridge: Cambridge University Press.

Boessneck, Joachim, and Angela von den Driesch. 1981. "Reste Exotischer Tiere aus dem Heraion auf Samos" (Exotic animal remains at the Heraion temple). *Mitteilungen des Deutschen Archäologischen Instituts* (Berlin) 96:245–48.

——.1983. "Weitere Reste Exotischer Tiere aus dem Heraion auf Samos."

Mitteilungen des Deutschen Archäologischen Instituts (Berlin) 98:21–24.

Bolton, J.D.P. 1962. *Aristeas of Proconnesus*. Oxford: Clarendon Press.

Boxer, Sarah.1998. "Science Confronts the Unknowable." *New York Times*, January 24, B7, 9.

Brice, William C., ed. 1978. *The Environmental History of the Near and Middle East since the Last Ice Age*. London: Academic Press.

Brinkmann, R. 1976. *The Geology of Turkey*. Stuttgart: Ferdinand Enke Verlag.

Bromehead, C.E.N. 1943. "The Forgotten Uses of Selenite." *Mineralogical Magazine* 26:325–33.

———.1945. "Geology in Embryo (up to 1600 A.D.)." *Proceedings of the Geologists Association* 56:89–134.

Brown, Barnum. 1926. "Is This the Earliest Known Fossil Collected by Man? " *Natural History* 26 (5): 535.

———.1927. "Samos—Romantic Isle of the Aegean." *Natural History* 27 (1) (January-February): 19–32.

Browne, Malcolm W. 1997. "Huge and Rich Bed of Dinosaur Fossils Found in Remote China." *International Herald Tribune*, April 26, 1 and 7.

Brunton, Guy. 1927–30. *Qau and Badari*. Vols.1 and 3. London: British School of Archaeology in Egypt.

Buffetaut, Eric. 1987. *A Short History of Vertebrate Paleontology*. London: Croom Helm.

———. 1991. *Fossiles et des Hommes*. Paris: Laffont.

Buffetaut, Eric, Gilles Cuny, and Jean Le Loeff. 1995. "The Discovery of French Dinosaurs." In *Vertebrate Fossils and the Evolution of Scientific Concepts*, edited by William Sarjeant, 159–80. London: Gordon and Breach.

Buford, Bill. 1996. "The Seductions of Storytelling" *New Yorker*, June 24–July 1, 11–12.

Burgio, Enzo. 1989. "Mammiferi del Pleistocene della Sicilia: Leggende e Realtà." In *Ippopotami di Sicilia: Paleontologia e Archaeologia nel territorio di Acquedolci*. Messina: EDAS.

Burkert, Walter. 1983. *Homo Necans: An Anthropology of Ancient Greek Sacrificial Ritual and Myth*. Translated by Peter Bing. Berkeley and Los Angeles: University of California Press.

Burnet, John. 1948 [1892]. *Early Greek Philosophy*, 4th ed. London: Adam and Charles Black.

Buxton, Richard. 1994. *Imaginary Greece: The Contexts of Mythology*. Cambridge: Cambridge University Press.

Canby, Sheila R. 1995. "Dragons." In *Mythical Beasts*, edited by John Cherry, 14–43. London: British Museum Press.

Carrington, Richard. 1957. *Mermaids and Mastodons*. London: Chatto and Windus.

———.1958. *Elephants*. London: Chatto and Windus.

———.1971. *The Mediterranean*. New York: Viking.

Casson, Lionel. 1974. *Travel in the Ancient World*. London: George Allen and Unwin.

Christopoulos, George A., and John C. Bastias, eds. 1974. *Prehistory and Protohistory* Vol. 1, *History of the Hellenic World*. Translated by Philip Sherrard. Athens: Ekdotike Athenon; London: Heinemann.

Clutton-Brock, Juliet. 1987. *The Natural History of Domesticated Animals*. London: British Museum of Natural History.

Cohn, Norman. 1996. *Noah's Flood: The Genesis Story in Western Thought*. New Haven: Yale University Press.

Crump, James, and Irving Crump. 1963. *Dragon Bones in the Yellow Earth*. New York: Dodd, Mead.

Cunningham, Alexander. 1963 [1871]. *The Ancient Geography of India*. Varanasi: Indological Book House.

Currie, Philip, and Kevin Padian, eds.1997. *Encyclopedia of Dinosaurs*. San Diego: Academic Press.

Cuvier, Georges. 1806. "Sur les éléphans vivans et fossiles." *Annales du Muséum d'Histoire Naturelle* (Paris) 8:1–58, 93–155, 249–69. Rpt. New York: Arno Press, 1980.

———.1826. *Discours sur les révolutions de la surface du globe, et sur les changements qu'elles ont produit dans le règne animal*. Paris: n.p. Translation in Rudwick 1997, text 19.

Davis, Simon. 1987. *The Archaeology of Animals*. New Haven: Yale University Press.

de Angelis d'Ossat, Gioacchino. 1942. "Elefanti nella regione romana." *L'Urbe* 7 (8): 1–8.

DeLoach, Charles. 1995. *Giants: A Reference Guide from History, the Bible, and Recorded Legend* Metuchen, NJ: Scarecrow Press.

Dermitzakis, M. D., and P. Y. Sondaar. 1978. "The Importance of Fossil Mammals in Reconstructing Paleogeography with Special Reference to the Pleistocene Aegean Archipelago." *Annales Géologiques des Pays Helléniques*. Athens: Laboratoire de Géologie de l'Université.

Dermitzakis, M., and G. Theodorou. 1980. "Map of the Main Fossiliferous

Localities of Proboscidean[s] in Aegean Area." Athens: n.p. "Digging into Natural World Insights." 1996. *Science News* 150 (November 16): 308

Dodson, Peter. 1996. *The Horned Dinosaurs: A Natural History*. Princeton: Princeton University Press.

Drew, John. 1987. *India and the Romantic Imagination*. Oxford: Oxford University Press.

Dubs, Homer H. 1941. "Ancient Military Contact between Romans and Chinese." *American Journal of Philology* 62 (July): 322–30.

Edwards, W. N. 1967. *The Early History of Paleontology*. London: British Museum (Natural History).

Eichholz, D. E., ed. and trans. 1965. *Theophrastus De Lapidibus*. Oxford: Clarendon Press.

Eldredge, Niles. 1991. *Fossils: The Evolution and Extinction of Species*. New York: Abrams.

Ellis, Richard. 1998. *The Search for the Giant Squid*. New York: Lyons Press.

Embleton, Clifford, ed. 1984. *Geomorphology of Europe*. New York: John Wiley and Sons.

Erman, Georg Adolph. 1834. *Fragmens sur Herodote et sur la Sibérie*. Berlin, n.p.

———. 1848. *Travels in Siberia*. Translated by W. D. Cooley. 2 vols. London.

Erol, Oguz. 1985. "Turkey and Cyprus." In Bird and Schwartz 1985, 491–98.

"Expedition News." 1996. *Explorers Journal* 74 (Fall):7.

Farlow, James O., and M. K. Brett-Surman, eds. 1997. *The Complete Dinosaur*. Bloomington: Indiana University Press.

Federico, E. 1993. "Ossa di giganti ed armi di eroi—Sugli ornamenti delle ville augustee di Capri (Svetonio, Aug. 72)." *Civiltà del Mediterraneo* 1:7–19.

Felton, Debbie. 1990. "A Survey and Analysis of Metamorphosis to Stone." Master's thesis, University of North Carolina, Chapel Hill.

Fischer, Henry. 1987. "The Ancient Egyptian Attitude towards the Monstrous." *In Monsters and Demons in the Ancient and Medieval Worlds*, edited by Ann E. Farkas et al., 13–26. Mainz: Philipp von Zabern.

Fisher, Philip. 1998. *Wonder, the Rainbow, and the Aesthetics of Rare Experiences*. Cambridge: Harvard University Press.

Flinterman, Jaap-Jan. 1995. *Power, Paideia and Pythagoreanism: Greek Identity, Conceptions of the Relationship between Philosophers and Monarchs and Political Ideas in Philostratus' Life of Apollonius*. Amsterdam: Gieben.

Forbes, R. J. 1936. *Bitumen and Petroleum in Antiquity*. Leiden: Brill.

Forbes Irving, P.M.C. 1990. *Metamorphosis in Greek Myths*. Oxford: Oxford University Press.

Fortau, R. 1920. *Contribution à l'étude des vertébrés miocènes de l'Egypte*. Cairo: Ministry of Finance, Egypt, Survey Department, Government Press.

Frazer, James G., trans. and comm. 1898. *Pausanias's Description of Greece*. 6 vols. London: Macmillan.

Friedländer, Ludvig. 1979 [1913]. *Roman Life and Manners under the Early Empire*. 4 vols. Translated by A. B. Gough. London. Rpt. translated by Leonard Magnus, 1:367–94, 4:6–11. New York: Arno Press.

Gantz, Timothy. 1993. *Early Greek Myth: A Guide to Literary and Artistic Sources*. 2 vols. Baltimore: Johns Hopkins University Press.

Gardner, E. A., et al. 1892. *Excavations at Megalopolis, 1890–91*. London: Macmillan.

Gates, Marie-Henriette. 1996. "Archaeology in Turkey." *American Journal of Archaeology* 100 (2): 280–81.

Gaudry Albert. 1862–67. *Animaux fossiles et géologie de l'Attique and Atlas*. 2 vols. Paris: Libraire de la Société Géologique de France.

Ghosh, A., ed. 1989. *An Encyclopedia of Indian Archaeology*. New Delhi: Indian Council of Historical Research.

Gill, D.W.J. 1992. "The Ivory Trade." In *Ivory in Greece*, edited by J. Lesley Fitton, 233–38. Occasional Paper 85. London: British Museum.

Ginsburg, Léonard. 1984. "Nouvelles lumières sur les ossements autrefois attribués au géant Theutobochus." *Annales de Paléontologie* 70:181–219.

Glenn, Justin. 1978. "The Polyphemus Myth: Its Origin and Interpretation." *Greece and Rome* 25:141–55.

Glut, Donald. 1997. *Dinosaurs: The Encyclopedia*. Jefferson, NC: McFarland.

Goodstein, Laurie. 1997. "New Light for Creationism." *New York Times*, December 21, sec. 4, pp. l, 4.

Gore, Rick. 1982. "The Mediterranean—Sea of Man's Fate." *National Geographic* 162:694–737.

Greene, Mott T. 1992. *Natural Knowledge in Preclassical Antiquity*. Baltimore: Johns Hopkins University Press.

Grene, David, trans. 1987. *Herodotus, The History*. Chicago: University of Chicago Press.

Griffith, Mark, ed. and comm. 1983. *Aeschylus, Prometheus Bound*. Cambridge: Cambridge University Press.

Guthrie, Stewart. 1993. *Faces in the Clouds: A New Theory of Religion*. New York: Oxford University Press.

Guthrie, W.K.C. 1962. *A History of Greek Philosophy*. Vol. 1, *The Earlier Presocratics and the Pythagoreans*. Cambridge: Cambridge University Press.

———. 1965. *A History of Greek Philosophy*. Vol. 2, *The Presocratic Tradition from Parmenides to Democritus*. Cambridge: Cambridge University Press.

Halliday, W. R. 1928. *The Greek Questions of Plutarch, Translation and Commentary*. Oxford: Clarendon Press.

Hansen, William, trans. and comm. 1996. *Phlegon of Tralles' Book of Marvels*. Exeter: University of Exeter Press.

Harding, Sandra, and Merrill B. Hintikka, eds. 1979. *Discovering Reality*. Rochester, VT: Schenkman Publishing Company.

Harris, H. A. 1964. *Greek Athletes and Athletics*. London: Hutchinson.

Harris, John M.1978. "Deinotherioidea and Barytherioidea." In *Evolution of African Mammals*, edited by Vincent J. Maglio and H.B.S. Cooke, 315–32. Cambridge: Harvard University Press.

Haynes, Gary. 1991. *Mammoths, Mastodons, and Elephants: Biology, Behavior, and the Fossil Record*. Cambridge: Cambridge University Press.

Hayward, Lorna G., and David S. Reese. *Elephants in Ancient Western Asia*. In preparation.

Hecht, Jeff. 1997. "China Unveils First Bird's Feathered Cousin." *New Scientist*, April 19, 6.

Higgins, Michael D., and Reynold Higgins. 1996. *A Geological Companion to Greece and the Aegean*. Ithaca: Cornell University Press.

Hofstadter, Douglas R. 1998. "Popular Culture and the Threat to Rational Inquiry." *Science* 281 (24 July): 512–13.

"Holy Dacian." 1979. *Society of Vertebrate Paleontology News Bulletin* 116 (June): 71.

Horner, John R., and Edwin Dobb. 1997. *Dinosaur Lives: Unearthing an Evolutionary Saga*. New York: HarperCollins.

How, W. W., and J. Wells. 1964–67. *A Commentary on Herodotus*. 2 vols. Oxford: Clarendon Press.

Hughes, J. Donald. 1996. *Pan's Travail: Environmental Problems of the Ancient Greeks and Romans*. Baltimore: Johns Hopkins University Press.

Humphreys, S. C. 1997. "Fragments, Fetishes, and Philosophies: Towards a History of Greek Historiography after Thucydides." In *Collecting Fragments, Fragmente sammeln*, edited by Glenn W. Most, 207–24. Göttingen: Vandenhoeck & Ruprecht.

Hutcheon, Linda. 1994. *Irony's Edge*. London: Routledge.

Huxley, George. 1973. "Aristotle as Antiquary." Greek, *Roman and Byzantine Studies* 14:271–86.

———. 1975. *Pindar's Vision of the Past*. Belfast: Queen's. Rpt. 1982.

———. 1979. "Bones for Orestes." *Greek, Roman and Byzantine Studies* 20 (2) (Summer): 145–48.

Inwood, Brad. 1992. *The Poem of Empedocles*. Toronto: University of Toronto Press.

Jameson, Michael, Curtis Runnels, and Tjeerd van Andel. 1994. *A Greek Countryside: The Southern Argolid from Prehistory to the Present Day*. Stanford: Stanford University Press.

Kees, Hermann. 1961. *Ancient Egypt: A Cultural Topography*. Translated by I. Morrow. Chicago: University of Chicago Press.

Kennedy, Chester. 1976. "A Fossil for What Ails You: The Remarkable History of Fossil Medicine." *Fossils* 1:42–57.

Kindle, E. M. 1935. "American Indian Discoveries of Vertebrate Fossils." *Journal of Paleontology* 9 (5) (July): 449–52.

King, Helen. 1995. "Half-Human Creatures." In *Mythical Beast*, edited by John Cherry, 138–67. London: British Museum Press.

Kirk, G. S., J. E. Raven, and M. Schofield. 1983. *The Presocratic Philosophers*. 2d ed. Cambridge: Cambridge University Press.

Klein, Richard, and Kathryn Cruz-Uribe. 1984. *The Analysis of Animal Bones from Archaeological Sites*. Chicago: University of Chicago Press.

Konrad, C. F. 1994. *Plutarch's Sertorius: A Historical Commentary*. Chapel Hill: University of North Carolina Press.

Koufos, George D., and George E. Syrides. 1997. "A New Early/Middle Miocene Mammal Locality from *Macedonia, Greece. Comptes Rendus de L'Académie des Sciences* 325 (7) (October): 511–16.

Krishtalka, Leonard. 1989. *Dinosaur Plots and Other Intrigues in Natural History*. New York: Morrow.

Krzyszkowska, Olga. 1990. *Ivory and Related Materials: An Illustrated Guide*. Classical Handbook 3, Bulletin suppl. 59. London: Institute of Classical Studies.

Kuhn, Thomas S. 1970. *The Structure of Scientific Revolutions*. 2d rev. ed. Chicago: University of Chicago Press.

Kyrieleis, Helmut. 1988. "Offerings of the 'Common Man' in the Heraion at Samos." In *Early Greek Cult Practice*, edited by R. Hägg, N. Marinatos, and G.C. Nordquist, 215–21. Athens: Swedish Institute.

Lanham, Url. 1973. *The Bone Hunters*. New York: Columbia University Press.

Lapatin, Kenneth. 1997. "Pheidias Elephantourgos." *American Journal of Archaeology* 101:663–82.

———. 2001. *Chryselephantine Statuary in the Ancient Mediterranean World*. Oxford: Oxford University Press.

Leighton, Robert. 1989. "Antiquarianism and Prehistory in Western Mediterranean Islands." *Antiquaries Journal* 69:183–204.

Lemprière's Classical Dictionary of Proper Names Mentioned in Ancient Authors. 1978. Rev. ed. by F. A. Wright. London: Routledge & Kegan Paul.

Levi, Peter, trans. 1979. *Pausanias, Guide to Greece*. 2 vols. Harmondsworth: Penguin.

Levin, David. 1988. "Giants in the Earth: Science and the Occult in Cotton Mather's Letters to the Royal Society." *William and Mary Quarterly*, 3d ser., 45:751–70.

Ley, Willy. 1948. *The Lungfish, the Dodo, and the Unicorn: An Excursion into Romantic Zoology*. New York: Viking.

———. 1968. *Dawn of Zoology*. Englewood Cliffs, NJ: Prentice Hall.

Lister, Adrian, and Paul Bahn. 1994. *Mammoths*. New York: Macmillan.

Lloyd, Alan B. 1976. *Herodotus, Book II Commentary*. 2 vols. Leiden: Brill.

Lloyd, G.E.R. 1979. *Magic, Reason, and Experience*. Cambridge: Cambridge University Press.

———. 1983. *Science, Folklore and Ideology*. Cambridge: Cambridge University Press.

———. 1996. *Aristotelian Explorations*. Cambridge: Cambridge University Press.

Loenen, J. H. 1954. "Was Anaximander an Evolutionist?" *Mnemosyne*, ser. 4, 7:214–32.

Maglio, Vincent J. 1973. "Origin and Evolution of the Elephantidae." *Transactions of The American Philosophical Society*, n.s., 63 (pt. 3): 1–149.

Maglio, Vincent J., and H.B.S. Cooke, eds. 1978. *Evolution of African Mammals*. Cambridge: Harvard University Press.

Maiuri, Amadeo. 1987 [1956]. *Capri: Its History and Its Monuments*. Rome: English language rpt.

Major, C. I. Forsyth. 1887. "Sur un gisement d'ossements fossiles dans l'ile d Samos, contemporains de l'âge de Pikermi." *Comptes Rendus de L'Académie des Sciences*, 4.

———.1891. "Le gisement ossifère de Mytilini." In *Samos: Etude géologique, paléontologique et botanique*, by C. de Stefani, C. I. Forsyth Major, and W. Barbey, 85–99. Lausanne: n.p.

——. 1894. *Le Gisement ossifère de Mytilini et catalogue d'ossements fossiles...à Lausanne.* Lausanne: Bridel.

Marangou-Lerat, Antigone. 1995. *Le Vin et les amphores de Crète de l'époque classique à L'époque impériale.* Athens: French School of Athens.

Marinatos, Nanno, and Robin Hägg. 1993. *Greek Sanctuaries: New Approaches.* London: Routledge.

Martin, Paul. 1999. "Bring Back the Elephants" *Wild Earth* (Spring): 57–64.

Mathews, W. H. 1962. *Fossils.* New York: Barnes and Noble.

Mayor, Adrienne. 1989. "Paleocryptozoology: A Call for Collaboration between Classicists and Cryptozoologists." *Cryptozoology* 8:19–21.

——. 1990. "Hunting Griffins." *Southeastern Review* (Athens) 1 (2): 193–206.

——. 1991. "Griffin Bones: Ancient Folklore and Paleontology." *Cryptozoology* 10:16–41.

——. 1994. "Guardians of the Gold." *Archaeology*, November–December, 53–58.

——. 2000. "The 'Monster of Troy' Vase: The Earliest Artistic Record of a Vertebrate Fossil Discovery?" *Oxford Journal of Archaeology* 19 (1) (February).

Mayor, Adrienne, and Michael Heaney. 1993. "Griffins and Arimaspeans." *Folklore* (London) 104:40–66.

Melentis, John K. 1974. "The Natural Setting: The Sea and the Land." In Christopoulos and Bastias 1974, 18–25.

Melentis, John, and A. Psilovikos. 1982. *The Paleontological Treasures of Mytilini, Samos, Greece.* Booklet. Mytilini, Samos: Paleontological Museum.

Mitchell, John, and Robert Rickard. 1982. *Living Wonders: Mysteries and Curiosities of the Animal World.* London: Thames and Hudson.

Monastersky, Richard. 1998. "Mongolian Dinosaurs Give Up Sandy Secrets." *Science News* 153 (January 3): 6.

Murchison, Charles, ed. 1868. *Palaeontological Memoirs and Notes of the Late Hugh Falconer.* Vol. 1, *Fauna Antiqua Sivalensis.* London: Robert Hardwicke.

Norman, David. 1985. *The Illustrated Encyclopedia of Dinosaurs.* New York: Crown.

——. 1991. *Dinosaur!* New York: Prentice Hall.

Novacek, Michael. 1996. *Dinosaurs of the Flaming Cliffs.* New York: Doubleday.

Oakley, John. 1997. "Hesione." *Lexicon Iconographicum Mythologiae*

Classicae, Supplementum 8, pt. l. Zurich: Artemis.

Oakley, Kenneth P. 1965. "Folklore of Fossils, Parts I and II." *Antiquity* 39 (March–June): 9–17, 117–24.

———. 1975. *Decorative and Symbolic Uses of Vertebrate Fossils*. Occasional Papers on Technology 12. Oxford: Pitt Rivers Museum, University of Oxford.

O'Neill, Mary. 1989. *Dinosaur Mysteries*. London: Hamlyn.

Osborn, Henry Fairfield. 1894. *From the Greeks to Darwin*. New York: Macmillan.

———. 1921. *The Age of Mammals in Europe, Asia, and North America*. New York: Macmillan.

———. 1936–42. *Proboscidea: The Discovery, Evolution, Migration, and Extinction of the Mastodonts and Elephants of the World*. 2 vols. New York: American Museum of Natural History.

Papadopoulos, John, and Deborah Ruscillo. "A Ketos in Early Athens." In preparation.

Parke, H. W., and Wormell, D.E.W. 1956. *The Delphic Oracle*. 2d ed. 2 vols. Oxford: Oxford University Press.

Petrie, W. M. Flinders. 1925. "Early Man in Egypt." *Man* 25 (78): 130.

Pfister, Friedrich. 1909–12. *Der Reliquienkult im Altertum*. 2 vols. Giessen: Topelmann.

Phillips, E. D. 1955. "The Legend of Aristeas: Fact and Fancy in Early Greek Notions of East Russia, Siberia, and Inner Asia." *Artibus Asiae* 18:161–77.

———. 1964. "The Greek Vision of Prehistory." *Antiquity* 38:171–78.

Poplin, François. 1995. "Sur le polissage des oeufs d'autruche en archéologie." In *Archaeozoology of the Near East II*, edited by H. Buitenhuis and H.-P. Uerpmann. Leiden: Backhuys.

Pritchett, W. K. 1982. *Studies in Ancient Greek Topography*. Part 4, *Passes*. Berkeley and Los Angeles: University of California Press.

Purcell, Rosamond. 1997. *Special Cases: Natural Anomalies and Historical Monsters*. San Francisco: Chronicle Books.

Rackham, James. 1994. *Animal Bones*. London: British Museum.

Rapp, George, Jr., and S. E. Aschenbrenner, eds. 1978. *Excavations at Nichoria in Southwestern Greece*. Vol. 1, *Sites, Environs, and Techniques*. Minneapolis: University of Minnesota Press.

Ray, John D. 1998. [Opening Address]. *Proceedings of the Seventh International Congress of Egyptologists*, edited by C. J. Eyre. Leuven: Uitgeverij Peeters.

Reese, David S. 1976. "Men, Saints, or Dragons?" *Folklore* 87:89–95.

———. 1984. "Shark and Ray Remains in Aegean and Cypriote Archaeology." *Opuscula Atheniensia* 15:188–92.

———. 1985a. "Appendix VIII(D)." In *Excavations at Kition* 5, pt. 2, by V. Karageorghis. Nicosia, Cyprus: Department of Antiquities.

———. 1985b. "Fossils and Mediterranean Archaeology." Abstract. *American Journal of Archaeology* 89:347–48.

———. 1992. "Appendix I: Recent and Fossil Invertebrates." In *Excavations at Nichoria in Southwest Greece* II, *The Bronze Age Occupation*, edited by W. McDonald and N. Wilkie. Minneapolis: University of Minnesota Press.

———. N.d. "Elephant Remains from Turkey." Unpublished paper, Dept. of Anthropology, Field Museum of Natural History, Chicago.

———. ed. 1996. *Pleistocene and Holocene Fauna of Crete and Its First Settlers*. Monographs in World Archaeology 28. Philadelphia: Prehistory Press, University Museum Publications.

Reese, David S., and Olga Krzyszkowska. 1996. "Elephant Ivory at Minoan Kommos." In *Kommos: An Excavation on the South Coast of Crete*. I/2 *The Kommos Region and Houses of the Minoan Town*, edited by J. Shaw and M. Shaw. Princeton: Princeton University Press.

Rolle, Renate. 1989. *The World of the Scythians*. Translated by F. G. Walls. Berkeley and Los Angeles: University of California Press.

Ronan, Colin. 1973. *Lost Discoveries: The Forgotten Science of the Ancient World*. New York: McGraw-Hill.

Rose, H. J. 1959. *A Handbook of Greek Mythology*. 6th ed. New York: E. P. Dutton.

Rothenberg, B. 1988. *The Egyptian Mining Temple at Timna*. London: Institute for Archaeo-Metallurgical Studies.

Rouse, W.H.D. 1902. *Greek Votive Offerings*. Cambridge: Cambridge University Press.

Rudkin, David, and Robert Barnett. 1979. "Magic and Myth: Fossils in Folklore." *Rotunda* 12 (Summer): 13–18.

Rudwick, Martin J. S. 1985 [1972]. *The Meaning of Fossils: Episodes in the History of Paleontology*. 2d rev. ed. Chicago: University of Chicago Press.

———. 1997. *Georges Cuvier, Fossil Bones, and Geological Catastrophes: New Translations and Interpretations of the Primary Texts*. Chicago: University of Chicago Press.

Russell, Dale, and R. Séguin. 1982. "Reconstructions of the Small Cretaceous Theropod *Stenonychosaurus inequalis* and a Hypothetical Dinosauroid."

Syllogeus (National Museums of Canada) 37:1–43.

Russell, W.M.S. 1981. "An Iguanodon Proper: The Fascination of Fossils." *Social Biology and Human Affairs* 45 (2): 75–87.

Sandford, K. S. 1929. "The Pliocene and Pleistocene Deposits of Wadi Qena and of the Nile Valley between Luxor and Assiut (Qau)." *Quarterly Journal of the Geological Society of London* 85 (4): 493–548.

Sarjeant, William A. S. 1994. "Geology in Fiction." In *Useful and Curious Geological Enquiries beyond the World*, edited by D. F. Branagan and G. H. McNally, 318–37. Sydney: International Commission on the History of Geological Sciences.

Sarton, George. 1964 [1952]. *A History of Science: Ancient Science through the Golden Age of Greece*. New York: John Wiley.

Savage, Donald E., and Donald E. Russell. 1983. *Mammalian Paleofaunas of the World*. Reading, MA: Addison-Wesley.

Savage, R.J.G., and M. R. Long. 1986. *Mammal Evolution: An Illustrated Guide*. New York: Facts on File.

Schefold, Karl. 1992. *Gods and Heroes in Late Archaic Greek Art*. Translated by Alan Griffiths. Cambridge: Cambridge University Press.

Schliemann, Heinrich. 1880. *Ilios: The City and Country of the Trojans*. London: John Murray.

Schmidt, Leopold. 1951. "Pelops und die Haselhexe: Ein sagenkartographischer Versuch." *Laos* 1:67–78.

Scullard, H. H. 1974. *The Elephant in the Greek and Roman World*. Ithaca: Cornell University Press.

Seiterle, Gérard. 1988. "Maske, Ziegenbock und Satyr." *Antike Welt* 19:2–14.

Shepard, Katharine. 1940. *The Fish-tailed Monster in Greek and Etruscan Art*. New York: privately printed.

Shermer, Michael. 1997. *Why People Believe Weird Things: Superstitions and Other Confusions of Our Time*. New York: W. H. Freeman.

Shipley, Graham. 1987. *A History of Samos*. Oxford: Clarendon Press.

Shipman, Pat. 1998. *Taking Wing: Archaeopteryx and the Evolution of Bird Flight*. New York: Simon and Schuster.

Shoshani, Jeheskel, and Pascal Tassy, eds. 1996. *The Proboscidea: Evolution and Palaeoecology of Elephants and Their Relatives*. Oxford: Oxford University Press.

Simons, Marlise. 1996. "The Dutch Want Back the Fossil Napoleon Took Away." *New York Times*, June 7.

Simpson, George G. 1942. "The Beginnings of Vertebrate Paleontology in

North America." *Proceedings of the American Philosophical Society* 86:130–88.

Snodgrass, Anthony. 1998. *Homer and the Artists: Text and Picture in Early Greek Art.* Cambridge: Cambridge University Press.

Solmsen, F. 1949. *Hesiod and Aeschylus.* Ithaca: Cornell University Press.

Solounias, Nikos. 1981a. *The Turolian Fauna from the Island of Samos, Greece.* Basel: S. Karger.

——. 1981b. "Mammalian Fossils of Samos and Pikermi. Part 2. Resurrection of a Classic Turolian Fauna." *Annals of Carnegie Museum* 50:231–70.

Solounias, Nikos, and Adrienne Mayor. "The Earliest Documented Discovery of Vertebrate Fossils: Samos, Greece." In preparation.

Sondaar, P. Y. 1971. "The Samos Hipparion I." *Proceedings of the Koninkljke Nederlandse Akademie van Wetenschappen.* ser. B, 74. (4): 417–41.

Spalding, David. 1993. *Dinosaur Hunters.* Toronto: Key Porter.

Stanley, Steven. 1989. *Earth and Life through Time.* 2d ed. New York: W. H. Freeman.

Stephens, Walter. 1989. *Giants in Those Days: Folklore, Ancient History and Nationalism.* Lincoln: University of Nebraska Press.

Stern, Jacob, trans. and comm. 1996. *Palaephatus On Unbelievable Tales.* Wauconda, IL: Bolchazy-Carducci.

Stewart, Susan. 1984. *On Longing: Narratives of the Miniature, the Gigantic, the Souvenir, and the Collection.* Baltimore: Johns Hopkins University Press.

Stiner, Mary C., Güven Arsebük, and F. Clark Howell. 1996. "Cave Bears and Paleolithic Artifacts in Yarimburgaz Cave, Turkey." *Geoarchaeology* 11:279–327.

Sutcliffe, A. 1985. *On the Track of Ice Age Mammals.* London: British Museum.

Swinton, William E. 1966. *Giants Past and Present.* London: Robert Hale.

Swiny, Stuart. 1995 "Giants, Dwarfs, Saints, or Humans, Who First Reached Cyprus?" In *Visitors, Immigrants, and Invaders in Cyprus*, edited by Paul Wallace, 1–19. Albany: SUNY Press.

Symeonidis, N., and A. Tataris. 1982. "The First Results of the Geological and Paleontological Study of the Sesklo Basin and Its Broader Environment (Eastern Thessaly—Greece)." *Annales Géologiques des Pays Helleniques*, 146–90.

Symeonidis, N., and G. Theodorou. 1990. "Introducing the Last Elephants of Europe." Press release, Dwarf and Giant Elephants exhibit, Goulandris Natural History Museum, Kifissia, Greece.

Taquet, Phillipe. 1998. *Dinosaur Impressions*. Translated by Kevin Padian. Cambridge: Cambridge University Press.

Tassy, Pascal. 1993. *The Message of Fossils*. Translated by Nicholas Hartmann. New York: McGraw-Hill.

Thenius, Erich. 1973. *Fossils and the Life of the Past*. Translated by B. Crook. New York: Springer-Verlag.

Thenius, Erich, and Norbert Vávra. 1996. *Fossilien im Volksglauben und im Alltag*. Senckenberg-Buch 71. Frankfurt am Main: Kramer.

Theodorou, George E. 1990. "The Dwarf Elephants of Tilos." *Athenian* (Athens), May, 17–19.

Thompson, C.J.S. 1968. *The Mystery and Lore of Monsters*. New York: Bell.

Tobien, Heinz. 1980. "A Note on the Skull and Mandible of a New Choerolophodont Mastodont from the Middle Miocene of Chios (Greece)." In *Aspects of Vertebrate History: Essays in Honor of Edwin Colbert*, edited by Louis Jacobs, 299–307. Flagstaff, AZ: Museum of Northern Arizona Press.

Tsoukala, Evangelia, and John Melentis. 1994. "Deinotherium giganteum KAUP (Proboscidea) from Kassandra Peninsula (Chalkidiki, Macedonia, Greece)." *Geobios* 27:633–64.

Tylor, Edward Burnet. 1964 [1865]. *Researches into the Early History of Mankind*. London. Rpt. Chicago: University of Chicago Press.

Tziavos, Christos, and John C. Kraft. 1985. "Greece." In Bird and Schwartz 1985, sec. 61.

Ubelaker, Douglas, and Henry Scammell. 1992. *Bones: A Forensic Detective's Casebook*. New York: HarperCollins.

Van Couvering, J. A., and J. A. Miller. 1971. "Late Miocene Marine and Non-marine Time Scale in Europe [Samos]." *Nature* 230:559–63.

Vermeule, Cornelius. 1963. [Recent acquisitions]. *Museum of Fine Arts, Boston Bulletin* 61:159–64, figs. 10–12.

Vian, Francis. 1952. *La Guerre des géants*. Paris: Klincksieck.

Vigne, Jean-Denis. 1996. "Did Man Provoke Extinctions of Endemic Large Mammals on the Mediterranean Islands? The View from Corsica." *Journal of Mediterranean Archaeology* 9 (1): 117–20.

Vitaliano, Charles J. 1987. "Geological History." In *Landscape and People of the Franchthi Region*, edited by Tjeerd van Andel and Susan Sutton, 12–16. Bloomington: Indiana University Press.

Vitaliano, Dorothy. 1973. *Legends of the Earth*. Bloomington: Indiana University Press.

Warmington, B. H. 1964. *Carthage*. Baltimore: Penguin.

Weidmann, M., et al. 1984. "Neogene Stratigraphy of the Eastern Basin, Samos Island, Greece." *Geobios* 17:477–90.

Wendt, Herbert. 1959. *Out of Noah's Ark: The Story of Man's Discovery of the Animal Kingdom*. Translated by Michael Bullock. Boston: Houghton Mifflin.

———. 1968 [1965]. *Before the Deluge*. Translated by R. Winston and C. Winston. London: Gollancz.

Weschler, Lawrence. 1995. *Mr. Wilson's Cabinet of Wonder*. New York: Vintage.

Wilford, John Noble. 1998. "New Picture Emerges on How Dinosaurs of Gobi Were Killed." *New York Times*, January 20, F3.

Williams, Don. 1994. "Do You Believe in Centaurs?" *Knoxville News-Sentinel* (Tennessee), October 11, B4–5.

Wood, Edward J. 1868. *Giants and Dwarves*. London: Richard Bentley.

Woodward, A. Smith. 1901. "On the Bone Beds of Pikermi, Attica, and on Similar Deposits in Northern Euboea." *Geological Magazine*, n.s., 4, 8:481–86.

Wright, M. R., ed. 1995 [1981]. *Empedocles: The Extant Fragments*. Bristol: Classical Press.

Zammit-Maempel, George. 1989. "The Folklore of Maltese Fossils." *Papers in Mediterranean Social Studies* 1:1–29.

Zittel, Karl. 1899. *Geschichte der Geologie und Palaontologie*. Munich.

出版后记

在世纪之交，第一版《最初的化石猎人》以其对考古学、古生物学、古典神话和民俗学的融会贯通，冲破了科学与人文学科的分野，为各领域的学者之间的交流架起了桥梁，也为人们重新审视古老的证据提供了崭新的视角。在20多年间，本书提出的观点得到了越来越多人的认同，并启发了许许多多新的探索和创造。现在，这部广博而又精细的经典终于与国内的读者见面了。

梅厄在《最初的化石猎人》中汇集的文献和考古学证据横跨亚欧大陆。除此之外，它还是一本无比深远的时间之书。梅厄立足现代，将目光投向古典时代，映照出古人的好奇心结出的硕果，并与那些遐览渊博者一起，纵身跃入数万乃至数亿年前的过去，探索人类所能触及的时间之极限。阅读本书，如同化身时间的侦探，在地球历史的迷宫里潜游。本书还以人文的情怀，揭示出人类对远古异兽的好奇心背后暗含的怀旧之情，令人心生共鸣。

中国地质大学（北京）副教授邢立达老师和微博网友"在下黄昏鸟"分别仔细地审读了本书，纠正了不少讹误，特此表示感谢。由于本书涉及多个领域，编辑水平有限，文中不免存在纰漏，恳请广大读者朋友批评指正。

服务热线：133-6631-2326　188-1142-1266

服务信箱：reader@hinabook.com

2023 年 1 月

后浪出版公司

图书在版编目（CIP）数据

最初的化石猎人 / (美) 阿德里安娜·梅厄著；丁
国宗译. -- 成都：成都时代出版社，2023.7（2024.1重印）

ISBN 978-7-5464-3116-1

Ⅰ.①最… Ⅱ.①阿… ②丁… Ⅲ.①化石—研究
Ⅳ.①Q911.2

中国版本图书馆CIP数据核字(2022)第144363号

本书中文简体版权归属于银杏树下（上海）图书有限责任公司

著作权合同登记号：图进字21-2022-221

地图审图号：GS（2023）1274号

最初的化石猎人
ZUICHU DE HUASHI LIEREN

作　　者：〔美〕阿德里安娜·梅厄　　　印　　刷：北京盛通印刷股份有限公司

译　　者：丁国宗　　　　　　　　　　规　　格：143mm×210mm

出 品 人：达　海　　　　　　　　　　印　　张：13

选题策划：后浪出版公司　　　　　　　字　　数：344千

出版统筹：吴兴元　　　　　　　　　　版　　次：2023年7月第1版

编辑统筹：张　鹏　　　　　　　　　　印　　次：2024年1月第2次印刷

特约编辑：吕　铮　谢好婕　　　　　　书　　号：ISBN 978-7-5464-3116-1

责任编辑：胡小丽　　　　　　　　　　定　　价：76.00元

责任校对：蒲　迪

责任印制：黄　鑫　陈淑雨

营销推广：ONEBOOK

装帧设计：墨白空间

封面设计：尬　木

出版发行：成都时代出版社

电　　话：028-86742352（编辑部）

　　　　　028-86615250（发行部）

后浪出版咨询(北京)有限责任公司　版权所有，侵权必究

投诉信箱：editor@hinabook.com　fawu@hinabook.com

未经许可，不得以任何方式复制或抄袭本书部分或全部内容

本书若有印装质量问题，请与本公司联系调换，电话：010-64072833